TRAITÉ

ÉLÉMENTAIRE

DE TRIGONOMÉTRIE

RECTILIGNE ET SPHÉRIQUE,

ET

D'APPLICATION DE L'ALGÈBRE A LA GÉOMÉTRIE.

TRAITÉ

ÉLÉMENTAIRE

DE TRIGONOMÉTRIE

RECTILIGNE ET SPHÉRIQUE,

ET

D'APPLICATION DE L'ALGÈBRE A LA GÉOMÉTRIE,

Par S.-F. LACROIX.

ONZIÈME ÉDITION,

REVUE ET CORRIGÉE.

PARIS,

MALLET-BACHELIER, IMPRIMEUR-LIBRAIRE

DU BUREAU DES LONGITUDES, DE L'ÉCOLE IMPÉRIALE POLYTECHNIQUE,

Quai des Augustins, 55.

1863

PARIS. — IMPRIMERIE DE MALLET-BACHELIER,
Rue de Seine-Saint-Germain, 10, près l'Institut.

AVIS DU LIBRAIRE.

L'Auteur a exposé le plan de cet Ouvrage, ainsi que de toutes les autres parties de son Cours, dans ses *Essais sur l'Enseignement en général, et sur celui des Mathématiques en particulier,* où il s'est proposé de réunir ce qu'il y a de plus précis et de plus important sur la philosophie de ces sciences.

TABLE DES MATIÈRES.

Pages.

CHAPITRE II.

De la Trigonométrie sphérique.

Pages.

APPENDICE

**Contenant les premiers principes de l'application de l'Algèbre
aux surfaces courbes et aux courbes à double courbure.**

FIN DE LA TABLE.

TRAITÉ

ÉLÉMENTAIRE

DE TRIGONOMÉTRIE

RECTILIGNE ET SPHÉRIQUE,

ET

D'APPLICATION DE L'ALGÈBRE A LA GÉOMÉTRIE.

CHAPITRE PREMIER.

DE LA TRIGONOMÉTRIE RECTILIGNE.

1. Dans un triangle rectiligne, il y a six choses à considérer, savoir, trois angles et trois côtés ; mais il suffit de connaître un certain nombre de ces diverses parties pour déterminer les autres. Il suit, en effet, des propositions démontrées relativement aux triangles égaux, que l'on peut toujours construire un triangle lorsqu'on connaît trois des six choses qui le constituent, et que, parmi les choses connues, il se trouve au moins un côté. Pour ne rien laisser à désirer sur la théorie des triangles, il faut pouvoir appliquer le calcul aux constructions géométriques, parce que l'exactitude de ces dernières est limitée par l'imperfection des instruments, tandis qu'on est toujours maître de pousser le calcul jusqu'au degré de précision qu'on veut. Tel est l'objet qu'on se propose dans la *Trigonométrie rectiligne*.

Ceux qui ont entrepris les premiers de développer par une suite d'opérations numériques, ou par des formules algébriques, les relations qu'ont entre elles les différentes parties d'un triangle, ont dû se trouver arrêtés par la difficulté de faire entrer dans le calcul la grandeur des angles, qui, mesurés par des arcs de cercle, ne peuvent être facilement comparés avec les lignes droites; mais ils ont bientôt reconnu que s'ils pouvaient, par un moyen quelconque, calculer une suite de triangles dont les angles eussent toutes les valeurs possibles, cette suite en renfermerait nécessairement un qui serait semblable au triangle que l'on aurait à déterminer, quel qu'il fût, et qu'alors de simples proportions suffiraient pour déduire les parties du second de celles du premier. L'exemple suivant éclaircira ce que ces notions peuvent avoir d'abstrait.

2. Je suppose que, dans le triangle ABC $(fig.\ 1)$, on connaisse l'angle B, l'angle C et le côté BC; on cherchera dans la suite des triangles calculés, celui qui a deux angles b et c respectivement égaux aux angles B et C : il sera nécessairement semblable au triangle proposé ABC; et puisque toutes ses parties ab, ac, bc sont connues, on aura les proportions

$$bc : ab :: BC : AB, \quad bc : ac :: BC : AC,$$

dans chacune desquelles les trois premiers termes sont donnés. On trouvera, par conséquent,

$$AB = \frac{BC \times ab}{bc}, \quad AC = \frac{BC \times ac}{bc};$$

et comme on a d'ailleurs $A = a$, toutes les parties du triangle ABC seront déterminées.

3. Maintenant qu'on voit le parti qu'on peut tirer d'une suite de triangles faits sur tous les angles possibles, et dont les côtés seraient calculés, il est naturel de chercher les moyens de former une pareille suite. Pour considérer d'abord le cas le plus simple, je suppose que les triangles qu'on se propose de déterminer soient rectangles; il est facile de voir qu'on pourra les construire tous dans

un quart de cercle, en abaissant de chacun des points de l'arc AB (*fig.* 2) des perpendiculaires MP, M′P′, M″P″, etc., sur le rayon AC, et tirant les rayons MC, M′C, M″C, etc.; les triangles MPC, M′P′C, M″P″C, etc., formés ainsi, seront rectangles en P, P′, P″, etc., et les angles MCP, M′CP′, M″CP″, etc., auront successivement toutes les valeurs possibles; enfin, les angles CMP, CM′P′, CM″P″, etc., qui, avec les précédents, forment un angle droit, seront aussi tels que l'exige la nature des triangles rectangles, et il ne saurait exister de triangle rectangle qui ne soit pas équiangle avec quelqu'un de ceux que fournit la construction présente. Il est à propos de remarquer que ces derniers ont tous une même hypoténuse, égale au rayon de l'arc AB.

4. On peut encore former une suite de triangles rectangles, ayant tous un des côtés de l'angle droit égal au rayon du cercle; il suffit pour cela d'élever la tangente indéfinie AT, à l'extrémité du rayon AC, et de mener, par le centre C et par les points M, M′, M″, etc., les sécantes CN, CN′, CN″, etc. Il est évident que les triangles CAN, CAN′, CAN″, etc., auront successivement toutes les combinaisons d'angles qui peuvent exister dans un triangle rectangle; et parmi ces triangles il s'en trouvera nécessairement un semblable à tel triangle rectangle qu'on voudra.

5. Dans les triangles CPM, CP′M′, CP″M″, etc., dont l'hypoténuse ne change pas, les côtés PM, P′M′, P″M″, etc., qui croissent en même temps que les angles ACM, ACM′, ACM″, etc., et que les arcs AM, AM′, AM″, etc., qui mesurent ces angles, ont reçu un nom à cause de cette dépendance : la ligne PM s'appelle le *sinus* de l'arc AM; la ligne P′M′ est de même le sinus de l'arc AM′, et ainsi des autres. Il suit de là que *le sinus d'un arc est la perpendiculaire abaissée de l'une des extrémités de cet arc, sur le rayon qui passe par l'autre*

extrémité. Les lignes CP, CP′, CP″, etc., qui diminuent lorsque les arcs AM, AM′, AM″, etc., augmentent, sont respectivement égales, comme parallèles comprises entre parallèles, aux perpendiculaires MQ, M′Q′, M″Q″, etc., abaissées des points M, M′, M″, etc., sur le rayon CB perpendiculaire au rayon CA ; et il est évident que les lignes MQ, M′Q′, M″Q″, etc., sont, par rapport aux arcs BM, BM′, BM″, etc., ce que sont PM, P′M′, P″M″, etc., par rapport aux arcs AM, AM′, AM″, etc., et que, par conséquent, MQ est le sinus de BM, M′Q′ celui de BM′, M″Q″ celui de BM″, etc.

Deux arcs qui, pris ensemble ou soustraits l'un de l'autre, donnent le quart de la circonférence, sont dits *compléments* l'un de l'autre. Les arcs BM, BM′, BM″, etc., sont respectivement les compléments de AM, AM′, AM″, etc. On a designé les lignes MQ, M′Q′, M″Q″, etc., ainsi que leurs égales CP, CP′, CP″, etc., sous le nom de *cosinus* des arcs AM, AM′, AM″, etc. D'après ces notions, *le cosinus d'un arc est le sinus du complément de cet arc, et est égal à la partie du rayon comprise entre le centre et le pied du sinus.*

Les triangles rectangles CPM, CP′M′, CP″M″, etc., qui ont tous une même hypoténuse, sont donc formés par le rayon du cercle et par le sinus et le cosinus de celui de leurs angles aigus qui a son sommet au centre (*).

6. Je passe aux triangles CAN, CAN′, CAN″, etc. Leurs hypoténuses sont les *sécantes* des arcs AM, AM′, AM″, etc., parce qu'*on nomme sécante d'un arc le rayon mené par une des extrémités de cet arc, et prolongé jusqu'à la rencontre de la tangente menée par l'autre extrémité.* Les portions AN, AN′, AN″, etc., prises sur

---

(*) La partie AP du rayon AC, comprise entre le pied du sinus et l'extrémité de l'arc, se nomme *sinus verse*. Cette ligne, d'ailleurs, n'est d'aucun usage dans la Trigonométrie élémentaire.

la tangente AT, sont les tangentes des arcs AM, AM′, AM″, etc., parce que *l'on est convenu d'appeler tangente d'un arc la partie qu'interceptent, sur la tangente menée par l'une des extrémités de cet arc, les deux rayons qui la terminent* (*).

7. Si, par l'extrémité B de l'arc AB (*fig.* 3), on mène la tangente B*n* prolongée jusqu'à ce qu'elle rencontre la sécante CN, la ligne C*n* est la sécante de l'arc BM, complément de AM, et se nomme la *cosécante* de AM; la ligne B*n*, tangente de BM, est la *cotangente* de AM, parce qu'*on appelle cotangente et cosécante d'un arc, la tangente et la sécante de son complément.* La cotangente et la cosécante, comme on voit, ne font pas partie des mêmes triangles que la tangente et la sécante, ainsi que cela arrive pour le sinus et le cosinus.

8. Les tangentes et les sécantes ont, avec les sinus et les cosinus, des relations très-simples, au moyen desquelles on peut trouver les unes lorsqu'on connaît les autres. Les triangles CPM et CAN, étant semblables, donnent

$$CP : PM :: CA : AN,$$

d'où l'on tire

$$AN = \frac{PM \times CA}{CP};$$

mettant, au lieu des lignes CP, PM, AN, leur désignation, savoir : $\cos AM$, $\sin AM$, $\tang AM$, et représentant le rayon CA par R, on aura

$$\tang AM = \frac{R \sin AM}{\cos AM}.$$

(*) On voit ici les mots *sécante* et *tangente*, pris dans une acception différente de celle qu'on leur donne dans les Éléments de Géométrie. Dans cette partie des Mathématiques, la sécante et la tangente sont des droites indéfinies, dont l'une coupe le cercle, et l'autre le touche; mais, en Trigonométrie, les mêmes dénominations s'appliquent toujours à des lignes d'une grandeur déterminée; quand il peut y avoir équivoque, on appelle ces dernières *tangentes* et *sécantes trigonométriques*.

Des mêmes triangles CPM et CAN, on déduit aussi

$$CP : CM :: CA : CN,$$

ce qui conduit à

$$CN = \frac{CM \times CA}{CP} :$$

mais

$$CN = \sec AM, \quad CM = CA = R, \quad CP = \cos AM;$$

donc

$$\sec AM = \frac{R^2}{\cos AM}.$$

9. Si l'on compare entre eux le triangle CAN et CBn, qui sont encore semblables, puisqu'ils sont tous les deux rectangles, et que l'angle ACN $=$ CnB comme alternes-internes par rapport à la sécante CN, on aura la proportion

$$AN : CA :: CB \quad \text{ou} \quad CA : B n,$$

qui donne

$$B n = \frac{\overline{CA}^2}{AN},$$

ce qui revient à

$$\cot AM = \frac{R^2}{\tang AM}.$$

Cette proportion et celle qui a été trouvée pour la sécante font voir que *le rayon est moyen proportionnel entre la sécante et le cosinus, entre la tangente et la cotangente*, puisqu'on a

$$\cos AM \times \sec AM = R^2, \quad \tang AM \times \cot AM = R^2.$$

10. Avec ce qui précède, il ne manque plus, pour être en état de construire les Tables nécessaires à la Trigonométrie, que de connaître les moyens de calculer les sinus et les cosinus seulement. Le cosinus même se déduit immédiatement du sinus; car le triangle rectangle CPM, qui les contient l'un et l'autre et qui a pour hypoténuse le

rayon, donne

$$\overline{PM}^2 + \overline{CP}^2 = \overline{CM}^2, \quad \text{ou} \quad (\sin AM)^2 + (\cos AM)^2 = R^2,$$

c'est-à-dire que *le carré du rayon est égal à la somme des carrés du sinus et du cosinus :* d'où il suit

$$\cos AM = \sqrt{R^2 - (\sin AM)^2}.$$

La proposition suivante, qui donne l'expression du sinus et du cosinus de la somme ou de la différence de deux arcs, mérite la plus grande attention, parce qu'elle renferme implicitement toutes les propriétés des sinus et des cosinus.

11. *Soient deux arcs quelconques a et b ; on aura*

$$\sin (a \pm b) = \frac{\sin a \cos b \pm \sin b \cos a}{R},$$

$$\cos (a \pm b) = \frac{\cos a \cos b \mp \sin a \sin b}{R}.$$

Pour le prouver, il faut prendre sur le cercle AMB (*fig.* 4) l'arc AM $= a$; porter de chaque côté du point M les arcs MN et MN$'$, égaux à b ; tirer la corde MN$'$; des points N, M, N$'$, abaisser sur le rayon AC les perpendiculaires NQ, MP, N$'$Q$'$; par le point M, mener le rayon MC, et du point E, où il rencontre la corde NN$'$, abaisser sur AC la perpendiculaire EF ; enfin par les points E et N$'$, mener les droites ED, N$'$G parallèles à AC.

Cela fait, on voit : 1° que NQ est le sinus de l'arc

$$AN = AM + MN = a + b,$$

et que CQ est le cosinus du même arc ; 2° que N$'$Q$'$ est le sinus de l'arc

$$AN' = AM - MN' = a - b,$$

et que CQ$'$ en est le cosinus. Mais, la corde NN$'$ étant nécessairement partagée en deux parties égales au point E, puisque le rayon CM passe par le milieu de l'arc NN′, d'après la construction, il suit de la similitude évidente des triangles NED, NN′G, que NG est aussi divisée en deux parties égales au point D, et que $DN = DG$. De plus,

$$DQ = EF, \quad GQ = N'Q', \quad DE = FQ,$$

à cause des parallèles; et comme DE est la moitié de N′G, FQ sera la moitié de Q′Q; en sorte que

$$Q'F = QF = DE;$$

enfin

$$NQ = DQ + DN = EF + DN,$$
$$N'Q' = GQ = DQ - DG = EF - DN,$$
$$CQ = CF - FQ = CF - DE,$$
$$CQ' = CF + FQ' = CF + DE.$$

Mettant pour NQ, N′Q′, CQ, CQ′, les désignations respectives, savoir,

$$\sin(a + b), \quad \sin(a - b), \quad \cos(a + b), \quad \cos(a - b),$$

on a

$$\sin(a + b) = EF + DN, \quad \cos(a + b) = CF - DE,$$
$$\sin(a - b) = EF - DN, \quad \cos(a - b) = CF + DE;$$

et il ne reste plus qu'à calculer les quatre lignes EF, CF, DN et DE.

Les deux premières s'obtiennent par les triangles semblables CMP et CEF, dont on tire

$$CM : PM :: CE : EF, \quad CM : CP :: CE : CF.$$

Or

$$AM = a, \quad PM = \sin a, \quad CP = \cos a,$$

et il suit des définitions du sinus et du cosinus (5) que EN est le sinus de l'arc MN, que CE en est le cosinus, et que, par conséquent,

$$EN = \sin b, \quad CE = \cos b;$$

d'ailleurs $CM = R$; substituant ces valeurs dans les proportions ci-dessus, on trouve

$$EF = \frac{PM \times CE}{CM} = \frac{\sin a \cos b}{R},$$

$$CF = \frac{CP \times CE}{CM} = \frac{\cos a \cos b}{R}.$$

Comparant ensuite les triangles CMP, DEN, qui sont semblables parce que les côtés du second sont perpendiculaires à ceux du premier, on déduit de ces triangles,

$$CM : EN :: CP : DN, \quad CM : EN :: PM : DE.$$

Substituant aux trois premiers termes de chacune de ces proportions, leur désignation rapportée ci-dessus, elles donnent

$$DN = \frac{EN \times CP}{CM} = \frac{\sin b \cos a}{R},$$

$$DE = \frac{PM \times EN}{CM} = \frac{\sin a \sin b}{R}.$$

Réunissant ces valeurs aux précédentes pour former celles de $\sin (a + b)$ et de $\sin (a - b)$, de $\cos (a + b)$ et de $\cos (a - b)$, il vient les quatre équations

$$\begin{cases} \sin (a + b) = \dfrac{\sin a \cos b + \sin b \cos a}{R}, \\[2mm] \sin (a - b) = \dfrac{\sin a \cos b - \sin b \cos a}{R}, \\[2mm] \cos (a + b) = \dfrac{\cos a \cos b - \sin a \sin b}{R}, \\[2mm] \cos (a - b) = \dfrac{\cos a \cos b + \sin a \sin b}{R}, \end{cases}$$

comprises dans l'énoncé de la proposition (*).

(*) Dans la figure, on a pris des arcs tels, que leur somme est moindre que le quart de la circonférence; mais il ne serait pas difficile d'approprier la construction aux autres cas, et il n'en résulterait dans les formules

Avec ces équations, on peut trouver le sinus et le cosinus d'un arc double, triple, et, en général, multiple de celui dont on connaît le sinus et le cosinus. En effet, si l'on prend successivement $b = a$, $b = 2a$, on aura

$$\sin 2a = \frac{2 \sin a \cos a}{R},$$

$$\cos 2a = \frac{\cos a^2 - \sin a^2}{R},$$

$$\sin 3a = \frac{\sin a \cos 2a + \sin 2a \cos a}{R},$$

$$\cos 3a = \frac{\cos a \cos 2a - \sin a \sin 2a}{R},$$

et l'on tirera des deux dernières équations $\sin 3a$ et $\cos 3a$, lorsque $\sin 2a$ et $\cos 2a$ seront calculés.

12. L'équation $\sin 2a = \dfrac{2 \sin a \cos a}{R}$ conduit aussi du sinus d'un arc a à l'expression du sinus de sa moitié. Si l'on remplace $\cos a$ par sa valeur $\sqrt{R^2 - \sin a^2}$ (*), il vient alors

$$\sin 2a = \frac{2 \sin a \sqrt{R^2 - \sin a^2}}{R},$$

et, en élevant au carré, on trouve

$$R^2 \sin 2a^2 = 4 R^2 \sin a^2 - 4 \sin a^4 ;$$

prenant $\sin a$ pour l'inconnue dans cette équation qui peut se résoudre à la manière de celles du second degré,

---

ci-dessus que des changements de signes, conformément aux lois qui seront reconnues ci-après (22 et suiv.). Cependant, afin de ne rien laisser à désirer sur ce sujet, j'ai rapporté à la fin de l'ouvrage, dans la Note A, un procédé pour obtenir les mêmes formules d'une manière moins dépendante des circonstances de la figure.

(*) Le lecteur est prévenu que dorénavant je désignerai le carré du sinus de l'arc a par $\sin a^2$, expression qu'il ne faut pas prendre pour le sinus du carré de l'arc a; ainsi $\sin a^2 = (\sin a)^2$.

on obtient

$$\sin a = \pm \sqrt{\tfrac{1}{2} R^2 \pm \tfrac{1}{2} R \sqrt{R^2 - \sin 2 a^2}}.$$

Si l'on fait $2 a = a'$, on aura

$$a = \tfrac{1}{2} a',$$

et, par conséquent,

$$\sin \tfrac{1}{2} a' = \pm \sqrt{\tfrac{1}{2} R^2 \pm \tfrac{1}{2} R \sqrt{R^2 - \sin a'^2}},$$

ou

$$\sin \tfrac{1}{2} a' = \pm \tfrac{1}{2} \sqrt{2 R^2 \pm 2 R \cos a'},$$

en mettant $\cos a'^2$ au lieu de $R^2 - \sin a'^2$ (10), en multipliant les quantités sous le radical par 4, et en divisant au dehors par 2, ce qui ne change rien à l'expression. Telle est la formule qui donne le sinus de la moitié d'un arc lorsqu'on a celui de cet arc.

13. On peut arriver à ce résultat par une construction très-simple.

Si l'on mène le rayon CN qui divise l'arc AM (*fig.* 5) en deux parties égales, la corde AQM se trouvera également divisée en deux parties égales, et QM sera le sinus de MN ou de la moitié de AM; le triangle AMP, rectangle en P, donnera

$$AM = \sqrt{\overline{PM}^2 + \overline{AP}^2};$$

et comme

$$AP = AC - CP = R - \cos AM = R - \cos a',$$

que d'ailleurs

$$PM = \sin AM = \sin a',$$

on aura

$$AM = \sqrt{\sin a'^2 + R^2 - 2 R \cos a' + \cos a'^2} = \sqrt{2 R^2 - 2 R \cos a'},$$

à cause que $\sin a'^2 + \cos a'^2 = R^2$ (10), et l'on en déduira

$$QM = \tfrac{1}{2} AQM = \tfrac{1}{2} \sqrt{2 R^2 - 2 R \cos a'}.$$

On ne trouve de cette manière que la deuxième valeur de $\sin \frac{1}{2} a'$: l'autre est MQ'; car l'arc MN'A', qui compose, avec l'arc AM, la demi-circonférence, a aussi pour sinus PM puisque cette ligne est bien en effet la perpendiculaire abaissée de l'extrémité M sur le rayon CA' qui passe par l'autre extrémité (5); et rien dans l'équation d'où l'on est parti, ne faisant connaître lequel de ces deux arcs on se propose de diviser, on doit trouver en même temps le sinus de la moitié du premier et celui de la moitié du second. Suivant la construction, on aurait

$$A'M = \sqrt{\overline{PM}^2 + \overline{A'P}^2} = \sqrt{\overline{PM}^2 - (A'C + CP)^2}$$
$$= \sqrt{\sin a'^2 + (R + \cos a')^2}$$
$$= \sqrt{\sin a'^2 + R^2 + 2R\cos a' + \cos a'^2}$$
$$= \sqrt{2R^2 + 2R\cos a'},$$

et, par conséquent,

$$MQ' = \sin \tfrac{1}{2} a' = \tfrac{1}{2}\sqrt{2R^2 + 2R\cos a'},$$

résultat qui est la première valeur de $\frac{1}{2} a'$.

Il faut bien observer que, quoique $\sin a'$ soit le même dans les deux valeurs de $\sin \frac{1}{2} a$, l'arc a' est différent : pour l'une d'elles, cet arc est AM, et pour l'autre A'M, qui est le supplément de AM; car *on entend par le supplément d'un angle ou d'un arc ce qu'il faut ajouter à cet angle ou à cet arc pour en faire deux droits ou la demi-circonférence.* On conclura aussi de ce qui précède que *le sinus du supplément d'un arc est le même que celui de cet arc.* Je donnerai plus loin des notions générales sur les différents arcs qui peuvent avoir le même sinus, la même tangente, etc.

14. Il suit encore de ce qui précède, que *le sinus d'un arc quelconque AN est la moitié de la corde AM de l'arc* *double* ANM, *et que la corde* AM *est le double du sinus de l'arc* AN, *moitié de* ANM; de manière que lorsque les sinus sont connus, on en déduit les cordes, et réciproquement.

15. Ce ne sont pas les valeurs absolues des sinus que l'on a besoin de calculer, mais seulement leur rapport avec le rayon, puisqu'il suffit de connaître dans tous les triangles CPM, CP′M′, etc. (*fig.* 2), les rapports que les côtés ont entre eux. On peut en conséquence, pour plus de simplicité, prendre le rayon pour unité, et exprimer les sinus PM, P′M′, etc., en parties décimales de cette unité, ou, comme on le faisait autrefois, supposer ce rayon divisé en 100 000 parties.

16. Il est à propos d'observer que la longueur d'un arc est toujours moindre que celle de sa tangente, et plus grande que celle de son sinus. En effet, si l'on prend au-dessous du rayon AC (*fig.* 6) l'arc AM′ = AM, que l'on tire la corde MM′ et que l'on mène les tangentes MT, M′T, il est facile de voir que ces tangentes doivent rencontrer toutes deux le rayon AC dans un même point, puisque les triangles CMT et CM′T sont égaux. Les lignes MT et M′T étant égales aussi bien que les lignes PM et PM′, et les arcs AM et AM′, on aura

$$2\,AM < 2\,MT \quad et \quad 2\,AM > 2\,PM,$$

parce que la longueur d'un arc de cercle est comprise entre celles des portions correspondantes des polygones inscrit et circonscrit (*Géom.*, 151) (*); et l'on en conclura

$$AM < MT, \quad AM > PM.$$

____

(*) La proposition rappelée ci-dessus est un cas particulier de cette autre : *Les lignes qui sont partout convexes dans le même sens sont d'autant plus longues qu'elles s'écartent davantage de la ligne droite.* En effet, si l'on mène à la ligne courbe ACB (*fig.* 7), intérieure à la courbe AMB, une tan-

Je ferai remarquer, à cette occasion, que le rapport entre la tangente et le sinus d'un arc tend sans cesse vers l'unité, à mesure que l'arc diminue; en effet, de

$$\tang a = \frac{R \sin a}{\cos a} \quad (8),$$

on tire

$$\frac{\sin a}{\tang a} = \frac{\cos a}{R};$$

et comme $\cos a$ approche sans cesse de R, il s'ensuit que la fraction $\dfrac{\cos a}{R}$ approche de plus en plus de l'unité, qui en est par conséquent la *limite* (*Alg.*, 234).

17. Il suit de ce qui précède que la valeur de la tangente et celle du sinus d'un petit arc AM ne diffèrent point dans un certain nombre de leurs premiers chiffres, et que, par conséquent, ces premiers chiffres donneront aussi une valeur approchée de l'arc. En prenant, par exemple, PM = 0,0001, on trouve

$$CP = \sqrt{\overline{CM}^2 - \overline{PM}^2} = 0,999\,999\,995,$$

et

$$MT = \frac{CM \times PM}{CP} = 0,000\,100\,000\,000\,5,$$

valeur qui ne diffère de PM qu'au treizième chiffre : on

---

gente DE, cette tangente sera plus courte que l'arc DME, et l'on aura

$$ADEB < AMB.$$

Tirant ensuite par les points H et L placés entre A et C, entre C et B, les tangentes FG, IK, on formera une nouvelle ligne brisée AFGIKB, qui sera moindre que la première, puisque FG < FD + DG, IK < IE + EK. Il est évident que l'on construira de la même manière une suite indéfinie de lignes brisées qui iront sans cesse en diminuant à mesure qu'elles approcheront de se confondre avec la courbe ABC, qui sera donc non-seulement plus petite que AMB, mais encore que toutes les lignes brisées dont on vient de parler.

peut donc prendre ce nombre pour la valeur de l'arc AM exprimé en parties du rayon (*).

18. Pour appliquer les formules des n°s 10, 11 et 12, il faut connaître au moins le sinus de l'un des arcs compris dans le quart de la circonférence ; or il y a deux de ces arcs dont le sinus est facilement connu, savoir, ce quart et son tiers. En effet, *le sinus du quart de la circonférence n'est autre chose que le rayon*, et *le sinus du tiers de cet arc est égal à la moitié du rayon*.

La première de ces valeurs est évidente par la *fig.* 2; et la seconde résulte de ce que le côté de l'hexagone inscrit est égal au rayon (*Géom.*, 146). Ce côté (*fig.* 8) étant la corde du tiers de la demi-circonférence, donne par sa moitié le sinus du tiers du quart de cette circonférence (14).

En partant du quart même, la formule

$$\sin \tfrac{1}{2}\, a' = \tfrac{1}{2}\, \sqrt{2\,\mathrm{R}^2 - 2\,\mathrm{R}\cos a'}$$

donne le sinus de la moitié de cet arc, puis celui de la moitié de cette moitié ou du quart, et conduit à toutes les

---

(*) La même chose se prouve en réduisant en série l'expression de la tangente. En effet, on a

$$\operatorname{tang} a = \frac{\sin a}{\cos a} = \frac{\sin a}{\sqrt{1 - \sin a^2}} \quad (8,\ 10),$$

lorsque $\mathrm{R} = 1$; mais

$$\frac{\sin a}{\sqrt{1 - \sin a^2}} = \sin a\,(1 - \sin a^2)^{-\frac{1}{2}};$$

développant la dernière quantité par la formule du binôme, on trouvera

$$\operatorname{tang} a = \sin a + \tfrac{1}{2}\sin a^3 + \tfrac{3}{8}\sin a^5 + \ldots$$

Il est évident que tant que $\sin a$ sera une petite fraction décimale, le terme $\tfrac{1}{2}\sin a^3$ ne pourra influer que sur les derniers chiffres de l'expression de $\operatorname{tang} a$, et que dans les premiers on aura

$$\operatorname{tang} a = \sin a.$$

Pour $\sin a = 0,0001$, on a

$$\tfrac{1}{2}\sin a^3 = 0,000\,000\,000\,000\,5,$$

résultat qui ne peut changer que le treizième chiffre.

fractions comprises dans la suite

$$\tfrac{1}{2}, \quad \tfrac{1}{4}, \quad \tfrac{1}{8}, \quad \tfrac{1}{16}, \quad \tfrac{1}{32}, \ldots$$

La même formule, lorsqu'on fait d'abord a' égal au tiers du quart de la circonférence, détermine successivement les sinus des fractions

$$\tfrac{1}{6}, \quad \tfrac{1}{12}, \quad \tfrac{1}{24}, \quad \tfrac{1}{48}, \quad \tfrac{1}{96}, \ldots$$

de ce quart.

On voit par là que s'il était divisé en un nombre de parties égales à quelqu'un des dénominateurs des fractions ci-dessus, on trouverait directement le sinus de chacune de ses parties, et l'on en formerait une Table, en les inscrivant à côté des arcs auxquels ils appartiennent; mais il n'en est pas ainsi : les astronomes indiens seuls paraissent avoir divisé le quart de la circonférence en 24 parties, pour en calculer les sinus (*). Un usage très-ancien, et ensuite d'autres raisons ont fait adopter des divisions différentes des progressions indiquées ci-dessus.

19. On divisait autrefois la circonférence entière en 360 parties qu'on appelait *degrés*; on subdivisait ensuite chacun de ces degrés en 60 parties appelées *minutes*, chacune de ces minutes en 60 parties appelées *secondes*, chacune de ces secondes en 60 parties appelées *tierces*, etc. La marque des degrés est le caractère $^{\circ}$ placé à la droite du nombre et au-dessus, celle des minutes $'$, celle des secondes $''$, celle des tierces $'''$, etc., en sorte que $42^{\circ}31'14''5'''$ signifie 42 degrés 31 minutes 14 secondes 5 tierces.

Puisque dans la mesure des angles on n'a aucun égard à la valeur absolue des arcs, mais seulement à leur rapport avec la circonférence entière, il semblerait fort naturel de la prendre pour l'unité, et d'exprimer les arcs par

---

(*) Voyez l'*Histoire de l'Astronomie ancienne*, par Delambre, t. I, p. 456.

des fractions, soit quelconques, soit décimales. Cependant quelques considérations particulières ont déterminé les savants chargés de la réforme des poids et mesures, à prendre l'angle droit pour l'unité des angles, et par conséquent le quart de la circonférence, ou le *quadrant*, pour l'unité des arcs. Ils l'ont divisé en 100 parties égales, qu'ils ont nommées *grades*, et qu'ils ont substituées aux anciens degrés; puis chacun de ces grades en 100 parties égales. Ces dernières divisions remplacent les minutes et peuvent être subdivisées autant qu'on le voudra, suivant la progression décimale.

En employant dans le cours de cet ouvrage la nouvelle division du cercle, j'exprimerai les arcs par des nombres décimaux écrits à l'ordinaire; mais je placerai au-dessus du chiffre des unités, et à droite, la lettre q, pour désigner que l'unité est le quart de la circonférence et pour empêcher que l'on ne confonde les mesures d'arc avec les autres nombres : $0^q,435$, par exemple, représentera l'arc égal à $\frac{435}{1000}$ ou $\frac{4350}{10000}$ du quadrant, et sera, par conséquent, composé de 43 grades et 50 minutes (*).

20. Le rayon du cercle pour lequel on se propose de construire les Tables étant 1, et sa circonférence étant désignée ordinairement par 2π, le sinus de AB (*fig.* 9), ou $\sin\frac{1}{2}\pi = 1$; on a d'ailleurs $\cos\frac{1}{2}\pi = 0$: posant donc $a' = \frac{1}{2}\pi$, la formule

$$\sin\tfrac{1}{2}\,a' = \tfrac{1}{2}\sqrt{2\,\mathrm{R}^2 - 2\,\mathrm{R}\cos a'} \qquad (13)$$

(*) Il paraît que les principales raisons qui ont fait choisir l'angle droit pour unité, sont 1° que le cercle entier, à proprement parler, ne mesure point un angle, puisque alors le rayon mobile CM (*fig.* 2) est revenu s'appliquer sur le rayon CA; 2° que le sinus, auquel on rapporte toutes les autres lignes trigonométriques, prend dans l'étendue du quart de cercle, ou de l'angle droit, toutes les valeurs dont il est susceptible.

fait voir que le sinus de la moitié du quart de la circonférence, ou de $\frac{1}{4}\pi$, est $\frac{1}{2}\sqrt{2}$ (*).

L'arc $AB = \frac{1}{2}\pi$ étant pris pour unité, AM sera de $0^q,5$; on aura donc

$$\sin 0^q,5 = \cos 0^q,5 = \frac{1}{2}\sqrt{2} = 0,707\,106\,781\,186.$$

Maintenant, si l'on fait $0^q,5 = a'$, on trouvera

$$\sin \tfrac{1}{2}a' = \sin 0^q,25 = 0,382\,683\,432\,365,$$
$$\cos \tfrac{1}{2}a' = \cos 0^q,25 = 0,923\,879\,532\,511\,;$$

mais en continuant ainsi de partager chaque arc en deux parties égales, on ne tombera sur aucune des aliquotes décimales du quadrant : on parviendra seulement à des arcs de plus en plus petits, et qui, par cette raison, approcheront sans cesse d'être égaux à leurs sinus (17). A la quatorzième division, par exemple, on arrive à un arc qui n'est que $\frac{1}{16384}$ du quadrant, et dont le sinus est $0,000\,095\,873\,799$, moindre, par conséquent, que $0,0001$: la petitesse de cet arc est donc telle, qu'il ne différera point de son sinus dans les douze premiers chiffres décimaux.

A plus forte raison en sera-t-il de même pour les arcs moindres ; or il est visible que tous les arcs qui se confondent avec leurs sinus et leurs tangentes sont proportionnels à ces lignes : il vient donc

$$\sin \frac{1^q}{16384} : \sin \frac{1^q}{100000} :: \frac{1^q}{16384} : \frac{1^q}{100000} \text{ ou} :: 100000 : 16384,$$

d'où

$$\sin 0^q,00001 = \frac{16384 \sin \dfrac{1^q}{16384}}{100000} = 0,000\,015\,707\,963,$$

(*) On peut aussi s'en convaincre à priori, puisque le triangle CMP (*fig.* 9) est alors isocèle, et que l'on a, par conséquent,

$$2\,\overline{PM}^2 = \overline{CM}^2 = 1,$$

d'où

$$\overline{PM}^2 = \tfrac{1}{2}, \quad \text{et} \quad PM = \sqrt{\tfrac{1}{2}} = \sqrt{2 \times \tfrac{1}{4}} = \tfrac{1}{2}\sqrt{2}.$$

au moins dans les douze premières décimales. On trouve
par la même raison

$$\sin 0^q,00002 = 2\sin 0^q,00001,$$
$$\sin 0^q,00003 = 3\sin 0^q,00001,$$
$$\sin 0^q,00004 = 4\sin 0^q,00001,$$
$$\dots\dots\dots\dots\dots\dots\dots\dots\dots\dots$$

et ayant soin de calculer en même temps le cosinus et la
tangente de chacun de ces arcs, on peut suivre cette voie
tant que le sinus et la tangente correspondante se confondent encore dans les douze premières décimales.

Si l'on ne voulait avoir les valeurs approchées que
jusqu'à la huitième décimale, on pourrait pousser ainsi
jusqu'à l'arc de $0^q,001$.

Pour s'élever ensuite à des arcs plus grands, on se ser-
vira des équations

$$\sin 2a = 2\sin a \cos a,$$
$$\cos 2a = \cos a^2 - \sin a^2,$$
$$\sin(a \pm b) = \sin a \cos b \pm \sin b \cos a,$$
$$\cos(a \pm b) = \cos a \cos b \mp \sin a \sin b.$$

Faisant successivement

$$a = 0^q,001, \quad a = 0^q,002,\dots,$$

dans les deux premières, on en déduira

$$\sin 0^q,002, \quad \cos 0^q,002, \quad \sin 0^q,004, \quad \cos 0^q,004,\dots,$$

et prenant ensuite

$$a = 0^q,001, \quad b = 0^q,002, \quad a = 0^q,002, \quad b = 0^q,003,\dots,$$

on obtiendra, par le moyen des deux dernières,

$$\sin 0^q,003, \quad \cos 0^q,003, \quad \sin 0^q,005, \quad \cos 0^q,005,\dots.$$

Cet exposé suffit pour faire concevoir comment on a pu
former les Tables trigonométriques. Il existe d'ailleurs
des méthodes plus expéditives pour calculer les sinus des
angles quelconques, par le moyen de séries convergentes

qui se déduisent des équations du n° 11. On les trouvera dans les deux Traités que j'ai publiés sur le Calcul différentiel et le Calcul intégral.

21. Pour faciliter les calculs, on a substitué depuis longtemps aux valeurs des sinus, cosinus, tangentes et cotangentes, leurs logarithmes; et dans la plupart des Tables, on ne trouve plus que ces derniers, en sorte que, par leur moyen, on résout toujours l'une ou l'autre de ces questions :

1° *Un arc étant donné, trouver le logarithme de son sinus, ou de son cosinus, ou de sa tangente, ou de sa cotangente ;*

2° *Connaissant le logarithme du sinus, ou du cosinus, ou de la tangente, ou de la cotangente d'un arc, trouver cet arc.*

La solution de ces questions tient à la disposition des Tables, disposition qui n'est pas la même dans toutes, et qui se trouve toujours expliquée en tête de chacune d'elles; c'est pourquoi je n'en parlerai point ici. Je me bornerai à indiquer les Tables de Callet comme les meilleures, relativement à l'ancienne division, et celles de Borda, ou celles de MM. Hobert et Ideler, par rapport à la nouvelle.

Les Tables trigonométriques n'embrassent que l'étendue du quart de cercle; mais elles donnent malgré cela les sinus et les cosinus, les tangentes et les cotangentes, pour tous les arcs, quelque grands qu'ils soient, ainsi que je vais le faire voir en examinant la marche des lignes trigonométriques, par rapport aux divers degrés de grandeur par lesquels peut passer un arc de cercle.

22. Pour bien comprendre ce qui va suivre, il faut se pénétrer d'avance de la continuité qui règne toujours entre les différents résultats qu'on déduit d'une même expression algébrique, ou d'une même construction géo-

métrique, et qui consiste en ce que chaque valeur que
prend l'expression dont il s'agit, est toujours précédée
ou suivie de valeurs qui diffèrent aussi peu qu'on voudra
de la première, et en ce que, dans quelque partie que ce
soit d'une ligne, on peut toujours concevoir deux points
qui soient aussi voisins l'un de l'autre qu'on voudra.

Cela posé, si l'on conçoit que le rayon CM (*fig.* 10),
d'abord couché sur AC, tourne autour du point C, comme
sur une charnière, ce rayon formera successivement,
avec AC, tous les angles possibles; et le point M, situé à
son extrémité, passera sur tous les points de la circonférence du cercle ABA′B′A, ou, ce qui est la même chose,
la décrira. En suivant avec attention le mouvement que
je viens d'indiquer, on voit d'abord qu'au point A, où
l'arc est nul, le sinus est nul aussi, et le cosinus ne diffère pas du rayon AC. Lorsque le rayon CM s'est dé
taché de AC, le sinus PM augmente à mesure que le
point M, que j'appellerai désormais le *point décrivant,*
s'avance vers B; et quand il y est parvenu, PM devient
égal à CB, ou au rayon. Dans les mêmes circonstances,
le cosinus CP diminue sans cesse, et devient nul lorsque
le point M est en B; l'angle ACB est alors droit, et l'arc
$AB = \frac{1}{2}\pi$. Le point M continuant son mouvement au
delà du point B, le sinus décroît, et le cosinus, qui
tombe maintenant entre C et A′, du côté opposé à celui
où il était avant le point B, augmente. C'est ce que prouve
la seule inspection de la figure : P′M′, sinus de ABM′,
est moindre que CB, sinus de AB, et CP′, cosinus du
premier de ces arcs, surpasse le cosinus du second, qui
est nul.

Lorsque le point M′ est parvenu en A′, le sinus est nul
comme au point A, et le cosinus est encore une fois égal
au rayon. Au point A′, l'arc ABA′ est égal à la demi-
circonférence, ou à π; l'angle ACM a atteint sa plus
grande limite, mais rien ne s'oppose à ce que le rayon CM

et le point décrivant ne continuent leur mouvement en passant au-dessous du diamètre AA'. Le sinus, qui devient alors $P''M''$, tombe aussi au-dessous du diamètre, et augmente à mesure que le point M'' s'approche de B', tandis que le cosinus CP'' diminue. Au point B', où l'arc ABA'B' est les $\frac{3}{4}$ de la circonférence, ou $\frac{3}{2}\pi$, l'un est égal au rayon CB', et l'autre est nul. Enfin, depuis B' jusqu'en A, le sinus $P'''M'''$, toujours au-dessous de AA', diminue sans cesse, et le cosinus CP''', qui se trouve alors du même côté où il était dans le premier quart de cercle AB, augmente, et en A devient égal au rayon.

On voit en même temps que si les arcs $A'M'$, $A'M''$, AM''', étaient égaux à l'arc AM, les sinus et les cosinus des arcs ABM', $AA'M''$, $AB'M'''$ ne différeraient des sinus et des cosinus de l'arc AM que par leur position.

Revenu au point A, le point décrivant a achevé une révolution, mais il en peut recommencer une autre; et considérant toujours comme un seul arc la totalité du chemin parcouru par ce point, depuis le commencement du mouvement, il en résultera des arcs plus grands que la circonférence, et qui auront les mêmes sinus, cosinus, tangentes, cotangentes, que ceux qui ont été décrits dans la première révolution. Ces considérations mènent à des conséquences très-importantes pour l'analyse, et que j'ai développées dans mes Traités de Calcul différentiel et de Calcul intégral.

23. Il faut chercher maintenant comment les expressions algébriques des sinus et des cosinus répondent aux diverses circonstances que je viens d'exposer. Pour cela, on fait d'abord $a = \frac{1}{2}\pi$, dans les équations

$$(\text{A}) \quad \begin{cases} \sin(a+b) = \sin a \cos b + \sin b \cos a, \\ \cos(a+b) = \cos a \cos b - \sin a \sin b; \end{cases}$$

et observant que $\sin \frac{1}{2}\pi = 1$, et que $\cos \frac{1}{2}\pi = 0$, on trouve

$$\sin\left(\tfrac{1}{2}\pi + b\right) = \cos b,$$
$$\cos\left(\tfrac{1}{2}\pi + b\right) = -\sin b,$$

expressions dans lesquelles on doit remarquer deux choses, savoir, leur valeur absolue et le signe dont elle est affectée.

Cette valeur se vérifie sur la figure; car, AB étant $\frac{1}{2}\pi$, si l'on prend l'arc BM′ pour b, l'arc AM′ sera $\frac{1}{2}\pi + b$; mais P′M′, étant le sinus de A′M′ aussi bien que de AM′, sera le cosinus de BM′ ou de b, tandis que CP′ en sera le sinus.

Quant au signe — qui affecte $\cos\left(\tfrac{1}{2}\pi + b\right)$, il en résulte que, si l'on regarde comme positifs le sinus et le cosinus d'un arc moindre que le quart de la circonférence, le cosinus d'un arc plus grand sera négatif, tandis que son sinus sera positif. Si l'on fait aussi $b = \frac{1}{2}\pi$, on aura

$$\sin \pi = 0, \quad \cos \pi = -1.$$

Supposant ensuite que, dans les équations (A), $a = \pi$, on obtiendra, d'après ce qui précède,

$$\sin\left(\pi + b\right) = -\sin b,$$
$$\cos\left(\pi + b\right) = -\cos b.$$

La valeur absolue de ces formules peut se vérifier aussi facilement que celle des précédentes; leur signe montre que tout arc compris entre π et $\frac{3}{2}\pi$ a son sinus et son cosinus négatif; et lorsque $b = \frac{1}{2}\pi$, on trouve

$$\sin \tfrac{3}{2}\pi = -1, \quad \cos \tfrac{3}{2}\pi = 0.$$

Enfin, quand $a = \frac{3}{2}\pi$, les équations (A) se réduisent, en vertu des valeurs précédentes, à

$$\sin\left(\tfrac{3}{2}\pi + b\right) = -\cos b,$$
$$\cos\left(\tfrac{3}{2}\pi + b\right) = +\sin b,$$

et il s'ensuit que tout arc compris entre $\frac{3}{2}\pi$ et $\frac{4}{2}\pi$, ou 2π, a son cosinus positif et son sinus négatif.

En récapitulant ces résultats, on verra :

1° Que depuis le point A jusqu'au point A′, où l'arc ABA′ $= \pi$, les sinus sont positifs;

2° Que depuis le point A′ jusqu'au point A, où l'arc ABA′B′A $= 2\pi$, c'est-à-dire de π jusqu'à 2π, les sinus sont négatifs ;

3° Que depuis le point A jusqu'au point B, où l'arc AB $= \frac{1}{2}\pi$, les cosinus sont positifs;

4° Que depuis le point B jusqu'au point B′, où l'arc ABA′B′ $= \frac{3}{2}\pi$, c'est-à-dire de $\frac{1}{2}\pi$ à $\frac{3}{2}\pi$, les cosinus sont négatifs;

5° Enfin, que depuis le point B′ jusqu'au point A, où l'arc ABA′B′A $= 2\pi$, c'est-à-dire de $\frac{3}{2}\pi$ à 2π, les cosinus sont positifs.

Et l'on remarquera sans peine que les sinus changent de signe lorsqu'ils passent au-dessous du diamètre AA′, et les cosinus lorsqu'ils passent d'un côté à l'autre du point C, ou qu'ils tombent en deçà ou au delà du diamètre BB′, perpendiculaire au premier.

Avec ces attentions, on étendra les formules du n° 11 à toutes les grandeurs possibles des arcs AM et MN (*fig.* 4) et les valeurs conclues de ces formules s'accorderont avec celles qu'on déduirait de la construction et des raisonnements du numéro cité, si on les appliquait immédiatement aux arcs proposés, exercice qui peut être utile au lecteur (*).

24. En suivant le cours des tangentes, on trouvera qu'elles augmentent sans cesse depuis le point A (*fig.* 10) jusqu'au point B, où l'arc AM est devenu égal à $\frac{1}{2}\pi$. A ce

---

(*) Il m'a paru suffisant ici de considérer la correspondance des signes des lignes trigonométriques avec leur position, comme un fait d'observation; mais on trouvera au commencement de l'Application de l'Algèbre à la Géométrie, la théorie de cette correspondance et la preuve que toute ligne affectée du signe — doit être prise dans un sens opposé à celui qu'on lui donne quand elle a le signe +.

point la sécante CN, se confondant avec CB, est parallèle
à la tangente AN, et ne la rencontre par conséquent plus,
en sorte que l'arc AB n'a point, à proprement parler,
de tangente trigonométrique. On dit cependant que sa
tangente est infinie; mais, par cette expression, il faut
entendre qu'en prenant le point M aussi près du point B
qu'il sera nécessaire, on trouvera une tangente AN plus
grande que telle quantité qu'on voudra. C'est aussi ce que
prouve l'équation

$$\operatorname{tang} a = \frac{\sin a}{\cos a},$$

qui donne pour tang a une valeur d'autant plus grande,
que cos a est plus petit, ou qu'on approche davantage du
point B.

Lorsque $a = 0^q,50$, il vient

$$\cos a = \sin a,$$

et, par conséquent,

$$\operatorname{tang} 0^q,50 = 1.$$

On prouve la même chose par le triangle CAN (*fig.* 9)
qui devient isocèle dans ce cas, puisque l'angle ACN étant
égal à la moitié d'un droit, il en est nécessairement de
même de l'angle ANC : la tangente AN est donc égale au
rayon.

Quand l'arc AM (*fig.* 10) est plus grand que $\frac{1}{2}\pi$, le
rayon CM ne rencontre plus la ligne AN au-dessus du
diamètre, mais au-dessous; la véritable tangente est AN′,
égale, ainsi qu'il est facile de le voir, à A′n′ tangente de
l'arc A′M′, supplément de AM′, mais se trouve placée
dans un sens opposé. Dans le troisième quart du cercle,
la tangente, qui a été nulle au point A′, repasse au-dessus
du diamètre AA′, et AN est encore la tangente de l'arc
AA′M″. Le rayon devenant encore parallèle à AN, au
point B′, la tangente est encore infinie à ce point, passé

lequel elle revient au-dessous du diamètre ; en effet, l'arc AB′M‴, par exemple, a évidemment pour tangente AN′.

25. Je vais examiner maintenant ce qui résulte de l'expression algébrique $\tang\, a = \dfrac{\sin a}{\cos a}$.

Il est visible que sa valeur sera positive dans tous les cas où le sinus et le cosinus seront de même signe, ce qui a lieu depuis o jusqu'à $\frac{1}{2}\pi$, et depuis π jusqu'à $\frac{3}{2}\pi$; elle sera par conséquent négative depuis $\frac{1}{2}\pi$ jusqu'à π, et depuis $\frac{3}{2}\pi$ jusqu'à 2π ; d'où il suit que, pour les tangentes comme pour les sinus et les cosinus, les changements de signe correspondent aussi aux changements de situation. On trouverait de même que les cotangentes sont positives depuis o jusqu'à $\frac{1}{2}\pi$, depuis π jusqu'à $\frac{3}{2}\pi$, et négatives depuis $\frac{1}{2}\pi$ jusqu'à π, depuis $\frac{3}{2}\pi$ jusqu'à 2π.

26. Dans le calcul, on rencontre quelquefois des arcs négatifs : leur sinus et leur cosinus peuvent aussi se déterminer par les formules du n° **11.** L'expression de $\sin(a-b)$, changeant de signe quand on y change a en b et b en a, fait voir que $\sin(a-b) = -\sin(b-a)$: ainsi, quand $a < b$, l'arc négatif $a-b$ a un sinus négatif, le même que celui de $b-a$, au signe près.

Si l'on construisait la *fig.* 4* dans cette hypothèse, en prenant AM $= a$, MN $= b$, et portant ce dernier arc au-dessous du point M, pour opérer comme il a été dit dans le n° **11,** l'arc AN′ se trouverait au-dessous de AC au lieu d'être au-dessus : le sinus Q′N′ changerait donc de côté, ainsi que l'arc. Quant au cosinus, il demeurerait du même côté ; et, par les formules, on trouve aussi que $\cos(a-b) = \cos(b-a)$.

27. La proposition démontrée dans le n° **11** a encore de nombreuses conséquences, dont quelques-unes seront nécessaires dans la suite ; c'est pourquoi je les placerai ici.

1° En ajoutant entre elles les deux équations

$$\sin(a+b) = \frac{\sin a \cos b + \sin b \cos a}{R},$$

$$\sin(a-b) = \frac{\sin a \cos b - \sin b \cos a}{R},$$

on aura

$$\sin(a+b) + \sin(a-b) = \frac{2\sin a \cos b}{R},$$

d'où

$$\sin a \cos b = \frac{R}{2}\sin(a+b) + \frac{R}{2}\sin(a-b).$$

2° En retranchant la seconde équation de la première, on aura

$$\sin(a+b) - \sin(a-b) = \frac{2\sin b \cos a}{R},$$

d'où

$$\sin b \cos a = \frac{R}{2}\sin(a+b) - \frac{R}{2}\sin(a-b).$$

Lorsque $a = b$, cette formule et la précédente donnent

$$\cos a \sin a = \frac{R}{2}\sin 2a.$$

3° En ajoutant entre elles les deux équations

$$\cos(a+b) = \frac{\cos a \cos b - \sin a \sin b}{R},$$

$$\cos(a-b) = \frac{\cos a \cos b + \sin a \sin b}{R},$$

on aura

$$\cos(a+b) + \cos(a-b) = \frac{2\cos a \cos b}{R},$$

d'où

$$\cos a \cos b = \frac{R}{2}\cos(a+b) + \frac{R}{2}\cos(a-b).$$

Lorsque $a = b$, cette formule donne

$$\cos a^2 = \frac{R}{2}\cos 2a + \frac{R^2}{2},$$

en observant que le cosinus est égal au rayon, lorsque l'arc est nul.

4° En retranchant la première équation de la seconde, il viendra

$$\cos(a-b) - \cos(a+b) = \frac{2\sin a \sin b}{R},$$

d'où

$$\sin a \sin b = \frac{R}{2}\cos(a-b) - \frac{R}{2}\cos(a+b).$$

Lorsque $a = b$, cette formule donne

$$\sin a^2 = \frac{R^2}{2} - \frac{R}{2}\cos 2a.$$

5° Si l'on fait $a + b = a'$, $a - b = b'$, on trouvera, en ajoutant ces deux équations,

$$2a = a' + b',$$

et, en retranchant la seconde de la première,

$$2b = a' - b';$$

il suit de là que

$$a = \frac{a'+b}{2}, \quad b = \frac{a'-b'}{2}.$$

Mettant ces valeurs de a et de b dans les expressions de $\sin a \cos b$, $\sin b \cos a$, $\cos a \cos b$, $\sin a \sin b$, obtenues précédemment, on trouvera

$$\sin \tfrac{1}{2}(a'+b')\cos \tfrac{1}{2}(a'-b') = \frac{R}{2}(\sin a' + \sin b'),$$

$$\cos \tfrac{1}{2}(a'+b')\sin \tfrac{1}{2}(a'-b') = \frac{R}{2}(\sin a' - \sin b'),$$

$$\cos \tfrac{1}{2}(a'+b')\cos \tfrac{1}{2}(a'-b') = \frac{R}{2}(\cos a' + \cos b'),$$

$$\sin \tfrac{1}{2}(a'+b')\sin \tfrac{1}{2}(a'-b') = \frac{R}{2}(\cos b' - \cos a').$$

Divisant la seconde des formules précédentes par la

première, on aura

$$\frac{\cos \frac{1}{2}(a' + b') \sin \frac{1}{2}(a' - b')}{\sin \frac{1}{2}(a' + b') \cos \frac{1}{2}(a' - b')}$$

$$= \frac{\sin \frac{1}{2}(a' - b') \cos \frac{1}{2}(a' + b')}{\cos \frac{1}{2}(a' - b') \sin \frac{1}{2}(a' + b')} = \frac{\sin a' - \sin b'}{\sin a' + \sin b'}.$$

Observant ensuite que

$$\frac{\sin A}{\cos A} = \frac{\tang A}{R} \quad (8),$$

et que, par conséquent,

$$\frac{\cos A}{\sin A} = \frac{R}{\tang A},$$

on obtiendra

$$\frac{\tang \frac{1}{2}(a' - b')}{\tang \frac{1}{2}(a' + b')} = \frac{\sin a' - \sin b'}{\sin a' + \sin b'}.$$

On conclura de même des deux dernières formules rapportées ci-dessus, que

$$\frac{\tang \frac{1}{2}(a' + b') \tang \frac{1}{2}(a' - b')}{R^2} = \frac{\cos b' - \cos a'}{\cos a' + \cos b'}.$$

6° En divisant l'expression de $\sin (a \pm b)$ par celle de $\cos (a \pm b)$, on aura

$$\frac{\sin (a \pm b)}{\cos (a \pm b)} = \frac{\sin a \cos b \pm \sin b \cos a}{\cos a \cos b \mp \sin a \sin b}.$$

Divisant ensuite le numérateur et le dénominateur de la fraction du second membre par $\cos a \cos b$, elle deviendra

$$\frac{\dfrac{\sin a}{\cos a} \pm \dfrac{\sin b}{\cos b}}{1 \mp \dfrac{\sin a}{\cos a} \cdot \dfrac{\sin b}{\cos b}};$$

et comme en général

$$\frac{\sin A}{\cos A} = \frac{\tang A}{R} \quad (8),$$

on obtiendra par ce moyen

$$\frac{\operatorname{tang}(a \pm b)}{R} = \frac{\dfrac{\operatorname{tang} a}{R} \pm \dfrac{\operatorname{tang} b}{R}}{1 \mp \dfrac{\operatorname{tang} a}{R} \cdot \dfrac{\operatorname{tang} b}{R}} = \frac{R\,(\operatorname{tang} a \pm \operatorname{tang} b)}{R^2 \mp \operatorname{tang} a \operatorname{tang} b},$$

et enfin

$$\operatorname{tang}(a \pm b) = \frac{R^2\,(\operatorname{tang} a \pm \operatorname{tang} b)}{R^2 \mp \operatorname{tang} a \operatorname{tang} b}.$$

En se rappelant que

$$\cot A = \frac{R^2}{\operatorname{tang} A} \quad (9),$$

on trouvera

$$\cot(a \pm b) = \frac{R^2}{\operatorname{tang}(a \pm b)} = \frac{R^2 \mp \operatorname{tang} a \operatorname{tang} b}{\operatorname{tang} a \pm \operatorname{tang} b}$$

$$= \frac{R^2 \mp \dfrac{R^2}{\cot a} \cdot \dfrac{R^2}{\cot b}}{\dfrac{R^2}{\cot a} \pm \dfrac{R^2}{\cot b}};$$

et, en réduisant, on parvient à

$$\cot(a \pm b) = \frac{\cot a \cot b \mp R^2}{\cot b \pm \cot a}.$$

28. L'équation

$$\frac{\operatorname{tang} \tfrac{1}{2}(a' - b')}{\operatorname{tang} \tfrac{1}{2}(a' + b')} = \frac{\sin a' - \sin b'}{\sin a' + \sin b'},$$

de laquelle il résulte que *la somme des sinus de deux arcs est à leur différence, comme la tangente de la demi-somme de ces arcs est à la tangente de leur demi-diffé-rence*, s'obtient immédiatement par une construction géo-métrique fort élégante.

AM et AN (*fig.* 11) étant les deux arcs a' et b', on aura $MP = \sin a'$, $NQ = \sin b'$; menant NC parallèle au diamètre AB, prolongeant MP jusqu'en M', il en ré-sultera

$$MR = MP - NQ = \sin a' - \sin b',$$
$$M'R = M'P + NQ = \sin a' + \sin b'.$$

Cela fait, si du point C, comme centre, et d'un rayon CD, égal à celui du cercle ACB, on décrit un arc EDG, que l'on mène au point D de cet arc une tangente terminée par les droites CM et CM′, il est visible que DF et DH seront les tangentes des arcs DE et DG, qui mesurent les angles MCN et NCM′; et comme ces angles ont leur sommet à la circonférence du cercle ACB, ils auront pour mesure la moitié de

$$NM = AM - AN = a' - b',$$

et celle de

$$NM' = AM' + AN = a' + b',$$

d'où il suit que

$$DF = \tang \tfrac{1}{2}(a' - b'), \quad DH = \tang \tfrac{1}{2}(a' + b').$$

Mais, à cause des parallèles MM′ et FH, on aura la proportion

$$MR : M'R :: DF : DH,$$

ou

$$\sin a' - \sin b' : \sin a' + \sin b' :: \tang \tfrac{1}{2}(a' - b') : \tang \tfrac{1}{2}(a' + b');$$

ce qui revient à l'équation proposée.

Il serait facile de modifier la construction ci-dessus de manière à en déduire les diverses équations analogues à celle qu'on vient de démontrer.

29. Comme on a souvent occasion de faire usage des formules auxquelles je suis parvenu précédemment, je les ai réunies dans le tableau suivant, avec d'autres qui s'en déduisent par des procédés faciles à imaginer. Les numéros qu'on lit après chaque formule marquent les articles où elles ont été trouvées, ou desquels on peut les conclure.

Tableau des formules trigonométriques les plus usitées.

$$\sin a^2 + \cos a^2 = R^2 \qquad (10)$$

$$\left.\begin{aligned}
\sin (a \pm b) &= \frac{\sin a \cos b \pm \sin b \cos a}{R} \\[2mm]
\sin (a \pm b) &= \frac{\cos a \cos b \mp \sin a \sin b}{R}
\end{aligned}\right\} \quad (11)$$

$$\left.\begin{aligned}
\sin a \cos b &= \tfrac{1}{2} R \left[\sin (a + b) + \sin (a - b)\right] \\
\cos a \sin b &= \tfrac{1}{2} R \left[\sin (a + b) - \sin (a - b)\right] \\
\cos a \cos b &= \tfrac{1}{2} R \left[\cos (a + b) + \cos (a - b)\right] \\
\sin a \sin b &= - \tfrac{1}{2} R \left[\cos (a + b) - \cos (a - b)\right]
\end{aligned}\right\} \quad (27)$$

$$\left.\begin{aligned}
\sin a + \sin b &= \frac{2}{R} \sin \tfrac{1}{2}(a + b) \cos \tfrac{1}{2}(a - b) \\[2mm]
\sin a - \sin b &= \frac{2}{R} \cos \tfrac{1}{2}(a + b) \sin \tfrac{1}{2}(a - b) \\[2mm]
\cos a + \cos b &= \frac{2}{R} \cos \tfrac{1}{2}(a + b) \cos \tfrac{1}{2}(a - b) \\[2mm]
\cos a - \cos b &= \frac{2}{R} \sin \tfrac{1}{2}(a + b) \sin \tfrac{1}{2}(a - b)
\end{aligned}\right\} \quad (27)$$

$$\sin 2a = \frac{2 \sin a \cos a}{R} \quad (11) \qquad \sin \tfrac{1}{2} a = \tfrac{1}{2}\sqrt{2 R^2 - 2 R \cos a} \quad (13)$$

$$\cos 2a = \frac{\cos a^2 - \sin a^2}{R} = \frac{2 \cos a^2 - R^2}{R} \qquad (11)$$

$$\sin a^2 = \tfrac{1}{2} R (R - \cos 2a) \qquad (27)$$

$$\cos a^2 = \tfrac{1}{2} R (R + \cos 2a) \qquad (27)$$

$$\sin a^2 - \sin b^2 = \cos b^2 - \cos a^2 = \sin(a + b)\sin(a - b) \quad (11, 10)$$

$$\cos a^2 - \sin b^2 = \cos (a + b) \cos (a - b) \quad (11, 10)$$

$$\tang a = \frac{R \sin a}{\cos a} \quad (8) \qquad\qquad \cot a = \frac{R^2}{\tang a} = \frac{R \cos a}{\sin a} \quad (9)$$

$$\séc a = \frac{R^2}{\cos a}, \quad \coséc a = \frac{R^2}{\sin a} \qquad (8)$$

$$\tang(a \pm b) = \frac{R \sin (a \pm b)}{\cos (a \pm b)} = \frac{R^2 (\tang a \pm \tang b)}{R^2 \mp \tang a \tang b} \quad (27)$$

Suite du Tableau des formules trigonométriques.

$$\tan a + \tan b = \frac{R^2 \sin(a+b)}{\cos a \cos b}$$

$$\tan a - \tan b = \frac{R^2 \sin(a-b)}{\cos a \cos b}$$

$$\cot a + \cot b = \frac{R^2 \sin(a+b)}{\sin a \sin b}$$

$$\cot a - \cot b = -\frac{R^2 \sin(a-b)}{\sin a \sin b}$$

$$(8, 11)$$

$$\tan a^2 - \tan b^2 = \frac{R^4 \sin(a+b)\sin(a-b)}{\cos a^2 \cos b^2}$$

$$\cot a^2 - \cot b^2 = -\frac{R^4 \sin(a+b)\sin(a-b)}{\sin a^2 \sin b^2}$$

$$(8, 11)$$

$$\frac{\sin a + \sin b}{\sin a - \sin b} = \frac{\tan\frac{1}{2}(a+b)}{\tan\frac{1}{2}(a-b)}$$

$$\frac{\sin a + \sin b}{\cos a + \cos b} = \frac{\tan\frac{1}{2}(a+b)}{R}, \qquad \frac{\sin a}{R+\cos a} = \frac{\tan\frac{1}{2}a}{R}$$

$$\frac{\sin a + \sin b}{\cos a - \cos b} = -\frac{\cot\frac{1}{2}(a-b)}{R}, \qquad \frac{\sin a}{R-\cos a} = \frac{\cot\frac{1}{2}a}{R}$$

$$\frac{\sin a - \sin b}{\cos a + \cos b} = \frac{\tan\frac{1}{2}(a-b)}{R}$$

$$\frac{\sin a - \sin b}{\cos a - \cos b} = -\frac{\cot\frac{1}{2}(a+b)}{R}$$

$$\frac{\cos a + \cos b}{\cos a - \cos b} = -\frac{\cot\frac{1}{2}(a-b)}{\tan\frac{1}{2}(a+b)} = -\frac{\sec a + \sec b}{\sec a - \sec b}$$

$$(27)$$

$$\sin a = \frac{R \tan a}{\sqrt{R^2 + \tan a^2}}, \qquad \cos a = \frac{R^2}{\sqrt{R^2 + \tan a^2}} \qquad (8, 10)$$

$$R = \sin 1^q = \cos 0^q = \tan\tfrac{1}{2}^q = \cot\tfrac{1}{2}^q$$
$$= \sec 0^q = \csc 1^q = \tfrac{1}{2}\sec\tfrac{2}{3}^q = \text{corde}\,\tfrac{2}{3}^q \qquad (23, 24, 18)$$

$$\sin a = \tfrac{1}{2}\,\text{corde}\,2a \qquad (14)$$

$$\sin(1^q \pm b) = +\cos b, \qquad \cos(1^q \pm b) = \mp\cos b$$
$$\sin(2^q \pm b) = \mp\sin b, \qquad \cos(2^q \pm b) = -\cos b$$
$$\sin(3^q \pm b) = -\cos b, \qquad \cos(3^q \pm b) = \pm\sin b$$
$$\sin(4^q \pm b) = \pm\sin b, \qquad \cos(4^q \pm b) = +\cos b$$

$$(11)$$

30. Je vais parler maintenant de l'application des Tables trigonométriques à la résolution des triangles, pour laquelle il faut se rappeler que, par le moyen de ces Tables, lorsqu'un angle est connu, la valeur de son sinus, celle de son cosinus, celle de sa tangente, et celle de sa cotangente, sont connues aussi, et que, réciproquement, quand la valeur de l'une de ces lignes est donnée, celle de l'arc doit être regardée comme donnée.

Soit CDE (*fig.* 12) un triangle rectangle en D; de l'un des angles aigus C on décrit, avec un rayon égal à celui des Tables, l'arc AM, on abaisse PM perpendiculaire sur AC, enfin on élève la tangente AN pour former les deux triangles des Tables, savoir, CPM qui sera celui du sinus et du cosinus, et CAN celui de la tangente et de la sécante. L'un et l'autre seront semblables au triangle proposé, et, en les comparant successivement avec celui-ci, on en tirera

$$\left.\begin{array}{l} \text{CM} : \text{PM} :: \text{CE} : \text{DE} \\ \text{CM} : \text{CP} :: \text{CE} : \text{CD} \end{array}\right\} \text{ou} \left\{\begin{array}{l} \text{R} : \sin\ \text{C} :: \text{CE} : \text{DE,} \\ \text{R} : \cos\ \text{C} :: \text{CE} : \text{CD,} \end{array}\right.$$

$$\text{CA} : \text{AN} :: \text{CD} : \text{DE} \qquad \text{ou} \qquad \text{R} : \text{tang}\,\text{C} :: \text{CD} : \text{DE.}$$

L'angle E étant complément de l'angle C, on aura

$$\cos \text{C} = \sin \text{E} ;$$

les deux premières propositions peuvent se réunir dans une seule et s'énoncer ainsi : *Le rayon est au sinus de l'un des angles aigus d'un triangle rectangle, comme l'hypoténuse est au côté opposé à cet angle.*

La troisième montre que *le rayon est à la tangente de l'un des angles aigus d'un triangle rectangle, comme le côté de l'angle droit, adjacent à cet angle aigu, est au côté opposé.*

Le rayon étant toujours donné, il suffira de connaître deux des trois autres termes de chacune des proportions que je viens d'énoncer, pour trouver celui qui reste.

Ainsi, par la première, on déterminera toujours une de ces trois choses : *l'hypoténuse, un côté et un angle aigu,* lorsqu'on en connaîtra deux.

Je mets simplement un angle aigu, quoique la proportion exige que cet angle soit opposé au côté donné ou cherché, parce qu'un des angles aigus fait trouver l'autre sur-le-champ, et que, par conséquent, si celui qu'on connaît ou qu'on cherche ne remplit pas cette condition, on peut employer son complément.

Par la seconde proportion, on déterminera toujours une de ces trois choses : *les deux côtés de l'angle droit et un angle aigu,* lorsqu'on en connaîtra deux.

Il suit de là, 1° que, connaissant un côté et un angle d'un triangle rectangle, on peut calculer les deux autres côtés ; 2° que, connaissant deux quelconques des côtés, on peut calculer les angles aigus.

Ces deux cas ne comprennent pas celui où l'on a deux côtés quelconques d'un triangle, et où l'on cherche le troisième ; mais ce cas se résout immédiatement par la propriété connue du triangle rectangle, qui donne

$$\overline{CD}^2 + \overline{DE}^2 = \overline{CE}^2,$$

et d'où l'on tire

$$CE = \sqrt{\overline{CD}^2 + \overline{DE}^2}.$$

Si l'on connaissait l'hypoténuse CE et l'un des côtés de l'angle droit, DE par exemple, on aurait

$$CD = \sqrt{\overline{CE}^2 - \overline{DE}^2}.$$

En observant que

$$\overline{CE}^2 - \overline{DE}^2 = (CE + DE)\,(CE - DE),$$

et prenant les logarithmes des deux membres de l'équation

$$CD = \sqrt{(CE + DE)\,(CE - DE)},$$

on trouverait

$$\log CD = \tfrac{1}{2}\left[\log (CE + DE) + \log (CE - DE)\right].$$

Lorsque l'on construit des formules qui doivent servir à des calculs numériques, il faut toujours tâcher de les préparer de manière qu'on puisse y appliquer les logarithmes commodément, c'est-à-dire qu'on ne soit obligé de passer des logarithmes aux nombres, et de repasser de ceux-ci aux premiers, que le moins qu'il est possible. En appliquant les logarithmes à la recherche de CD, au moyen de sa première expression, on verra bien évidemment le but de cette remarque.

Je terminerai cet exposé des principes qui servent à résoudre les triangles rectangles, en observant que les deux cas traités en dernier lieu se résolvent aussi par les deux proportions rapportées au commencement de cet article. Car, 1° si, connaissant CD et DE, on veut trouver CE, on calculera l'un des angles aigus, C par exemple, dans la proportion R : tang C :: CD : DE; ayant trouvé cet angle, on obtiendra l'hypoténuse CE par la proportion R : sin C :: CE : DE, dans laquelle on connaîtra les trois termes R, sin C et DE. 2° Lorsque l'on connaîtra l'hypoténuse CE et l'un des autres côtés, CD par exemple, on calculera l'angle aigu opposé au côté cherché, par la proportion R : sin E ou cos C :: CE : CD; puis on trouvera le côté DE par la proportion R : sin C :: CE : DE.

31. Ce qui vient d'être dit sur les triangles rectangles peut se résumer d'une manière commode en désignant leurs angles par A, B, C, A étant l'angle droit, et nommant a, b et c les côtés qui sont respectivement opposés à chacun de ces angles, ainsi que le montre la *fig.* 13. On aura d'abord, par le premier principe,

$$R : \sin C :: a : c, \quad R : \sin B :: a : b,$$

d'où l'on tirera

$$\frac{c}{a} = \frac{\sin C}{R}, \quad \frac{b}{a} = \frac{\sin B}{R}.$$

Chassant a de ces deux équations, ce qui se fait en divisant chaque membre de la première par son correspondant dans la seconde, on trouvera

$$\frac{c}{b} = \frac{\sin C}{\sin B}:$$

et comme $\sin B = \cos C$, et que $\dfrac{\sin C}{\cos C} = \dfrac{\operatorname{tang} C}{R}$, il en résultera

$$\frac{c}{b} = \frac{\operatorname{tang} C}{R},$$

équation qui représente le second principe énoncé dans le numéro précédent.

Enfin, si l'on carre chaque membre des deux premières équations, et qu'on ajoute ensuite, membre à membre, les équations résultantes, en observant que

$$\sin C^2 + \sin B^2 = \sin C^2 + \cos C^2 = R^2 \ (10),$$

on aura

$$\frac{c^2}{a^2} + \frac{b^2}{a^2} = 1 \quad \text{ou} \quad b^2 + c^2 = a^2.$$

Il suit de là que les deux équations

$$\frac{c}{a} = \frac{\sin C}{R}, \quad \frac{b}{a} = \frac{\sin B}{R}$$

suffisent, conjointement avec la relation qui existe entre les angles B et C, pour résoudre tous les cas des triangles rectangles.

32. Le principe sur lequel est fondée la résolution des triangles rectangles, conduit à celle des triangles quel-

conques. En abaissant de l'angle B du triangle ABC
(*fig.* 14), une perpendiculaire BD sur le côté AC, on
formera deux triangles ABD, BDC, rectangles en D; on
aura, dans le premier,

$$R : \sin A :: AB : BD,$$

et, dans le second,

$$R : \sin C :: BC : BD,$$

ce qui donnera

$$R \times BD = \sin A \times AB, \quad R \times BD = \sin C \times BC,$$

d'où il suit

$$\sin A \times AB = \sin C \times BC, \quad \text{ou} \quad \sin A : \sin C :: BC : AB.$$

Lorsque la perpendiculaire tombe en dehors, l'angle C
n'est pas commun au triangle ABC et au triangle BCD;
mais l'angle BCD et l'angle BCA, valant ensemble deux
angles droits, ont le même sinus (22).

La proportion obtenue ci-dessus peut se convertir en
principe général, et s'énoncer ainsi : *Dans un triangle
quelconque, les sinus des angles sont entre eux comme
les côtés opposés à ces angles.*

33. La même proportion se démontre ainsi de la manière suivante, qui paraît plus analogue à l'idée que j'ai
donnée de la Trigonométrie dans les n°s 1 et 2.

Ayant inscrit le triangle ABC (*fig.* 15) dans un cercle,
si l'on décrit du centre O de ce cercle, et avec un rayon
Oa égal à celui des Tables, un cercle abc, puis qu'on joi-
gne, par des droites ab, bc et ac, les points où les rayons
AO, BO, CO rencontrent le cercle des Tables, on formera
un triangle abc semblable au triangle proposé, et dont les
côtés ab, bc et ac se déduiront des Tables.

La similitude des deux triangles ABC et abc devient
évidente quand on observe que les droites aO, bO et cO

étant égales comme rayons d'un même cercle, ainsi que les droites AO, BO, CO, les triangles AOB, BOC et AOC ont leurs côtés AO et BO, BO et CO, AO et CO, coupés proportionnellement, aux points a et b, b et c, a et c, et que, par conséquent, les droites AB et ab, BC et bc, AC et ac sont respectivement parallèles; on a donc

$$AB : BC : AC :: ab : bc : ac,$$

ou

$$:: \tfrac{1}{2}\, ab : \tfrac{1}{2}\, bc : \tfrac{1}{2}\, ac.$$

Cela posé, les angles du triangle abc, ayant leur sommet placé à la circonférence, sont mesurés par la moitié de l'arc que sous-tend le côté qui leur est opposé, et chacun de ces arcs a évidemment pour sinus la moitié de ce même côté (14); donc

$$\tfrac{1}{2}\, ab = \sin c = \sin C,$$
$$\tfrac{1}{2}\, bc = \sin a = \sin A,$$
$$\tfrac{1}{2}\, ac = \sin b = \sin B,$$

et, par conséquent,

$$AB : BC : AC :: \sin C : \sin A : \sin B.$$

La comparaison des triangles AOB et aOb montre de plus que

$$AB : ab :: AO : aO,$$

ou que

$$AB : 2\sin C :: AO : aO,$$

c'est-à-dire que *chaque côté du triangle ABC est au double du sinus de l'angle qui lui est opposé, comme le rayon du cercle circonscrit est à celui des Tables* (*).

(*) On pourrait considérer les lignes ab, bc et ac comme les sinus mêmes de ces angles A, B, C, en prenant pour unité le diamètre du cercle abc; c'est ainsi que Carnot les a présentées dans l'ouvrage intitulé *Géométrie de position*. On y trouve, d'après cette définition, une démonstration très-simple et très-élégante de la proposition du n° 11 et de ses conséquences les plus importantes.

34. En désignant, comme dans le n° 31, les trois angles par A, B, C, et les côtés respectivement opposés à chacun de ces angles, par a, b, c (*fig.* 16), on aura, d'après ce qui précède, les proportions

$$\sin A : \sin B :: a : b,$$
$$\sin A : \sin C :: a : c,$$
$$\sin B : \sin C :: b : c,$$

desquelles on déduira les équations

$$\frac{b}{a} = \frac{\sin B}{\sin A}, \qquad \frac{c}{a} = \frac{\sin C}{\sin A}, \qquad \frac{c}{b} = \frac{\sin C}{\sin B}.$$

On résoudra immédiatement, par ces proportions, un triangle : 1° *lorsqu'on y connaîtra deux angles et un côté*, puisqu'alors tous les angles seront donnés, et que les côtés cherchés seront nécessairement opposés à deux de ces angles; si, par exemple, a est donné ainsi que les angles B et C, on retranchera la somme de ces angles de deux droits, pour avoir l'angle A, et les deux premières proportions feront connaître les côtés cherchés b et c; 2° *quand on aura un angle et deux côtés dont l'un soit opposé à l'angle donné*; si c'est, par exemple, l'angle A avec les côtés a et b, on calculera l'angle B par la première proportion, et connaissant alors deux angles, on retombera dans le cas précédent.

Il y a deux cas qui, n'étant pas renfermés dans ceux que je viens d'examiner, semblent échapper à la méthode : ce sont ceux dans lesquels *on connaît deux côtés et l'angle compris, ou bien les trois côtés ;* je vais m'en occuper successivement.

35. Je suppose d'abord que l'on connaisse les deux côtés a, b et l'angle compris C. En mettant les équations

$$\frac{c}{a} = \frac{\sin C}{\sin A}, \qquad \frac{c}{b} = \frac{\sin C}{\sin B},$$

sous la forme

$$a \sin C = c \sin A, \quad b \sin C = c \sin B,$$

pour les ajouter membre à membre, et ensuite les retrancher l'une de l'autre, on trouve

$$(a + b) \sin C = c (\sin A + \sin B),$$
$$(a - b) \sin C = c (\sin A - \sin B);$$

divisant le second résultat par le premier, le côté inconnu c disparaît, et l'on a

$$\frac{a - b}{a + b} = \frac{\sin A - \sin B}{\sin A + \sin B}.$$

Mais on a vu que

$$\frac{\sin A - \sin B}{\sin A + \sin B} = \frac{\tang \frac{1}{2} (A - B)}{\tang \frac{1}{2} (A + B)} \quad (27);$$

on en conclura donc

$$\frac{a - b}{a + b} = \frac{\tang \frac{1}{2} (A - B)}{\tang \frac{1}{2} (A + B)},$$

d'où l'on déduira la proportion

$$a + b : a - b :: \tang \tfrac{1}{2} (A + B) : \tang \tfrac{1}{2} (A - B),$$

qui s'énonce ainsi : *La somme de deux côtés d'un triangle est à leur différence, comme la tangente de la demi-somme des angles opposés à ces côtés est à la tangente de leur demi-différence* (*)

Tout est connu dans cette proportion, à l'exception de A — B ; car, si l'on retranche de deux quadrants la mesure

---

(*) On peut aussi arriver à ce résultat par la proportion

$$a : b :: \sin A : \sin B \quad (32),$$

de laquelle on tire immédiatement

$$a + b : a - b :: \sin A + \sin B : \sin A - \sin B ;$$

et l'on en conclura, par le n° 28,

$$a + b : a - b :: \tang \tfrac{1}{2} (A + B) : \tang \tfrac{1}{2} (A - B).$$

de l'angle connu C, le reste sera celle de $A + B$; prenant par conséquent la valeur de $\tan \frac{1}{2} (A - B)$, il viendra

$$\tan \tfrac{1}{2}(A - B) = \frac{a - b}{a + b} \times \tan \tfrac{1}{2}(A + B).$$

Connaissant alors les angles

$$\tfrac{1}{2}(A + B) \quad \text{et} \quad \tfrac{1}{2}(A - B),$$

si on les ajoute, on aura

$$\tfrac{1}{2}(A + B) + \tfrac{1}{2}(A - B) = A,$$

et si l'on retranche le second du premier, il viendra

$$\tfrac{1}{2}(A + B) - \tfrac{1}{2}(A - B) = B;$$

c'est-à-dire que *le plus grand angle s'obtiendra en ajoutant la moitié de la somme à la moitié de la différence, et le plus petit, en ôtant la moitié de la différence de la moitié de la somme.*

Lorsqu'on aura calculé tous les angles, on trouvera le troisième côté par le principe du n° 32.

36. On peut aussi trouver immédiatement le troisième côté, en abaissant une perpendiculaire sur l'un des côtés donnés, de l'angle B par exemple, sur le côté donné AC (*fig.* 14). On aura, par la propriété connue des triangles obliquangles,

$$\overline{AB}^2 = \overline{AC}^2 + \overline{BC}^2 \mp 2\,AC \times DC,$$

le signe supérieur ayant lieu quand l'angle opposé au côté AB est aigu, et le signe inférieur dans le cas contraire; de plus, dans le triangle rectangle BDC, on a (30)

$$DC = BC \times \sin DBC = BC \times \cos C,$$

en faisant $R = 1$: on conclura de là

$$\overline{AB}^2 = \overline{AC}^2 + \overline{BC}^2 - 2\,AC \times BC \times \cos C,$$

et, par conséquent.

$$AB = \sqrt{\overline{AC}^2 + \overline{BC}^2 - 2\,AC.BC.\cos C},$$

formule qui, suivant la notation établie, revient à

$$c = \sqrt{a^2 + b^2 - 2\,ab\cos C},$$

et donnera le côté c par le moyen des deux autres a, b et de l'angle C. Un seul signe suffit au terme $2\,ab\cos C$, parce que quand l'angle C est obtus, son cosinus est négatif (23) et change par conséquent le $-$ en $+$, comme l'exige la construction géométrique.

37. Cette formule ne se prête pas commodément au calcul logarithmique ; mais comme on a

$$\cos 2C = 1 - 2\sin C^2 \quad (27),$$

on aura aussi

$$\cos C = 1 - 2\left(\sin \tfrac{1}{2} C\right)^2,$$

en écrivant $\tfrac{1}{2}C$ à la place de C ; et par cette transformation on obtiendra

$$c = \sqrt{a^2 + b^2 - 2\,ab + 4\,ab\left(\sin\tfrac{1}{2}C\right)^2}$$
$$= \sqrt{(a-b)^2 + 4\,ab\left(\sin\tfrac{1}{2}C\right)^2}.$$

Faisant ensuite

$$\frac{2\sin\tfrac{1}{2}C}{a-b}\sqrt{ab} = \tang\alpha,$$

il en résultera

$$c = (a-b)\sqrt{1 + \tang\alpha^2} = \frac{a-b}{\cos\alpha},$$

puisque

$$\cos\alpha = \frac{1}{\sqrt{1 + \tang\alpha^2}} \quad (29).$$

On trouvera facilement $\tang\alpha$ par la première formule ; et lorsqu'on sera parvenu à l'angle α, on aura, par la seconde,

$$c = \frac{a - b}{\cos \alpha}.$$

38. L'équation

$$c = \sqrt{a^2 + b^2 - 2ab \cos C}$$

fait connaître l'angle C, lorsque les trois côtés a, b, c sont donnés ; car, en élevant chacun de ses membres au carré, on en tire

$$a^2 + b^2 - c^2 = 2ab \cos C,$$

d'où

$$\cos C = \frac{a^2 + b^2 - c^2}{2ab} ;$$

mais, cette expression étant peu commode pour le calcul logarithmique, il faut en chercher une autre.

Si l'on met, comme ci-dessus, pour $\cos C$, la valeur $1 - 2 \left(\sin \tfrac{1}{2} C\right)^2$, on aura cette expression :

$$2 \left(\sin \tfrac{1}{2} C\right)^2 = 1 + \frac{c^2 - a^2 - b^2}{2ab} = \frac{c^2 - a^2 - b^2 + 2ab}{2ab}$$

$$= \frac{c^2 - (a - b)^2}{2ab} = \frac{(c + a - b)(c - a + b)}{2ab},$$

et, par conséquent,

$$\left(\sin \tfrac{1}{2} C\right)^2 = \frac{(c + a - b)(c - a + b)}{4ab}$$

$$= \frac{\dfrac{(c + a - b)}{2} \cdot \dfrac{(c - a + b)}{2}}{ab}.$$

Mais il est facile de voir que

$$\frac{c + a - b}{2} = \frac{c + a + b}{2} - b,$$

$$\frac{c - a + b}{2} = \frac{c + a + b}{2} - a.$$

si donc on fait $c + a + b = f$, on aura, en prenant la

racine carrée

$$\sin \tfrac{1}{2}\,C = \sqrt{\frac{\left(\tfrac{1}{2}\,f - a\right)\left(\tfrac{1}{2}\,f - b\right)}{ab}},$$

formule qui conduit à la règle suivante :

Pour trouver un angle d'un triangle, lorsque les trois côtés sont connus, de la demi-somme des trois côtés retranchez successivement chacun de ceux qui comprennent l'angle cherché ; multipliez les deux restes entre eux ; divisez ce produit par celui des côtés qui comprennent l'angle cherché, et prenez la racine carrée du quotient, vous aurez le sinus de la moitié de cet angle. (*Voyez*, à la fin de l'ouvrage, la note B.)

39. La solution de tous les cas des triangles obliquangles ne dépend, comme on voit, que des trois règles énoncées dans les n⁰ˢ 32, 35, 38, et repose sur le principe dont on a tiré la solution des triangles rectangles dans le n° 30 ; il sera donc facile, avec un peu d'attention, de retenir ces règles, dont l'application sera suffisamment préparée par les exemples que je vais donner.

Exemples de la résolution des triangles rectangles.

1ᵉʳ. Connaissant, dans le triangle rectangle BAC (*fig.* 13), l'hypoténuse a et son côté c, trouver l'angle opposé C à ce côté ; et soient l'hypoténuse $a = 13^m,178$, le côté $c = 7^m,357$. On aura (31), pour déterminer C, la proportion

$$a : c :: \mathrm{R} : \sin C,$$

d'où

$$\sin C = \frac{\mathrm{R} \times c}{a},$$

et, prenant les logarithmes,

$$\log \sin C = \log \mathrm{R} + \log c - \log a.$$

Pour plus de simplicité, on fait presque toujours le

rayon égal à l'unité : son logarithme est alors zéro ; ceux des sinus sont des compléments arithmétiques dont la théorie est exposée à la fin de mes *Éléments d'Algèbre*, et leur caractéristique est trop forte de 10 unités, qu'il faut supprimer dans le résultat quand elles s'y trouvent. Voici l'opération :

$$\log c = \log 7,357 = 1,8667008$$
$$\text{comp. arith. } \log a = \text{comp. arith. } \log 13,178 = 8,8801505$$
$$\text{somme ou } \log \sin C = 9,7468513$$

qui, dans les Tables, répond à $0^g,377 = C$.

2e. Connaissant l'angle $C = 2^g,5837$, l'hypoténuse $a = 33^m,253$, trouver le côté b. On aura (31)

$$R : \sin B \quad \text{ou} \quad \cos C :: a : b,$$

d'où

$$b = \frac{a \times \cos C}{R},$$

$$\log b = \log a + \log \cos C - \log R = \log a + \log \cos C;$$

or,

$$\log a = \log 33,253 = 1,5218308$$
$$\log \cos C = \log \cos 0^g,5837 = 9,7841210$$
$$\text{somme ou } \log b = 1,3059518$$

qui répond, dans les Tables, à $20^m,228 = b$, à moins d'un 1000e près.

3e. Connaissant le côté $c = 5^m,391$, l'angle $B = 0^g,3502$, trouver le côté b. On aura

$$R : \tang B :: c : b,$$

d'où

$$b = \frac{c \times \tang B}{R},$$

$$\log b = \log c + \log \tang B - \log R;$$

or,

$$\log c = \log 5,391 = 0,7316693$$
$$\log \tang B = \log \tang 0^g,3502 = 9,7876255$$
$$\text{somme ou } \log c = 0,5192948$$

qui répond, dans les Tables, à $3^m,306 = c$.

Exemples de la résolution des triangles obliquangles.

1er. Connaissant, dans le triangle ABC (*fig.* 16), le côté c, les angles A et B, trouver le côté b.

Soient

$$A = 1^g,2805, \quad B = 0^g,5879, \quad c = 27^m,348,$$

l'angle C sera

$$2^g (A + B) = 2^g - 1^g,8684 = 0^g,1316,$$

et l'on aura (32)

$$\sin C : \sin B :: c : b,$$

d'où

$$b = \frac{c \times \sin B}{\sin C},$$

$$\log b = \log c + \log \sin B - \log \sin C;$$

or,

$$\log c = \log 27,348 = 1,4369256$$
$$\log \sin B = \log \sin 0^g,5879 = 9,9018394$$
$$\text{comp. arith. } \log \sin C = \text{comp. arith. } \log \sin 0^g,1316 = 0,6877217$$
$$\text{somme ou } \log b = \overline{2,0264867}$$

qui répond, dans les Tables, à $106^m,289 = b$.

2e. Connaissant, dans le triangle ABC, les deux côtés a, b, et l'angle compris C, trouver le troisième côté c.

Soient

$$a = 28^m,442, \quad b = 16^m,803, \quad C = 0^g,8426;$$

on commencera d'abord par trouver les autres angles. On aura (35)

$$a + b : a - b :: \text{tang} \frac{A + B}{2} : \text{tang} \frac{A - B}{2},$$

d'où

$$\text{tang} \frac{A - B}{2} = \frac{\left(\text{tang} \dfrac{A + B}{2} \right) (a - b)}{a + b}$$

et

$$\log \operatorname{tang} \frac{A - B}{2} = \log \operatorname{tang} \frac{A + B}{2} + \log(a - b) - \log (a + b);$$

or,

$$A + B = 2^q - C = 2^q - 0^q,8426 = 2^q,1574,$$

et

$$\frac{A + B}{2} = 0^q,5787,$$

$$a + b = 28,442 + 17,803 = 46,245,$$
$$a - b = 28,442 - 17,803 = 10,639,$$

$$\log \operatorname{tang} \frac{A + B}{2} = \operatorname{tang} 0^q,5787 = 0,1084874$$

$$\log (a - b) \log 10,639 = 1,0269008$$

$$\text{comp. arith. } \log (a + b) = \text{comp. arith. } \log 46,245 = \underline{8,3349352}$$

$$\text{somme ou } \log \operatorname{tang} \frac{A - B}{2} = 9,4703234$$

qui répond à $0^q,1828$.

Donc

$$\frac{A + B}{2} + \frac{A - B}{2} = A = 0^q,7615,$$

et

$$\frac{A + B}{2} - \frac{A - B}{2} = B = 0^q,3959.$$

Maintenant, pour déterminer le côté c, on aura la proportion

$$\sin B : \sin C : : b : c,$$

d'où

$$c = \frac{b \times \sin C}{\sin B}$$

et

$$\log c = \log b + \log \sin C - \log \sin B;$$

or,

$$\log b = \log 17,803 = 1,2504932$$
$$\log \sin C = \log \sin 0^q,8426 = 9,9865885$$
$$\text{C}^t \text{ arith. } \log \sin B = \text{comp. arith. } \log \sin 0^q,3959 = \underline{0,2346572}$$
$$\text{somme ou } \log c = 1,4717389$$

qui répond, dans les Tables, à $29^m,630 = c$.

3e. Connaissant, dans le triangle ABC, les trois côtés a, b, c, trouver l'angle A.

Soient

$$a = 29^m,037, \quad b = 18^m,743, \quad c = 13^m,782.$$

Suivant le n° 38, on ajoutera les trois côtés a, b, c entre eux, ce qui donnera 61,562, et de la moitié 30,781 on retranchera successivement b, c; il viendra pour restes 12,038 et 16,999; on aura ensuite

$$
\begin{aligned}
\log 16,999 &= 1,2304234 \\
\log 12,038 &= 1,0805543 \\
\text{comp. arith. } \log 18,743 &= 8,7271609 \\
\text{comp. arith. } \log 13,782 &= 8,8606878 \\
\hline
\text{somme} \ldots &= 19,8988264 \\
\text{dont la moitié ou } \log \sin \tfrac{1}{2}A &= 9,9494132
\end{aligned}
$$

qui, dans la Table, répond à $0^q,6987 = \frac{1}{2}$ A. Donc

$$A = 1^q,3974.$$

40. Un ouvrage de la nature de celui-ci ne saurait comporter le détail des applications dont la Trigonométrie rectiligne est susceptible; je me bornerai à indiquer la solution de trois questions que l'on peut regarder comme la base de l'art de lever les plans.

Voici l'énoncé de la première.

Étant donnée de grandeur et de position, sur un plan, une ligne AB *(fig. 17), déterminer, par rapport à cette ligne, la position d'un point* C, *situé dans le même plan, ou, ce qui revient au même, trouver les distances* AC *et* BC.

Pour la résoudre, il faut mesurer la ligne AB, qui est la *base* de l'opération, et les angles CAB et CBA compris entre cette base et les lignes qui en joignent les extrémités avec le point inconnu C; les distances cherchées AC et BC se calculeront alors d'après la règle énoncée dans le n° 34; et lorsqu'on les aura trouvées, on construira, au moyen d'une échelle de parties égales, sur les trois côtés donnés, le triangle ABC, qui fera connaître la position respective des trois points A, B et C (*).

On pourra ensuite, par la résolution du triangle rectangle ACP, dans lequel on connaîtra le côté AC et l'angle CAP, trouver la longueur de la perpendiculaire CP, abaissée sur AB, ou de la plus courte distance du point C à la ligne AB, et la grandeur du segment AP. Ces données serviront aussi à marquer la position du point C à l'égard de la ligne AB. On trouverait de même la situation d'un point D, qu'on pourrait apercevoir en même temps de deux quelconques des trois points A, B, C.

41. Lorsqu'on a déterminé immédiatement le point D par rapport à la ligne AB, en mesurant les angles DAB, DBA, on a tout ce qu'il faut pour connaître la distance des points C et D; car, ayant résolu le triangle ABD, de même que le triangle ABC, et retranché ensuite l'angle DAB de l'angle CAB, on connaît alors, dans le triangle CAD, les deux côtés AC et AD, et l'angle CAD qu'ils comprennent : l'application des règles du n° 35 donne les deux autres angles DCA, CDA et le troisième côté CD, qui est la distance cherchée. L'angle DCA donne la posi-

---

(*) Je n'insiste point sur l'opération de la mesure des angles, parce que la vue des instruments que l'on y emploie en apprend plus que tout ce qu'on peut dire à cet égard, et que, pour concevoir la possibilité de cette mesure, il suffit d'imaginer qu'on ait placé sur le point A le centre d'un secteur de cercle dont les rayons soient dirigés suivant les côtés AB et AC de l'angle qu'on se propose de connaître. Ceux qui voudront se livrer à la pratique de la levée des plans, pourront consulter le *Traité de Trigonométrie* de Cagnoli, l'article *Levée des plans*, dans le Dictionnaire de mathématiques de l'*Encyclopédie méthodique*, le *Traité d'Arpentage* de M. Lefèvre, et enfin les *Traités de Géodésie et de Topographie* de M. Puissant, dans lesquels se trouvent les méthodes les plus exactes et les plus propres aux grandes opérations trigonométriques, ainsi qu'aux opérations de détail.

tion de la droite CD; et, en considérant AC comme sécante, la comparaison des angles DCA et CAB fait voir
quelle est l'inclinaison de CD à l'égard de AB.

En partant des points C et D, et considérant alors la
droite CD comme une nouvelle base, on pourra déterminer de nouveaux points, que l'on n'apercevait pas des
deux premiers, A et B; et continuant ainsi, de proche en
proche, on fixera la position respective de tous les points
d'un pays : c'est d'une manière semblable qu'a été levée
la carte de France, dirigée par Cassini.

42. La seconde question dont j'ai à m'occuper n'est
que la première rendue plus générale, en supposant que
le point à déterminer soit situé hors du plan sur lequel se
trouve la ligne AB. Soient C (*fig.* 18) ce point, et ABC′
le plan qui contient la ligne AB; la position du point C
sera connue, si l'on a celle du pied C′ de la perpendiculaire abaissée de ce point sur le plan ABC′, et la longueur
de la perpendiculaire CC′ qui marque de combien le point
C est élevé au-dessus de C′ qu'on nomme sa *projection*.
Dans ce cas, les angles C′AB et C′BA ne sont plus ceux
qu'on mesure, mais on prend à leur place les angles CAB
et CBA, situés dans le plan ABC, passant par les lignes
AC et BC, menées des points donnés A et B, au point
demandé; et pour fixer la position de ce plan, on mesure
en outre l'angle DBC que fait la ligne BC avec la ligne BD,
perpendiculaire au plan ABC′, et par conséquent parallèle
à la droite CC′ (*). On résout le triangle ABC comme
dans le numéro précédent, puisqu'on y a encore les mêmes
données : ensuite, dans le triangle BCC′, rectangle en C′,

____

(*) Lorsqu'il s'agit des points placés sur la surface de la terre, on choisit
pour le plan ABC′ un plan *horizontal;* les lignes CC′ et BD sont alors *verticales :* leur direction est donnée par celle du *fil à plomb.* Le plan BCC′
qui passe par ces lignes est vertical, et se trouve déterminé par le point C
qu'on aperçoit du point B, et par la ligne BD. La ligne BC′ est une ligne
horizontale comprise dans ce plan.

on connaît l'hypoténuse BC et l'angle CBC′ qui est la différence entre l'angle droit DBC′ et l'angle mesuré DBC : on calcule les côtés CC′ et BC′. Le premier est la hauteur du point C au-dessus du plan ABC′, et sert, conjointement avec le côté AC, à déterminer AC′ par le moyen du triangle ACC′, rectangle en C′. Cela fait, on a les trois côtés du triangle ABC′, et le point C′ est par conséquent donné.

43. C'est pour plus de simplicité que j'ai supposé la ligne AB dans le plan auquel on rapporte les points à déterminer, lorsqu'elle ne s'y trouve pas, il faut observer de plus l'angle DBA (*fig.* 19) qu'elle fait dans ce cas avec la ligne BD perpendiculaire au plan A′BC′ sur lequel on veut rapporter le point C. Cela fait, on calcule d'abord, comme ci-dessus, les côtés AC et BC du triangle ABC, les côtés CC′ et BC′ du triangle rectangle BCC′; puis, dans le triangle BAA′, rectangle en A′, où l'on connaît AB et l'angle ABA′, complément de l'angle observé DBA, on calcule BA′ et AA′.

Maintenant, si l'on conçoit AC″ parallèle à A′C′, il en résultera le triangle ACC″, rectangle en C″, dans lequel on connaîtra AC, côté calculé du triangle ABC, et CC″, différence entre les lignes CC′ et C′C″ ou AA′, calculées précédemment : on pourra, par conséquent, calculer AC″ ou A′C′. Voilà donc le triangle A′BC′ déterminé par ses trois côtés, comme l'est le triangle ABC′ dans le numéro précédent.

44 En prenant arbitrairement les côtés BC et BA, et suivant la marche que je viens de tracer, on peut calculer le triangle A′BC′, dans la vue de connaître l'angle C′BA′, formé par les lignes BC′ et BA′ qui sont, sur le plan A′BC′, les *projections* des rayons visuels BC et BA menés du point B aux points A et C.

L'angle C′BA′ compris entre ces projections, est l'angle

CBA *réduit,* du plan incliné dans lequel il se trouve, au plan A′ BC′ sur lequel on rapporte les objets, et que l'on choisit communément horizontal. Je donnerai dans la suite (62) une seconde manière de réduire un angle d'un plan à un autre; mais le plus souvent, comme les deux plans que l'on considère sont peu inclinés entre eux, on fait cette réduction par des méthodes approximatives beaucoup plus courtes : on en a même dressé des Tables.

Pour le présent, je me bornerai à faire remarquer que si l'on observait aussi au point A les angles EAC, EAB, et que l'on réduisît par leur moyen l'angle CAB à l'angle C′A′B, puis que l'on calculât A′B, en multipliant AB par le cosinus de l'angle ABA′ ou le sinus de l'angle DBA, connaissant alors immédiatement les angles C′BA′, C′A′B et la droite A′B, la détermination du point C′ rentrerait dans ce qui a été dit au n° 40.

La réduction au plan horizontal n'est pas la seule qu'on ait à faire aux angles observés : il arrive rarement qu'on puisse se placer aux points remarquables qu'on choisit pour sommets des angles, et qui sont ordinairement des pointes de clochers, des tours; il naît de là une nouvelle réduction qu'on appelle *réduction des angles au centre de la station.* Il faut consulter sur ce sujet, comme sur toutes les attentions minutieuses qu'exigent les grandes opérations trigonométriques, l'ouvrage de Delambre, intitulé *Méthodes analytiques pour la détermination d'un arc du méridien,* et les Traités de M. Puissant, déjà cités.

45. La troisième question que je dois résoudre ici a pour objet la *détermination d'un point par l'observation des angles compris entre les droites menées de ce point à trois points donnés ;* et elle se présente comme un des moyens les plus commodes pour placer sur un plan ou sur une carte, un point qui ne s'y trouve pas marqué.

Lorsqu'on la considère dans le cas le plus général, elle se rapporte à la Géométrie dans l'espace, et j'en ai donné la solution graphique dans le *Complément des Éléments de Géométrie;* mais quand les trois angles sont dans un même plan, il y en a toujours un qui est la somme ou la différence des deux autres, en sorte qu'il suffit d'observer ceux-ci pour en conclure le premier ; et l'on peut ramener les autres cas à celui-là, en se servant de la réduction des angles au plan horizontal, enseignée dans le n° 62.

La solution graphique de ce cas consiste à décrire sur les lignes AB et AC (*fig.* 20) qui joignent les trois points donnés A, B, C, deux segments de cercle capables des angles BDA, CDA, observés au point cherché D, entre les points A et B, A et C. Les circonférences des cercles se couperont d'abord au point A, qui leur a été rendu commun par la construction, et ensuite au point D, qui sera évidemment le point demandé.

Je n'entrerai pas dans la discussion des différents cas que peut présenter le problème, relativement aux diverses situations respectives des points donnés A, B, C et du point cherché D ; je me bornerai à faire remarquer que la somme des angles observés BDA, CDA indique si l'on est placé dans le triangle ABC, ou en dehors. Dans le premier cas, elle surpasse deux droits; dans le second, elle est moindre ; et, si elle était précisément égale à deux droits, on serait placé sur la ligne BC. Cela est trop facile à prouver pour que je m'y arrête.

Voici une des manières d'appliquer à ce problème le calcul trigonométrique. Les données sont les parties du triangle BAC, et les angles observés BDA et CDA ; je ferai en conséquence

$$AB = a, \quad AC = b, \quad BDA = \alpha, \quad CDA = \beta, \quad BAC = \gamma,$$

et je prendrai pour inconnues

$$ABD = x, \quad ACD = y,$$

parce que ces angles étant trouvés, on en connaîtra deux avec un côté, dans chacun des triangles BAD et DAC dont on pourra alors calculer toutes les parties (34). Cela posé, les triangles BAD et DAC donneront

$$\sin BDA : \sin ABD :: AB : AD,$$
$$\sin CDA : \sin ACD :: AC : AD,$$

ou

$$\sin \alpha : \sin x :: a : AD = \frac{a \sin x}{\sin \alpha},$$

$$\sin \beta : \sin y :: b : AD = \frac{b \sin y}{\sin \beta};$$

on conclura de là l'équation

$$\frac{a \sin x}{\sin \alpha} = \frac{b \sin y}{\sin \beta},$$

qui revient à

$$a \sin \beta \sin x - b \sin \alpha \sin y = 0.$$

Mais, dans le quadrilatère ABDC, on a

$$ACD = 4 \text{ angl. droits} - BDA - CDA - BAC - ABD;$$

d'où

$$y = 4 \text{ angl. droits} - \alpha - \beta - \gamma - x.$$

Faisant, pour abréger,

$$4 \text{ angl. droits} - \alpha - \beta - \gamma = \delta,$$

il viendra

$$y = \delta - x,$$

et, par conséquent,

$$a \sin \beta \sin x - b \sin \alpha (\sin \delta \cos x - \cos \delta \sin x) = 0;$$

divisant tout par $\sin x$, on obtiendra

$$a \sin \beta - b \sin \alpha \left(\sin \delta \frac{\cos x}{\sin x} - \cos \delta \right) = 0,$$

d'où l'on conclura

$$\frac{\cos x}{\sin x} = \cot x = \frac{a \sin \beta + b \sin \alpha \cos \delta}{b \sin \alpha \sin \delta}.$$

Si l'on partage cette expression en deux parties, on aura

$$\cot x = \frac{a \sin \beta}{b \sin \alpha \sin \delta} + \frac{\cos \delta}{\sin \delta},$$

ou bien

$$\cot x = \frac{\cos \delta}{\sin \delta} \left(\frac{a \sin \beta}{b \sin \alpha \cos \delta} + 1 \right),$$

ou enfin

$$\cot x = \cot \delta \left(\frac{a \sin \beta}{b \sin \alpha \cos \delta} + 1 \right).$$

Voilà la question résolue, puisque, avec l'angle x, on a l'angle y.

Note sur le nivellement.

Il est utile de remarquer comment, par le moyen du triangle rectangle BAA′ (*fig.* 19), on a déterminé, dans le n° 43, la hauteur AA′ du point A au-dessus du point A′ qui lui correspond dans le plan A′BC′, parce que, si ce dernier est horizontal, la ligne AA′ est alors *la différence de niveau* entre le point A et le même plan, et, par conséquent, aussi entre le point A et le point B.

L'opération qui fait connaître cette différence est nommée *nivellement* : elle s'exécute de plusieurs manières, suivant la nature des instruments qu'on y emploie, et l'étendue des espaces que l'on considère ; mais son but est toujours de *déterminer de combien un point est plus élevé ou plus bas qu'un autre, dans le sens vertical, ou perpendiculairement à la surface terrestre.* Il existe des Traités spéciaux de nivellement auxquels je renverrai le lecteur ; mais je dois dire ici que depuis qu'on possède, dans le *cercle répétiteur*, un instrument portatif propre à mesurer les angles avec la plus grande exactitude, on peut, comme je l'ai indiqué n° 43, trouver immédiatement la différence de niveau de deux points, par la mesure de l'angle que fait, avec la verticale passant par l'un de ces points, la droite qui les joint.

J'ai supposé dans le texte les deux droites BD et AA′ parallèles entre elles; mais cette circonstance n'a lieu pour les verticales que dans un espace assez petit, à cause de la convexité de la surface terrestre. En la supposant sphérique, ce qui est à très-peu près exact, les verticales concourent au centre C (*fig.* 21), comme le marquent les lignes AC et BC; la ligne BA′, perpendiculaire à BD, sera seulement tangente au point B de la surface terrestre, et la différence de niveau, suivant la définition donnée ci-dessus, sera A α et non pas AA′, c'est-à-dire la différence entre les côtés BC et AC du triangle ABC, dans lequel on connaît le côté AB mesuré, le côté BC égal au rayon moyen de la terre et de 6 366 198 mètres, enfin l'angle B compris entre ces côtés, et supplément de l'angle observé DBA. Cela posé, si l'on prend

$$BC = a, \quad AC = b, \quad AB = c,$$

on obtiendra (36)

$$b = \sqrt{a^2 + c^2 - 2\,ac \cos B};$$

et comme c est toujours fort petit à l'égard de a, je donne à cette expression la forme

$$b = a \left(1 + \frac{c^2 - 2\,ac \cos B}{a^2} \right)^{\frac{1}{2}} = a \left[1 + \frac{2c}{a} \left(\frac{c}{2a} - \cos B \right) \right]^{\frac{1}{2}}.$$

Faisant ensuite, pour abréger, $\dfrac{c}{2a} - \cos B = m$, puis développant par la formule du binôme, il viendra

$$b = a \left(1 + \frac{2\,cm}{a} \right)^{\frac{1}{2}} = a \left(1 + \frac{cm}{a} - \frac{1}{2} \frac{c^2 m^2}{a^2} + \dots \right),$$

et la ligne cherchée A α étant égale à $b - a$, je supposerai $b = a + \delta$, d'où il résultera, après la réduction,

$$\delta = cm - \frac{1}{2} \frac{c^2 m^2}{a} + \dots$$

La quantité m et ses puissances se calculeront facilement par les logarithmes, en prenant $\dfrac{c}{2a} = \cos B'$, parce qu'alors (27)

$$\frac{c}{2a} - \cos B = \cos B' - \cos B = 2 \sin \tfrac{1}{2} (B + B') \sin \tfrac{1}{2} (B - B').$$

Quand l'angle B est droit, la ligne BA se confond avec BA'; et si l'on considère alors le point α', intersection de BA' et du rayon AC, on a

$$c = B\alpha',$$

et δ devient $\alpha\alpha'$, c'est-à-dire la distance entre le point α' pris sur la tangente et le point α qui lui correspond sur la surface terrestre, ou la *différence entre le niveau apparent et le niveau réel*. Dans ce cas, $m = \dfrac{c}{2a}$, ainsi

$$\delta = \frac{c^2}{2a} - \frac{c^4}{8a^3} + \dots,$$

ce qui fait connaître la quantité dont la surface terrestre s'abaisse au-dessous de sa tangente, à une distance c du point de contact.

Le plus souvent, on rapporte d'abord le point A en A' sur la tangente BA', puis, à cause de la petitesse de l'angle C, on regarde les droites AA' et Aα' comme se confondant, et l'on prend pour Aα la somme des droites AA' et $\alpha\alpha'$.

On peut se passer de mesurer la distance AB, pourvu qu'on observe l'angle EAB en même temps que l'angle DBA. On connaît alors, dans le triangle ABC, les deux angles B et A, suppléments des angles observés, et l'on a (35)

$$\frac{b - a}{b + a} = \frac{\operatorname{tang} \tfrac{1}{2} (A - B)}{\operatorname{tang} \tfrac{1}{2} (A + B)}.$$

Faisant, pour abréger,

$$\frac{\operatorname{tang} \tfrac{1}{2} (A - B)}{\operatorname{tang} \tfrac{1}{2} (A + B)} = m, \quad \text{et} \quad b = a + \delta,$$

on trouve

$$\frac{\delta}{2a+\delta}=m,\quad \text{ou}\quad \delta=\frac{2\,am}{1-m}.$$

Or

$$\frac{1}{1-m}=1+m+m^2+\dots\ (\textit{Éléments d'Algèbre},\ 235);$$

donc

$$\delta=2\,am\,(1+m+m^2+\dots),$$

série très-convergente quand les angles A et B approchent d'être droits. Le premier terme $2\,am$ suffira le plus souvent.

Quand on opère avec exactitude, il faut corriger les angles EAB et DBA de *la réfraction* que les rayons de lumière éprouvent en traversant l'air, de A jusqu'en B; mais j'ai principalement rapporté les deux questions précédentes pour servir d'exemple de l'application des séries à la résolution approchée de certains cas des triangles.

CHAPITRE II.

DE LA TRIGONOMÉTRIE SPHÉRIQUE.

46. Les triangles sphériques que l'on calcule ordinairement sont ceux que forment, sur la surface de la sphère, trois grands cercles qui se coupent deux à deux. Un tel triangle détermine toujours un angle trièdre; et, réciproquement, d'un pareil angle on déduit aussi un triangle sphérique. En effet, soit ABC (*fig.* 22) un triangle sphérique quelconque, et que l'on ait mené de chacun de ses angles, au centre de la sphère dont il fait partie, les rayons AS, BS, CS; les plans ABS, ACS, BCS seront ceux des grands cercles sur lesquels sont pris les arcs AB, AC, BC, côtés du triangle proposé, et ces arcs mesurent les angles rectilignes compris sur chacune des faces de l'angle trièdre SABC entre ses arêtes SA et SB, SA et SC, SB et SC. L'inclinaison de deux plans se mesure, comme on sait, par l'angle rectiligne que forment deux droites menées dans chacun de ces plans, par un même point de leur commune section, perpendiculairement à cette ligne : il suit de là que si, par le point A, on tire les droites AI et AK, perpendiculaires l'une et l'autre à AS, mais la première dans le plan ABS et la seconde dans le plan ACS, l'angle rectiligne IAK mesurera l'inclinaison de ces deux plans. Il est d'ailleurs aisé de voir que la ligne AI sera tangente à l'arc AB, et que AK sera tangente à l'arc AC; et comme on prend pour l'angle que forment deux lignes courbes, celui que comprennent les tangentes menées au point où elles se rencontrent, l'angle IAK sera donc aussi la mesure de l'angle fait par les arcs AB et AC. Il en serait de même de chacun des deux autres angles du

triangle : les inclinaisons des faces de l'angle trièdre SABC'
ont donc la même mesure que l'angle correspondant du
triangle sphérique ABC. Le triangle sphérique et l'angle
trièdre sont composés, par conséquent, de six parties qui
se correspondent, savoir : les trois côtés du triangle qui
répondent aux angles des arêtes de l'angle trièdre, et les
trois angles du triangle qui répondent aux inclinaisons
réciproques des faces de l'angle trièdre.

Euler, qui s'est occupé à plusieurs reprises de la Trigonométrie sphérique, pour la présenter sous des points
de vue nouveaux, a donné, en 1779, un Mémoire que
l'on peut regarder comme un Traité complet de cette
branche des Mathématiques. Sa forme, entièrement analytique, m'a engagé à le présenter à mes lecteurs, en y
faisant les changements nécessaires pour ne l'appuyer que
sur un seul principe, et simplifier quelques résultats (*).

47. Tout ce que j'ai à dire sur les triangles sphériques
repose uniquement sur la construction suivante, qu'il est,
par conséquent, important de bien saisir.

De l'angle C du triangle ABC on abaisse une perpendiculaire CD sur le plan ASB du côté BA opposé à cet
angle; du point D on mène les lignes DE, DF, respectivement perpendiculaires sur SA et SB; on tire les lignes
CE et CF, qui seront de même perpendiculaires aux
lignes SA et SB (*Géométrie*, 202). Il suit de là que les
angles CED et CFD mesurent les inclinaisons des plans
ACS et BCS sur le plan ABS, ou, ce qui est la même
chose, donnent la valeur des angles A et B du triangle
sphérique ABC. Je désignerai dorénavant les angles de
ces triangles par la lettre placée à leur sommet, et les

(*) *Acta Academiæ Scientiarum Petropolitanæ*, anno 1779, *pars prior*;
voyez aussi le *Développement [de la partie élémentaire des Mathématiques*,
par Bertrand; Genève, 1778 (t. II, p. 576), et le Traité que M. J.-L. Hes-
termann a publié à Vienne en 1820, sous le titre de *Trigonometriæ sphericæ
leges et formulæ methodo merè analytica demonstratæ*.

côtés qui leur sont opposés, par une lettre semblable, mais prise dans le petit alphabet; ici, comme dans le nº 31, le côté BC opposé à l'angle A sera nommé a, et ainsi des autres. Le rayon SC de la sphère étant supposé égal à l'unité comme celui des Tables, on aura alors

$$CE = \sin CA = \sin b, \quad SE = \cos CA = \cos b,$$
$$CF = \sin CB = \sin a, \quad SF = \cos CB = \cos a.$$

Dans le triangle rectiligne CDE, rectangle en D, et dont l'angle CED = A, on trouvera

$$CD = CE \sin CED = \sin b \sin A,$$
$$DE = CE \cos CED = \sin b \cos A.$$

Par le triangle rectiligne CDF pareillement rectangle en D, et dont l'angle CFD = B, on obtiendra

$$CD = CF \sin CFD = \sin a \sin B,$$
$$DE = CF \cos CFD = \sin a \cos B.$$

Les deux expressions de la ligne CD, étant égalées entre elles, donnent d'abord

$$(A) \qquad \sin b \sin A = \sin a \sin B,$$

résultat qui est, par rapport aux triangles sphériques, l'analogue de celui du nº 32.

Il est évident qu'on doit avoir de même les deux équations suivantes :

$$\sin c \sin A = \sin a \sin C,$$
$$\sin c \sin B = \sin b \sin C.$$

Maintenant, par le point E je mène EG perpendiculaire sur SB, et par le point D je tire DH parallèle à SB; je forme de cette manière un triangle rectangle HDE dans lequel HED = ASB, puisque les angles SED et SGE étant droits par construction, HED et ASB ou ESG sont compléments du même angle GES. De la résolution du triangle HDE, on déduira, par conséquent,

$$HD = DE \sin DEH = DE \sin c = \cos A \sin b \sin c.$$

Mais

$$SF = \cos a = SG + GF = SG + HD,$$

et

$$SG = SE \cos ESG = \cos b \cos c;$$

on aura donc

$$\cos a = \cos b \cos c + \cos A \sin b \sin c,$$

équation qui exprime une relation entre le côté a, les deux autres côtés b, c et l'angle qu'ils comprennent.

Il est évident qu'en considérant en particulier chacun de ces derniers, on trouvera de même deux équations semblables à la précédente; et l'on formera de cette manière, entre les six parties du triangle ABC, les trois équations

$$(B) \quad \begin{cases} \cos a = \cos b \cos c + \cos A \sin b \sin c, \\ \cos b = \cos a \cos c + \cos B \sin a \sin c, \\ \cos c = \cos a \cos b + \cos C \sin a \sin b \quad (^*). \end{cases}$$

48. Ces trois équations renferment implicitement les équations (A). Pour s'en convaincre, il suffit de prendre les valeurs qu'elles donnent pour $\cos A$, $\cos B$, $\cos C$, et de les substituer dans les équations

$$\sin A^2 = 1 - \cos A^2,$$
$$\sin B^2 = 1 - \cos B^2,$$
$$\sin C^2 = 1 - \cos C^2.$$

On trouve, par la première de celles-ci,

$$\sin A^2 = 1 - \frac{\cos a^2 - 2 \cos a \cos b \cos c + \cos b^2 \cos c^2}{\sin b^2 \sin c^2}$$

$$= \frac{\sin b^2 \sin c^2 - \cos a^2 + 2 \cos a \cos b \cos c - \cos b^2 \cos c^2}{\sin b^2 \sin c^2}$$

$$= \frac{(1 - \cos b^2)(1 - \cos c^2) - \cos b^2 \cos c^2 - \cos a^2 + 2 \cos a \cos b \cos c}{\sin b^2 \sin c^2}$$

$$= \frac{1 - \cos a^2 - \cos b^2 - \cos c^2 + 2 \cos a \cos b \cos c}{\sin b^2 \sin c^2};$$

(*) Ces équations sont par rapport aux triangles sphériques ce que

multipliant les deux termes de cette fraction par $\sin a^2$, et prenant ensuite la racine carrée, on obtiendra

$$\sin A = \sin a \times \frac{\sqrt{1 - \cos a^2 - \cos b^2 - \cos c^2 + 2\cos a \cos b \cos c}}{\sin a \sin b \sin c}.$$

Si, pour abréger, on représente par M la quantité qui multiplie $\sin a$ dans le second membre de cette équation, on aura

$$\sin A = M \sin a :$$

on trouvera de même

$$\sin B = M \sin b, \quad \sin C = M \sin c ;$$

et, par l'élimination de M, on retombera sur les équations (A). Il est à propos de remarquer que les trois côtés a, b, c entrent tous de la même manière dans l'expression de M, car c'est pour cela qu'elle est commune aux valeurs des sinus de chacun des angles (*).

Les équations (B) suffiront donc pour résoudre un triangle sphérique quelconque, lorsque l'on connaîtra trois de ses parties, en observant que le sinus et le cosinus ne doivent être regardés que comme une seule inconnue, puisqu'on peut toujours exprimer l'un par l'autre ; mais pour appliquer plus facilement ces équations aux diffé-

---

sont par rapport aux triangles rectilignes les équations dont fait partie celle du n° 36, qui expriment la relation d'un côté avec les deux autres et l'angle qu'ils comprennent, équations qui sont reprises et simplifiées dans le n° 100. On trouvera dans la Note C, à la fin du livre, une autre manière d'obtenir cette relation.

(*) En désignant par N le numérateur de la quantité M, par γ, β, α les trois arêtes contiguës d'un tétraèdre quelconque, et par a, b, c les trois angles qu'elles forment, il résulte d'un Mémoire d'Euler que le volume de ce tétraèdre est égal à $\frac{1}{3}\alpha\beta\gamma \times \frac{1}{2}N$, et que $\frac{1}{2}N$ revient à

$$\sqrt{\sin\tfrac{1}{2}(a+b+c)\,\sin\tfrac{1}{2}(a+b-c)\,\sin\tfrac{1}{2}(a+c-b)\,\sin\tfrac{1}{2}(b+c-a)}.$$

Dans le tétraèdre SABC, $\alpha = \beta = \gamma = 1$; son volume est donc égal à $\frac{1}{6}N$. (*Voyez* les *Novi Commentarii Acad. Petropolitanæ*, t. IV, p. 160, et le VIe cahier du *Journal de l'École Polytechnique*, p. 272.

rents cas qui peuvent se présenter, on leur fait subir quelques transformations que je vais exposer.

49. On peut y changer les angles dans les côtés qui leur sont opposés, et réciproquement, en observant de donner le signe — aux cosinus. Pour le prouver, il faut éliminer $\cos a$ des deux dernières, au moyen de la première; on trouvera

$$\cos b = \cos b \cos c^2 + \cos A \sin b \sin c \cos c + \cos B \sin a \sin c,$$
$$\cos c = \cos b^2 \cos c + \cos A \sin b \sin c \cos b + \cos C \sin a \sin b.$$

En substituant dans ces résultats $1 - \sin c^2$ à $\cos c^2$, $1 - \sin b^2$ à $\cos b^2$, ils se réduisent; le premier devient divisible par $\sin c$, le second par $\sin b$, et ils peuvent ensuite s'écrire ainsi :

$$(C) \quad \begin{cases} \cos B \sin a = \cos b \sin c - \cos A \sin b \cos c, \\ \cos C \sin a = \sin b \cos c - \cos A \cos b \sin c. \end{cases}$$

Si l'on multiplie la seconde de ces équations par $\cos A$, qu'on l'ajoute à la première, et que l'on substitue $1 - \sin A^2$ au lieu de $\cos A^2$, on obtiendra

$$\sin a \, (\cos B + \cos A \cos C) = \sin A^2 \cos b \sin c.$$

Mais il suit des équations (A) que $\sin c \sin A = \sin a \sin C$; faisant la substitution de cette valeur dans le second membre de l'équation ci-dessus, elle deviendra divisible par $\sin a$, et l'on aura

$$\cos B + \cos A \cos C = \cos b \sin A \sin C,$$

ou, ce qui est la même chose,

$$\cos B = - \cos A \cos C + \cos b \sin A \sin C.$$

En comparant ce résultat avec les équations (B), on voit qu'il se déduirait immédiatement de la seconde, en changeant les grandes lettres en petites, et réciproquement, et en affectant tous les cosinus du signe —. En effet, en opérant ainsi, il vient

$$- \cos B = \cos A \cos C - \cos b \sin A \sin C,$$

équation qui rentre dans la précédente lorsqu'on en change tous les signes.

La relation qu'a l'angle B avec les deux angles A, C et le côté b qu'ils interceptent, existe nécessairement dans chacune des combinaisons semblables d'angles et de côtés : on a donc en même temps les trois équations

$$(B') \quad \begin{cases} \cos A = - \cos B \cos C + \cos a \sin B \sin C, \\ \cos B = - \cos A \cos C + \cos b \sin A \sin C, \\ \cos C = - \cos A \cos B + \cos c \sin A \sin B. \end{cases}$$

50. Il faut remarquer qu'en prenant les cosinus négativement, on passe des arcs a, b, c et des angles A, B, C, à leurs suppléments, puisque

$$- \cos A = \cos(2^q - A), \quad - \cos a = \cos(2^q - a),$$

et ainsi des autres (23). Si l'on substitue ces valeurs dans les équations ci-dessus, en faisant, pour abréger,

$$2^q - A = A', \quad 2^q - a = a',\ldots,$$

elles prennent la forme

$$\begin{cases} \cos A' = \cos B' \cos C' + \cos a' \sin B' \sin C', \\ \cos B' = \cos A' \cos C' + \cos b' \sin A' \sin C', \\ \cos C' = \cos A' \cos B' + \cos c' \sin A' \sin B', \end{cases}$$

parfaitement semblable à celle des équations (B), et elles appartiennent, par conséquent, à un triangle sphérique dont les côtés sont A', B', C', et les angles a', b', c' (*).

(*) M. J. Binet m'a fait remarquer qu'on rend encore les équations (B) et (B') parfaitement semblables, en substituant à la fois dans les unes et dans les autres, aux angles du triangle sphérique, leurs suppléments,

Un tel triangle a donc ses angles mesurés par les suppléments des côtés du triangle ABC, et ses côtés mesurent les suppléments des angles du même triangle; il est désigné, dans les livres de Trigonométrie, sous le nom de *triangle supplémentaire*, et l'on prouve que les sommets de ces angles sont les pôles des côtés du premier, et *vice versâ* (*).

51. Les équations obtenues dans le n° 49, sous la désignation (C), qui renferment cinq parties du triangle sphérique ABC, peuvent se transformer en d'autres qui n'en contiennent plus que quatre. Il faut pour cela substituer, au lieu de $\sin a$, dans la première, $\dfrac{\sin b \sin A}{\sin B}$, et dans la seconde, $\dfrac{\sin c \sin A}{\sin C}$ (47); et comme $\dfrac{\cos p}{\sin p} = \cot p$, on trouvera alors

$$(D) \quad \begin{cases} \cot B = \dfrac{\cos b \sin c - \cos A \sin b \cos c}{\sin A \sin b}, \\[2ex] \cot C = \dfrac{\sin b \cos c - \cos A \cos b \sin c}{\sin A \sin c}. \end{cases}$$

Il est facile de former, à l'inspection de ces valeurs,

---

car les équations (B) deviennent

$$\cos a = \cos b \cos c - \cos A' \sin b \sin c,$$
$$\text{etc.},$$

et les équations (B'),

$$\cos A' = \cos B' \cos C' - \cos a \sin B' \sin C',$$
$$\text{etc.}$$

(*) La considération de ce triangle donne les limites de la somme des angles des triangles sphériques, qui n'est pas constante comme celle des angles des triangles rectilignes. En effet, la somme des angles d'un triangle sphérique quelconque et des côtés de son triangle supplémentaire, formant six angles droits, si l'on en retranche la somme des côtés de celui-ci, qui est toujours moindre que quatre droits (*Géométrie*, 289), il restera plus de deux droits, et moins de six pour celle des angles du premier triangle.

5.

toutes celles qui leur sont analogues, en y permutant les lettres d'une manière convenable; mais il importe surtout de remarquer que, puisqu'elles sont déduites des équations (B), on y pourra changer, de la même manière que dans celles-ci, les côtés en angles, et réciproquement, en affectant les cosinus et les cotangentes du signe contraire à celui qu'ils ont, et il viendra

$$(D') \begin{cases} \cot b = \dfrac{\cos B \sin C + \cos a \sin B \cos C}{\sin a \sin B}, \\[2ex] \cot c = \dfrac{\sin B \cos C + \cos a \cos B \sin C}{\sin a \sin C}. \end{cases}$$

52. Les cinq systèmes d'équations (A), (B), (B'), (D), (D') donnent immédiatement la résolution de tous les cas que peut offrir un triangle sphérique quelconque. Le premier exprime la relation qui existe entre les angles et les côtés opposés.

53. On tire du second les formules suivantes :

$$\begin{cases} \cos a = \cos b \cos c + \cos A \sin b \sin c, \\ \cos b = \cos a \cos c + \cos B \sin a \sin c, \\ \cos c = \cos a \cos b + \cos C \sin a \sin b, \end{cases}$$

$$\begin{cases} \cos A = \dfrac{\cos a - \cos b \cos c}{\sin b \sin c}, \\[2ex] \cos B = \dfrac{\cos b - \cos a \cos c}{\sin a \sin c}, \\[2ex] \cos C = \dfrac{\cos c - \cos a \cos b}{\sin a \sin b}, \end{cases}$$

dont les trois premières font connaître un côté par le moyen de deux autres et de l'angle qu'ils comprennent, et dont les trois dernières donnent les angles par le moyen des côtés.

54. Le troisième système produit, de même que le

précédent, six formules, qui sont :

$$\left\{\begin{aligned}
\cos A &= -\cos B \cos C + \sin B \sin C \cos a, \\
\cos B &= -\cos A \cos C + \sin A \sin C \cos b, \\
\cos C &= -\cos A \cos B + \sin A \sin B \cos c,
\end{aligned}\right.$$

$$\left\{\begin{aligned}
\cos a &= \frac{\cos A + \cos B \cos C}{\sin B \sin C}, \\[1ex]
\cos b &= \frac{\cos B + \cos A \cos C}{\sin A \sin C}, \\[1ex]
\cos c &= \frac{\cos C + \cos A \cos B}{\sin A \sin B}.
\end{aligned}\right.$$

Les trois premières feront trouver un angle, lorsque l'on connaîtra les deux autres et le côté qu'ils comprennent ; les trois dernières donneront chacun des côtés lorsque tous les angles seront connus.

55. Le quatrième système, en y faisant toutes les permutations possibles, donne les six formules

$$\cot A = \frac{\cos a \sin b - \cos C \sin a \cos b}{\sin C \sin a},$$

$$\cot B = \frac{\sin a \cos b - \cos C \cos a \sin b}{\sin C \sin b},$$

$$\cot A = \frac{\cos a \sin c - \cos B \sin a \cos c}{\sin B \sin a},$$

$$\cot C = \frac{\sin a \cos c - \cos B \cos a \sin c}{\sin B \sin c},$$

$$\cot B = \frac{\cos b \sin c - \cos A \sin b \cos c}{\sin A \sin b},$$

$$\cot C = \frac{\sin b \cos c - \cos A \cos b \sin c}{\sin A \sin c},$$

par le moyen desquelles on déterminera deux des angles d'un triangle sphérique, lorsque l'on connaîtra le troisième angle et les côtés qui le comprennent.

56. Le cinquième système, enfin, conduit aux six formules suivantes :

$$\cot a = \frac{\cos A \, \sin B + \cos c \, \sin A \, \cos B}{\sin c \, \sin A},$$

$$\cot b = \frac{\sin A \, \cos B + \cos c \, \cos A \, \sin B}{\sin c \, \sin B},$$

$$\cot a = \frac{\cos A \, \sin C + \cos b \, \sin A \, \cos C}{\sin b \, \sin A},$$

$$\cot c = \frac{\sin A \, \cos C + \cos b \, \cos A \, \sin C}{\sin b \, \sin C},$$

$$\cot b = \frac{\cos B \, \sin C + \cos a \, \sin B \, \cos C}{\sin a \, \sin B},$$

$$\cot c = \frac{\sin B \, \cos C + \cos a \, \cos B \, \sin C}{\sin a \, \sin C},$$

qui serviront à déterminer deux des côtés d'un triangle, lorsque l'on connaîtra le troisième et les deux angles entre lesquels il est compris.

57. Les formules conclues des systèmes (B), (B'), (D) et (D') (53-56), méritent la plus grande attention, tant par leur élégance que par la propriété qu'elles ont de faire connaître si l'arc ou l'angle qu'elles expriment est moindre ou plus grand qu'un quadrant ou qu'un angle droit, propriété que n'auraient point les expressions des sinus des mêmes arcs. En effet, le sinus d'un arc étant le même que celui du supplément de cet arc, tant par sa valeur que par son signe, toutes les fois que l'on ne connaît que le sinus d'un arc, il n'est pas possible de savoir si cet arc doit être plus petit ou plus grand qu'un quadrant ; mais lorsqu'on a le cosinus, ou la tangente, ou la cotangente, et qu'on sait d'ailleurs que cet arc ne peut être égal à la demi-circonférence, ce qui est le cas des côtés des triangles sphériques et des arcs qui mesurent leurs angles, on voit par le signe du résultat, si l'arc cherché surpasse ou non 1^q : le cosinus, la tangente et la cotangente ont le signe — dans le premier cas, et le signe + dans le second. Si donc on a soin de donner aux quantités connues qui entrent dans les formules rapportées ci-dessus, les signes qui doivent les affecter d'après la valeur des arcs auxquels elles appartiennent, le signe du résultat fera connaître l'*espèce* du côté ou de l'angle cherché, c'est-à-dire s'il est plus petit ou plus grand qu'un quadrant, s'il est aigu ou obtus.

58. Ces mêmes formules se simplifient beaucoup lorsque le triangle proposé est rectangle, c'est-à-dire lorsqu'un de ses angles est droit. En effet, si l'on suppose que $C = 1^q$, on aura

$$\sin C = 1, \quad \cos C = 0,$$

et il viendra

$$\cos c = \cos a \cos b \quad (53),$$

$$\cos c = \frac{\cos A \cos B}{\sin A \sin B} = \cot A \cot B \quad (54),$$

$$\left. \begin{array}{l} \cos A = \sin B \cos a \\ \cos B = \sin A \cos b \end{array} \right\} \quad (54),$$

$$\sin a = \sin c \sin A, \quad \sin b = \sin c \sin B \quad (47),$$

$$\left. \begin{array}{l} \cot b = \dfrac{\cos B}{\sin a \sin B} \\[2ex] \cot a = \dfrac{\cos A}{\sin b \sin A} \\[2ex] \cot c = \dfrac{\cos b \cos A}{\sin b} \\[2ex] \cot c = \dfrac{\cos a \cos B}{\sin a} \end{array} \right\} \quad (56), \quad \text{d'où} \quad \left\{ \begin{array}{l} \tang b = \sin a \tang B \\[2ex] \tang a = \sin b \tang A \\[2ex] \tang b = \cos A \tang c \\[2ex] \tang a = \cos B \tang c \end{array} \right.$$

et en ne prenant, parmi ces formules, que celles qui diffèrent essentiellement, on aura les six que voici :

$$\cos c = \cos a \, \cos b,$$
$$\cos c = \cot A \, \cot B,$$
$$\sin a = \sin c \, \sin A,$$
$$\tang a = \sin b \, \tang A,$$
$$\tang a = \cos B \, \tang c,$$
$$\cos A = \sin B \, \cos a,$$

qui, par les renversements dont elles sont susceptibles, suffiront pour résoudre les triangles sphériques rectangles en C, et dans lesquels le côté c, opposé à l'angle droit, se nomme *hypoténuse,* aussi bien que dans les triangles rectilignes. On obtiendrait des formules analogues pour le cas où le triangle sphérique proposé aurait un de ses côtés égal au quadrant ; mais je ne m'y arrêterai pas.

59. Pour pouvoir appliquer commodément les logarithmes aux calculs des triangles sphériques, il faut transformer les formules des n°⁵ 53 et 54, en d'autres dont le numérateur et le dénominateur soient décomposés en facteurs ; et c'est ce qu'Euler a fait d'une manière aussi simple qu'élégante.

1° De l'expression $\cos A = \dfrac{\cos a - \cos b \, \cos c}{\sin b \, \sin c}$, comprise parmi celles du n° 53, on tire

$$1 - \cos A = \frac{\cos (b - c) - \cos a}{\sin b \, \sin c} \quad (11),$$

$$1 + \cos A = \frac{\cos a - \cos (b + c)}{\sin b \, \sin c},$$

d'où, à cause de

$$\frac{1 - \cos A}{1 + \cos A} = \tang \frac{1}{2} A^2 \quad (27),$$

il suit

$$\tang \frac{1}{2} A^2 = \frac{\cos (b - c) - \cos a}{\cos a - \cos (b + c)};$$

mais

$$\cos p - \cos q = -\, 2 \sin \tfrac{1}{2}(p + q) \sin \tfrac{1}{2}(p - q) \quad (27):$$

donc

$$\tang \frac{1}{2} A = \sqrt{\frac{\sin \tfrac{1}{2}(b - c + a)\, \sin \tfrac{1}{2}(b - c - a)}{\sin \tfrac{1}{2}(a + b + c)\, \sin \tfrac{1}{2}(a - b - c)}}.$$

En opérant ainsi sur les autres expressions du même n° 53, on parviendra à des résultats semblables.

2° Prenant, dans le n° 54, l'expression

$$\cos a = \frac{\cos A + \cos B \, \cos C}{\sin B \, \sin C};$$

on en déduit

$$1 - \cos a = -\frac{\cos(B + C) + \cos A}{\sin B \, \sin C},$$

$$1 + \cos a = \frac{\cos A + \cos(B - C)}{\sin B \, \sin C},$$

d'où

$$\tang \frac{1}{2} a^2 = -\frac{\cos(B + C) + \cos A}{\cos(B - C) + \cos A};$$

mais

$$\cos p + \cos q = 2 \cos \tfrac{1}{2}(p + q) \cos \tfrac{1}{2}(p - q) \quad (27):$$

donc

$$\tang \frac{1}{2} a = \sqrt{\frac{-\cos \tfrac{1}{2}(B + C + A)\, \cos \tfrac{1}{2}(B + C - A)}{\cos \tfrac{1}{2}(B - C + A)\, \cos \tfrac{1}{2}(B - C - A)}};$$

formule que le signe — du numérateur ne rend pas imaginaire, parce que l'arc $\frac{1}{2}(A + B + C)$, surpassant le quadrant, a un cosinus négatif (*).

(*) Euler, pour donner plus d'uniformité à ses résultats, emploie toujours les tangentes des arcs à déterminer; mais on peut, dans ce qui précède, arriver un peu plus simplement au sinus.

1° On a

$$1 - \cos A = 2 \sin \tfrac{1}{2} A^2 \quad (27),$$

et par la formule

$$\cos p - \cos q = -\, 2 \sin \tfrac{1}{2}(p + q) \sin \tfrac{1}{2}(p - q),$$

3° Les expressions du n° 53 donnent aussi

$$\cos a - \cos b \cos c = \sin b \sin c \cos A,$$
$$\cos b - \cos a \cos c = \sin a \sin c \cos B;$$

et divisant la première de ces équations par la seconde, en observant que, d'après les équations (A), on a

$$\frac{\sin b}{\sin a} = \frac{\sin B}{\sin A},$$

---

on trouve

$$\cos(b - c) - \cos a = - 2\sin\tfrac{1}{2}(b - c + a)\sin\tfrac{1}{2}(b - c - a),$$

ou, en changeant le signe de l'arc $\tfrac{1}{2}(b - c - a)$ et de son sinus,

$$\cos(b - c) - \cos a = 2\sin\tfrac{1}{2}(a + b - c)\sin\tfrac{1}{2}(a + c - b);$$

mettant ces valeurs dans celle de $1 - \cos A$, et prenant la racine carrée de chaque membre, il vient

$$\sin\tfrac{1}{2}A = \sqrt{\frac{\sin\tfrac{1}{2}(a + b - c)\sin\tfrac{1}{2}(a + c - b)}{\sin b \sin c}}.$$

2° Si l'on observe de même que

$$1 - \cos a = 2\sin\tfrac{1}{2}a^2,$$

et que l'expression de $\cos p + \cos q$ donne

$$\cos(B + C) + \cos A = 2\cos\tfrac{1}{2}(B + C + A)\cos\tfrac{1}{2}(B + C - A),$$

on trouvera

$$\sin\tfrac{1}{2}a = \sqrt{\frac{-\cos\tfrac{1}{2}(A + B + C)\cos\tfrac{1}{2}(B + C - A)}{\sin B \sin C}}.$$

En divisant l'expression de $\sin\tfrac{1}{2}A$ par celle de $\tang\tfrac{1}{2}A$, observant que

$$\sin\tfrac{1}{2}(b - c - a) = - \sin\tfrac{1}{2}(a + c - b),$$
$$\sin\tfrac{1}{2}(a - b - c) = - \sin\tfrac{1}{2}(b + c - a),$$

et réduisant, on obtient

$$\cos\tfrac{1}{2}A = \sqrt{\frac{\sin\tfrac{1}{2}(a + b + c)\sin\tfrac{1}{2}(b + c - a)}{\sin b \sin c}},$$

formule qui peut être utile quand l'angle A est très-près de deux droits, parce qu'alors $\tfrac{1}{2}A$ approchant de l'angle droit, son sinus varie peu. (*Voyez* la note B.)

En traitant de même les expressions de $\sin\tfrac{1}{2}a$ et de $\tang\tfrac{1}{2}a$, on trouvera

$$\cos\tfrac{1}{2}a = \sqrt{\frac{\cos\tfrac{1}{2}(A + B - C)\sin\tfrac{1}{2}(A + C - B)}{\sin B \sin C}}.$$

on trouvera

$$\frac{\cos a - \cos b \cos c}{\cos b - \cos a \cos c} = \frac{\sin B \cos A}{\sin A \cos B}.$$

Si l'on ajoute ensuite l'unité aux deux membres de cette dernière, elle deviendra

$$1 + \frac{\cos a - \cos b \cos c}{\cos b - \cos a \cos c} = 1 + \frac{\sin B \cos A}{\sin A \cos B};$$

et on la changera facilement en

$$\frac{(\cos a + \cos b)(1 - \cos c)}{\cos b - \cos a \cos c} = \frac{\sin(A + B)}{\sin A \cos B},$$

par la réduction des termes de chaque membre au même dénominateur.

En retranchant l'unité au lieu de l'ajouter, on aura

$$\frac{\cos a - \cos b \cos c}{\cos b - \cos a \cos c} - 1 = \frac{\sin B \cos A}{\sin A \cos B} - 1,$$

d'où l'on tirera

$$\frac{(\cos a - \cos b)(1 + \cos c)}{\cos b - \cos a \cos c} = \frac{\sin(B - A)}{\sin A \cos B}.$$

Divisant ce résultat par le précédent, il viendra

$$\frac{\cos a - \cos b}{\cos a + \cos b} \times \frac{1 + \cos c}{1 - \cos c} = \frac{\sin(B - A)}{\sin(B + A)};$$

et comme, d'après le tableau de la page 33,

$$\frac{\cos a - \cos b}{\cos a + \cos b} = \tan\frac{1}{2}(b + a)\tan\frac{1}{2}(b - a),$$

$$\frac{1 + \cos c}{1 - \cos c} = \cot\frac{1}{2}c^2, \quad \sin p = 2\sin\frac{1}{2}p\cos\frac{1}{2}p,$$

on trouvera

$$(a) \quad \left\{ \begin{array}{l} \tan\frac{1}{2}(b - a)\tan\frac{1}{2}(b + a)\cot\frac{1}{2}c^2 \\[2mm] = \dfrac{\sin\frac{1}{2}(B - A)\cos\frac{1}{2}(B - A)}{\sin\frac{1}{2}(B + A)\cos\frac{1}{2}(B + A)}. \ldots \end{array} \right.$$

Mais en ajoutant et eu retranchant successivement l'unité à chacun des membres de l'équation $\dfrac{\sin b}{\sin a} = \dfrac{\sin B}{\sin A}$, puis divisant les deux résultats l'un par l'autre, on parvient à l'équation

$$\frac{\sin b - \sin a}{\sin b + \sin a} = \frac{\sin B - \sin A}{\sin B + \sin A},$$

qui peut être transformée ainsi :

$$\operatorname{tang}\frac{1}{2}(b - a)\cot\frac{1}{2}(b + a) = \frac{\sin\frac{1}{2}(B - A)\cos\frac{1}{2}(B + A)}{\sin\frac{1}{2}(B + A)\cos\frac{1}{2}(B - A)},$$

par les formules du tableau de la page 33. Multipliant alors entre elles, membre à membre, cette équation et l'équation (a), en observant que

$$\operatorname{tang}\tfrac{1}{2}(b + a)\cot\tfrac{1}{2}(b + a) = 1 \qquad (9),$$

on obtiendra

$$\left[\operatorname{tang}\frac{1}{2}(b - a)\right]^2\cot\frac{1}{2}c^2 = \frac{\left[\sin\frac{1}{2}(B - A)\right]^2}{\left[\sin\frac{1}{2}(B + A)\right]^2};$$

extrayant la racine de chaque membre, il viendra

$$\operatorname{tang}\frac{1}{2}(b - a)\cot\frac{1}{2}c = \frac{\sin\frac{1}{2}(B - A)}{\sin\frac{1}{2}(B + A)},$$

et divisant l'équation (a) par cette dernière, on aura

$$\operatorname{tang}\frac{1}{2}(a + b)\cot\frac{1}{2}c = \frac{\cos\frac{1}{2}(B - A)}{\cos\frac{1}{2}(B + A)}.$$

En se rappelant que $\dfrac{1}{\cot p} = \operatorname{tang} p$ (9), on déduira des deux équations ci-dessus les expressions

$$\operatorname{tang}\frac{1}{2}(b - a) = \operatorname{tang}\frac{1}{2}c\,\frac{\sin\frac{1}{2}(B - A)}{\sin\frac{1}{2}(B + A)},$$

$$\operatorname{tang}\frac{1}{2}(b + a) = \operatorname{tang}\frac{1}{2}c\,\frac{\cos\frac{1}{2}(B - A)}{\cos\frac{1}{2}(B + A)},$$

qui feront connaître deux côtés d'un triangle sphérique,

dont on aura le troisième côté et les deux angles entre lesquels il est compris, puisqu'en désignant par b' et a' les valeurs des arcs $b + a$ et $b - a$, il en résulte

$$b = \tfrac{1}{2}(b' + a'), \quad a = \tfrac{1}{2}(b' - a')$$

4° En prenant encore, dans le n° 54, les équations

$$\cos A + \cos B \cos C = \sin B \sin C \cos a,$$
$$\cos B + \cos A \cos C = \sin B \sin C \cos b,$$

en divisant la première par la seconde, on trouvera

$$\frac{\cos A + \cos B \cos C}{\cos B + \cos A \cos C} = \frac{\sin B \cos a}{\sin A \cos b} = \frac{\sin b \cos a}{\sin a \cos b}.$$

Ajoutant et retranchant successivement l'unité à chacun des membres de celle-ci, puis divisant les résultats l'un par l'autre, on en conclura comme ci-dessus,

$$\frac{\cos A - \cos B}{\cos B + \cos B} \times \frac{1 - \cos C}{1 + \cos C} = \frac{\sin(b - a)}{\sin(b + a)},$$

$$(b) \quad \left\{ \begin{array}{l} \tang \tfrac{1}{2}(B - A)\, \tang \tfrac{1}{2}(B + A)\, \tang \tfrac{1}{2} C^2 \\[2mm] = \dfrac{\sin \tfrac{1}{2}(b - a) \cos \tfrac{1}{2}(b - a)}{\sin \tfrac{1}{2}(b + a) \cos \tfrac{1}{2}(b + a)}; \end{array} \right.$$

et comme l'équation

$$\frac{\sin b - \sin a}{\sin b + \sin a} = \frac{\sin B - \sin A}{\sin B + \sin A},$$

employée dans la transformation précédente, peut s'écrire ainsi :

$$\tang \tfrac{1}{2}(B - A) \cot \tfrac{1}{2}(B + A) = \frac{\sin \tfrac{1}{2}(b - a) \cos \tfrac{1}{2}(b + a)}{\sin \tfrac{1}{2}(b + a) \cos \tfrac{1}{2}(b - a)},$$

en multipliant et divisant par cette dernière l'équation (b), on trouve enfin

$$\tang \tfrac{1}{2}(B - A) = \cot \tfrac{1}{2} C \frac{\sin \tfrac{1}{2}(b - a)}{\sin \tfrac{1}{2}(b + a)},$$

$$\tang \tfrac{1}{2}(B + A) = \cot \tfrac{1}{2} C \frac{\cos \tfrac{1}{2}(b - a)}{\cos \tfrac{1}{2}(b + a)},$$

formules qui remplaceront les précédentes, lorsqu'on connaîtra deux côtés et l'angle qu'ils comprennent.

60. En prenant toutes les variations dont les formules trouvées ci-dessus sont susceptibles, on aura

$$\tan\frac{1}{2}A = \sqrt{\frac{\sin\frac{1}{2}(a+b-c)\sin\frac{1}{2}(a+c-b)}{\sin\frac{1}{2}(b+c-a)\sin\frac{1}{2}(a+b+c)}},$$

$$\tan\frac{1}{2}B = \sqrt{\frac{\sin\frac{1}{2}(b+c-a)\sin\frac{1}{2}(a+b-c)}{\sin\frac{1}{2}(a+c-b)\sin\frac{1}{2}(a+b+c)}},$$

$$\tan\frac{1}{2}C = \sqrt{\frac{\sin\frac{1}{2}(a+c-b)\sin\frac{1}{2}(b+c-a)}{\sin\frac{1}{2}(a+b-c)\sin\frac{1}{2}(a+b+c)}},$$

$$\tan\frac{1}{2}a = \sqrt{\frac{-\cos\frac{1}{2}(B+C-A)\cos\frac{1}{2}(A+B+C)}{\cos\frac{1}{2}(A+B-C)\cos\frac{1}{2}(A+C-B)}},$$

$$\tan\frac{1}{2}b = \sqrt{\frac{-\cos\frac{1}{2}(A+C-B)\cos\frac{1}{2}(A+B+C)}{\cos\frac{1}{2}(B+C-A)\cos\frac{1}{2}(A+B-C)}},$$

$$\tan\frac{1}{2}c = \sqrt{\frac{-\cos\frac{1}{2}(A+B-C)\cos\frac{1}{2}(A+B+C)}{\cos\frac{1}{2}(A+C-B)\cos\frac{1}{2}(B+C-A)}}\ (*),$$

$$\tan\frac{b-a}{2} = \tan\frac{1}{2}c\,\frac{\sin\frac{1}{2}(B-A)}{\sin\frac{1}{2}(B+A)},$$

$$\tan\frac{b+a}{2} = \tan\frac{1}{2}c\,\frac{\cos\frac{1}{2}(B-A)}{\cos\frac{1}{2}(B+A)},$$

$$\tan\frac{c-b}{2} = \tan\frac{1}{2}a\,\frac{\sin\frac{1}{2}(C-B)}{\sin\frac{1}{2}(C+B)},$$

$$\tan\frac{c+b}{2} = \tan\frac{1}{2}a\,\frac{\cos\frac{1}{2}(C-B)}{\cos\frac{1}{2}(C+B)},$$

$$\tan\frac{a-c}{2} = \tan\frac{1}{2}b\,\frac{\sin\frac{1}{2}(A-C)}{\sin\frac{1}{2}(A+C)},$$

(*) Pour tirer ces formules de leurs analogues du numéro précédent, il faut observer que

$$\alpha - \beta - \gamma = \alpha - (\beta + \gamma),$$

et que

$$\sin(p-q) = -\sin(q-p), \quad \cos(p-q) = \cos(q-p).$$

$$\tang \frac{a+c}{2} = \tang \frac{1}{2} b \, \frac{\cos\frac{1}{2}(A-C)}{\cos\frac{1}{2}(A+C)},$$

$$\tang \frac{B-A}{2} = \cot \frac{1}{2} C \, \frac{\sin\frac{1}{2}(b-a)}{\sin\frac{1}{2}(b+a)},$$

$$\tang \frac{B+A}{2} = \cot \frac{1}{2} C \, \frac{\cos\frac{1}{2}(b-a)}{\cos\frac{1}{2}(b+a)},$$

$$\tang \frac{C-B}{2} = \cot \frac{1}{2} A \, \frac{\sin\frac{1}{2}(c-b)}{\sin\frac{1}{2}(c+b)},$$

$$\tang \frac{C+B}{2} = \cot \frac{1}{2} A \, \frac{\cos\frac{1}{2}(c-b)}{\cos\frac{1}{2}(c+b)},$$

$$\tang \frac{A-C}{2} = \cot \frac{1}{2} B \, \frac{\sin\frac{1}{2}(a-c)}{\sin\frac{1}{2}(a+c)},$$

$$\tang \frac{A+C}{2} = \cot \frac{1}{2} B \, \frac{\cos\frac{1}{2}(a-c)}{\cos\frac{1}{2}(a+c)}.$$

Des douze dernières formules on déduit les suivantes, qui servent à trouver le troisième angle ou le troisième côté d'un triangle dans lequel on connaît deux côtés et les angles opposés :

$$\tang \frac{1}{2} c = \tang \frac{1}{2}(b-a) \, \frac{\sin\frac{1}{2}(B+A)}{\sin\frac{1}{2}(B-A)},$$

$$\tang \frac{1}{2} c = \tang \frac{1}{2}(b+a) \, \frac{\cos\frac{1}{2}(B+A)}{\cos\frac{1}{2}(B-A)},$$

$$\tang \frac{1}{2} a = \tang \frac{1}{2}(c-b) \, \frac{\sin\frac{1}{2}(C+B)}{\sin\frac{1}{2}(C-B)},$$

$$\tang \frac{1}{2} a = \tang \frac{1}{2}(c+b) \, \frac{\cos\frac{1}{2}(C+B)}{\cos\frac{1}{2}(C-B)},$$

$$\tang \frac{1}{2} b = \tang \frac{1}{2}(a-c) \, \frac{\sin\frac{1}{2}(A+C)}{\sin\frac{1}{2}(A-C)},$$

$$\tang \frac{1}{2} b = \tang \frac{1}{2}(a+c) \, \frac{\cos\frac{1}{2}(A+C)}{\cos\frac{1}{2}(A-C)},$$

$$\cot \frac{1}{2} C = \tang \frac{1}{2}(B-A) \, \frac{\sin\frac{1}{2}(b+a)}{\sin\frac{1}{2}(b-a)},$$

$$\cot \frac{1}{2} C = \tang \frac{1}{2}(B + A) \frac{\cos\frac{1}{2}(b+a)}{\cos\frac{1}{2}(b-a)},$$

$$\cot \frac{1}{2} A = \tang \frac{1}{2}(C - B) \frac{\sin\frac{1}{2}(c+b)}{\sin\frac{1}{2}(c-b)}.$$

$$\cot \frac{1}{2} A = \tang \frac{1}{2}(C + B) \frac{\cos\frac{1}{2}(c+b)}{\cos\frac{1}{2}(c-b)},$$

$$\cot \frac{1}{2} B = \tang \frac{1}{2}(A - C) \frac{\sin\frac{1}{2}(a+c)}{\sin\frac{1}{2}(a-c)},$$

$$\cot \frac{1}{2} B = \tang \frac{1}{2}(A + C) \frac{\cos\frac{1}{2}(a+c)}{\cos\frac{1}{2}(a-c)} \quad (^*).$$

Si l'on joint à ces équations celles qui sont désignées par (A) (47), et qui serviront dans le cas où l'on connaîtra deux côtés et l'un des angles opposés à ces côtés, ou bien deux angles et l'un des côtés opposés à ces angles, on aura tout ce qu'il faut pour résoudre un triangle sphérique : ce qui précède peut donc être regardé comme formant un Traité complet de Trigonométrie sphérique. En combinant entre elles les diverses formules obtenues successivement, on en pourrait déduire beaucoup d'autres d'un usage très-fréquent dans les calculs astronomiques : on doit, dans ce genre, à Delambre des résultats très-élégants et très-nombreux, et des applications importantes des méthodes approximatives, ou des séries, aux cas qui en sont susceptibles.

Récapitulation des formules nécessaires pour résoudre un triangle sphérique quelconque.

61. En négligeant les variations que peut présenter un même cas, on n'a que les six suivants :

(*) Ces formules et les précédentes sont connues sous le nom d'*analogies de Néper*, parce qu'elles se déduisent des règles données par ce géomètre pour résoudre les triangles sphériques. (*Logarithmorum canonis descriptio.*)

$1°$ *Connaissant les trois côtés* (a, b, c), *trouver un des angles* (A).

$$\tang \frac{1}{2} A = \sqrt{\frac{\sin \frac{1}{2}(a+b-c)\,\sin \frac{1}{2}(a+c-b)}{\sin \frac{1}{2}(b+c-a)\,\sin \frac{1}{2}(a+b+c)}}.$$

$2°$ *Connaissant les trois angles* (A, B, C), *trouver un des côtés* (a).

$$\tang \frac{1}{2} a = \sqrt{\frac{-\cos \frac{1}{2}(B+C-A)\,\cos \frac{1}{2}(A+B+C)}{\cos \frac{1}{2}(A+B-C)\,\cos \frac{1}{2}(A+C-B)}} \quad (^*).$$

$3°$ *Connaissant deux côtés* (b, c) *et l'angle compris* (A), *trouver les autres angles* (B, C).

$$\tang \frac{1}{2}(B+C) = \frac{\cos \frac{1}{2}(b-c)}{\cos \frac{1}{2}(b+c)} \cot \frac{1}{2} A,$$

$$\tang \frac{1}{2}(B-C) = \frac{\sin \frac{1}{2}(b-c)}{\sin \frac{1}{2}(b+c)} \cot \frac{1}{2} A.$$

Pour *trouver ensuite le troisième côté* (a), voyez la formule du sixième cas.

$4°$ *Connaissant deux angles* (B, C) *et le côté compris* (a), *trouver les autres côtés* (b, c).

$$\tang \frac{1}{2}(b+c) = \frac{\cos \frac{1}{2}(B-C)}{\cos \frac{1}{2}(B+C)} \tang \frac{1}{2} a,$$

$$\tang \frac{1}{2}(b-c) = \frac{\sin \frac{1}{2}(B-C)}{\sin \frac{1}{2}(B+C)} \tang \frac{1}{2} b.$$

$(^*)$ Au lieu de cette formule et de la précédente, on emploie souvent celles-ci :

$$\sin \frac{1}{2} A = \sqrt{\frac{\sin \frac{1}{2}(a+b-c)\,\sin \frac{1}{2}(a+c-b)}{\sin b \, \sin c}},$$

$$\sin \frac{1}{2} a = \sqrt{\frac{-\cos \frac{1}{2}(A+B+C)\,\cos \frac{1}{2}(B+C-A)}{\sin B \, \sin C}},$$

obtenues dans la note de la page 73, et qui sont analogues à celle dont on fait usage pour le cas semblable de la Trigonométrie rectiligne (38). La même note contient aussi les valeurs de $\cos \frac{1}{2} A$ et de $\cos \frac{1}{2} a$.

Pour *trouver ensuite le troisième angle*, voyez la formule du cinquième cas.

5° *Connaissant deux côtés* (a, c) *et un angle opposé* (C), *trouver l'autre angle opposé* (A).

$$\sin A = \frac{\sin a \sin C}{\sin c}.$$

6° *Connaissant deux angles* (A, C) *et un côté opposé* (c), *trouver l'autre côté opposé* (a).

$$\sin a = \frac{\sin c \sin A}{\sin C}.$$

Pour *trouver ensuite*, dans ces deux derniers cas, *l'angle* (B) *et le coté* (b) *compris l'un entre les côtés, l'autre entre les angles donnés ou calculés*, on changera, dans les formules du troisième et du quatrième cas, b en a, B en A, et réciproquement; il viendra

$$\tan \tfrac{1}{2}(A + C) = \frac{\cos \tfrac{1}{2}(a - c)}{\cos \tfrac{1}{2}(a + c)} \cot \tfrac{1}{2} B,$$

$$\tan \tfrac{1}{2}(a + c) = \frac{\cos \tfrac{1}{2}(A - C)}{\cos \tfrac{1}{2}(A + C)} \tan \tfrac{1}{2} b,$$

d'où l'on tirera les valeurs de $\cot \tfrac{1}{2} B$ et de $\tan \tfrac{1}{2} b$, qui sont maintenant les inconnues.

Au moyen de cette récapitulation et de celle qui se trouve sur la page 71, rien n'est plus aisé que de résoudre un triangle sphérique quelconque, en appliquant, d'après les énoncés ci-dessus, les lettres A, B, C, a, b, c, aux angles et aux côtés donnés et cherchés. Le calcul arithmétique s'effectue par l'addition et la soustraction des logarithmes de la manière indiquée dans les exemples rapportés au n° 39; seulement on n'y emploie que la Table des logarithmes des lignes trigonométriques, puisqu'il ne s'agit que d'arcs de cercle.

Lorsque, dans les quatre premiers cas, les circonstances de la question laisseront douter si les arcs ou les angles cherchés sont plus grands ou moindres qu'un quadrant ou qu'un angle droit, on lèvera la difficulté en recourant aux expressions des cosinus, des tangentes ou des cotangentes des inconnues (57). Mais, dans les deux derniers cas, il peut arriver que la question proposée soit susceptible de deux solutions, et l'on s'en assurera aisément en étudiant la manière de construire un angle trièdre lorsque l'on connaît deux de ses faces et l'inclinaison de l'une d'elles sur la troisième, ou bien lorsque l'on connaît les inclinaisons de deux faces sur la troisième, et l'angle des arêtes qui déterminent l'une des premières. Je ne saurais entrer ici dans ces détails (*); mais en voici du moins les résultats.

1° Le triangle sphérique ne peut exister que d'une seule manière avec les données a, c et C,

lorsque $C = 1^q$,

$$C < 1^q, \qquad a < 1^q, \qquad c > a,$$
$$C < 1^q, \qquad a > 1^q, \qquad c > 2^q - a,$$
$$C > 1^q, \qquad a < 1^q, \qquad c < 2^q - a,$$
$$C > 1^q, \qquad a > 1^q, \qquad c < a,$$

et il est susceptible de deux formes,

lorsque $C < 1^q, \qquad a < 1^q, \qquad c < a,$
$$C < 1^q, \qquad a > 1^q, \qquad c < 2^q - a,$$
$$C > 1^q, \qquad a < 1^q, \qquad c > 2^q - a,$$
$$C > 1^q, \qquad a > 1^q, \qquad c > a,$$
$$C < \text{ou} > 1^q, \qquad a = 1^q.$$

2° Avec les données A, C et c, il ne peut avoir

6.

qu'une forme,

lorsque $c = 1^q$,

$c > 1^q$,	$A > 1^q$,	$C < A$,
$c > 1^q$,	$A < 1^q$,	$C < 2^q - A$,
$c < 1^q$,	$A > 1^q$,	$C > 2^q - A$,
$c < 1^q$,	$A < 1^q$,	$C > A$,

et il en a deux quand

$c > 1^q$,	$A > 1^q$,	$C > A$,
$c > 1^q$,	$A < 1^q$,	$C > 2^q - A$,
$c < 1^q$,	$A > 1^q$,	$C < 2^q - A$,
$c < 1^q$,	$A < 1^q$,	$C < A$,
$c <$ ou $> 1^q$,	$A = 1^q$.	

62. Pour donner une application de la Trigonométrie sphérique, je choisirai le problème suivant : *Connaissant un angle* MSN (fig. 23), *mesuré dans un plan incliné, et les angles que font avec une verticale* SS′, *les côtés* SM *et* SN *du premier, trouver l'angle* M′S′N′ *formé sur le plan* M′S′N′, *horizontal ou perpendiculaire à* SS′, *par les projections* S′M′ *et* S′N′ *des lignes* SM *et* SN.

Les trois lignes SS′, SM et SN déterminent un angle trièdre dont le point S est le sommet, et dans lequel on connaît les trois angles plans MSN, S′SM, S′SN; et puisque la droite SS′ est perpendiculaire sur le plan M′S′N′, elle est aussi perpendiculaire sur chacune des lignes S′M′, S′N′, situées respectivement dans les plans S′SM, S′SN, et formant, par conséquent, entre elles un angle égal à celui qui mesure l'inclinaison de ces plans : le problème proposé revient donc à déterminer cette inclinaison. C'est ainsi qu'il se trouve résolu par des opérations graphiques, dans l'*Essai de Géométrie sur les plans et les surfaces,* ou *Complément des Éléments de Géométrie,* n° 41.

Mais on peut obtenir l'angle cherché en le considérant comme l'un de ceux du triangle sphérique BAC formé par les cercles résultants des sections que les trois plans MSN, S′SM, S′SN feraient dans une sphère dont le centre serait en S, et dont le rayon serait égal à celui des Tables. On a, dans ce triangle, les côtés AB, AC, BC, qui sont les mesures respectives des angles donnés S′SM, S′SN, MSN, et l'angle demandé est précisément l'angle A : il se trouvera donc par la première règle du numéro précédent.

Comme exemple de calcul, je suppose qu'on ait observé

l'angle MSN de $0^g,7597 = $ BC,

l'angle S′SN de $0^g,5913 = $ AC,

l'angle S′SM de $0^g,6542 = $ AB.

Ces angles représentant les côtés d'un triangle sphérique dont on cherche l'angle A, je fais

$$a = 0^g,7597, \quad b = 0^g,5913, \quad c = 0^g,6542,$$

et j'emploie la formule

$$\sin \frac{1}{2} A = \sqrt{\frac{\sin\frac{1}{2}(a+b-c)\sin\frac{1}{2}(a+c-b)}{\sin b \sin c}}$$

(note de la page 81).

Les arcs $\frac{1}{2}(a+b-c)$, $\frac{1}{2}(a+c-b)$ se forment en faisant d'abord la demi-somme des trois côtés a, b, c, et en retranchant ensuite chacun des côtés b et c, qui renferment l'angle cherché (38), puis on prend les logarithmes des sinus des restes, et les compléments arithmétiques des logarithmes des sinus des côtés b et c, comme le montre l'opération ci-dessous :

$$0^q,7597$$
$$0^q,5913$$
$$0^q,6542$$

somme.	$2^q,0052$		
demi-somme.	$1^q,0026$		$1^q,0026$
	$0^q,5913$		$0^q,6542$
1er resste.	$0^q,4113$	2e reste.	$0^q,3484$

$$\log \sin 0^q,4113 = 9,7796340$$
$$\log \sin 0^q,3484 = 9,7162989$$
$$\text{compl. arithm. du } \log \sin 0^q,5913 = 0,0964168$$
$$\text{compl. arithm. du } \log \sin 0^q,6542 = 0,0674914$$

$$\text{somme.} \quad 19,6598411$$
$$\log \sin \tfrac{1}{2} A = 9,8299205$$

qui, dans la Table, répond à

$$0^q,47254 = \tfrac{1}{2} A ;$$

et, en doublant cet arc, on trouve

$$A = 0^q,94508,$$

ou seulement

$$A = 0^q,9451,$$

en se bornant à quatre décimales : tel est l'angle M′S′N′ correspondant à la valeur donnée pour l'angle MSN.

CHAPITRE III.

DE L'APPLICATION DE L'ALGÈBRE A LA GÉOMÉTRIE.

63. L'application de l'Algèbre à la Géométrie a d'abord pour but de faire servir les opérations algébriques à combiner ensemble plusieurs théorèmes de Géométrie pour en déduire des conséquences. C'est ainsi que, dans les deux chapitres précédents, je suis parvenu aux principales formules de la Trigonométrie rectiligne et de la Trigonométrie sphérique. Un théorème qui établit une relation entre plusieurs lignes d'une grandeur définie, peut toujours s'exprimer par une équation; et toutes les transformations qu'on opère sur cette équation, étant traduites en langage ordinaire, donnent des énoncés qui sont des conséquences du théorème duquel on est part.; mais ce point de vue n'offre qu'une très-petite partie de ce que doit embrasser l'application de l'Algèbre à la Géométrie. Cette branche des Mathématiques, considérée en général, ne se borne pas à la recherche des propriétés de l'étendue par le moyen des procédés algébriques; on y voit encore comment on peut représenter par ces propriétés tout ce que signifie une expression algébrique quelconque, ramener sans cesse la construction des figures aux opérations du calcul, et revenir de celles-ci à la première : c'est ce que montreront successivement les diverses questions traitées dans ce chapitre.

L'écriture algébrique, si utile pour exprimer les conditions des problèmes qui regardent les nombres, n'est pas moins commode pour ceux qui ont rapport à la Géométrie. Ces derniers peuvent se mettre en équation comme les premiers, dès qu'on est parvenu à trouver

dans leur énoncé la relation des inconnues et des données ; mais il faut pour cela appeler à son secours quelques-unes des propriétés de l'espèce de grandeur que l'on
considère.

64. Par exemple, puisqu'un triangle est déterminé par
la connaissance de ses trois côtés, son aire doit l'être aussi
par ce moyen, et l'on peut se proposer cette question :

*Connaissant les trois cotés d'un triangle, trouver l'ex-
pression de son aire.*

L'aire d'un triangle étant égale à la moitié du produit
de sa base par sa hauteur, on voit d'abord que la question
se réduit à déterminer la hauteur ; et en abaissant dans le
triangle ABC (*fig.* 14) une perpendiculaire sur le côté
AC, pris pour base, on forme deux triangles rectangles
qui fournissent des relations entre les côtés AB, BC, la
perpendiculaire BD et les segments AD et DC, faits par
cette perpendiculaire.

En effet, si l'on désigne par c, c', c'' les côtés AB,
BC, AC du triangle, par t le segment AD et par u la
perpendiculaire BD, les triangles rectangles ABD, BDC
donneront

$$\overline{AB}^2 = \overline{BD}^2 + \overline{AD}^2, \quad \overline{BC}^2 = \overline{BD}^2 + \overline{DC}^2 ;$$

on observera, en outre, que, dans le premier triangle de
la figure,

$$DC = AC - AD = c'' - t,$$

et, dans le second,

$$DC = AD - AC = t - c''.$$

En mettant, au lieu des lignes, les lettres qui les représentent, et faisant attention que $(c'' - t)^2 = (t - c'')^2$, on
formera, pour l'un et l'autre triangle, les équations

$$c^2 = u^2 + t^2, \quad c'^2 = u^2 + (c'' - t)^2,$$

qui, ne renfermant que deux inconnues t et u, en déterminent les valeurs.

Si l'on développe la seconde équation, et qu'on la retranche de la première, les termes u^2 et t^2 disparaîtront; il viendra

$$c^2 - c'^2 = 2\,c''t - c''^2 \; (*),$$

d'où l'on tirera

$$t = \frac{c^2 - c'^2 + c''^2}{2\,c''};$$

et, l'équation $c^2 = u^2 + t^2$ donnant

$$u = \pm\sqrt{c^2 - t^2},$$

on en déduira, par la substitution de la valeur de t, celle de

$$u = \pm\sqrt{c^2 - \frac{(c^2 - c'^2 + c''^2)^2}{4\,c''^2}},$$

ou

$$u = \pm\frac{\sqrt{4\,c^2c''^2 - (c^2 - c'^2 + c''^2)^2}}{2\,c''},$$

pour l'expression de la hauteur BD, au moyen des trois côtés du triangle ABC.

Il ne reste plus qu'à la multiplier par la moitié de la base AC, ou $\frac{1}{2}c''$, pour obtenir l'aire du triangle proposé, et l'on aura

$$\tfrac{1}{2}c''u = \tfrac{1}{4}\sqrt{4\,c^2c''^2 - (c^2 - c'^2 + c''^2)^2},$$

en mettant pour u la valeur trouvée ci-dessus.

Telle est l'expression de l'aire d'un triangle par ses trois côtés. Lorsqu'on développe la quantité soumise au radical, on trouve, après les réductions,

$$2c^2c'^2 + 2\,c^2c''^2 + 2\,c'^2c''^2 - c^4 - c'^4 - c''^4,$$

(*) Je ferai remarquer que cette équation, mise sous la forme

$$c'^2 = c^2 + c''^2 - 2\,c''\,t,$$

présente, par rapport au côté c' ou BC, le théorème du n° 76 des *Éléments de Géométrie*.

résultat symétrique par rapport à chacun des côtés c, c', c''; ce qui devait être, puisque si l'on change ces côtés les uns dans les autres, l'aire du triangle proposé reste toujours la même. Mais on peut construire une formule beaucoup plus commode pour le calcul numérique, en observant que la quantité

$$4\,c^2 c''^2 - (c^2 - c'^2 + c''^2)^2,$$

étant la différence de deux carrés, se décompose dans les facteurs

$$2\,cc'' + c^2 + c''^2 - c'^2, \quad 2\,cc'' - c^2 - c''^2 + c'^2,$$

qui reviennent à

$$(c + c'')^2 - c'^2, \quad -(c - c'')^2 + c'^2,$$

et se décomposent eux-mêmes dans les quatre suivants :

$$c + c' + c'', \quad c + c'' - c', \quad c + c' - c'', \quad c' + c'' - c;$$

on a, par ce moyen,

$$\tfrac{1}{4}\sqrt{(c + c' + c'')(c' + c'' - c)(c + c'' - c')(c + c' - c'')}.$$

Maintenant, si l'on fait attention que

$$c' + c'' - c = (c + c' + c'') - 2\,c,$$
$$c + c'' - c' = (c + c' + c'') - 2\,c',$$
$$c + c' - c'' = (c + c' + c'') - 2\,c'',$$

et que l'on pose

$$c + c' + c'' = 2\,f,$$

on trouvera, enfin, que l'aire du triangle ABC est exprimée par

$$\tfrac{1}{4}\sqrt{2\,f \cdot 2\,(f - c) \cdot 2\,(f - c') \cdot 2\,(f - c'')},$$

et se réduit à

$$\sqrt{f\,(f - c)(f - c')(f - c'')};$$

formule aussi remarquable par l'utilité dont elle peut être

pour évaluer l'aire d'une figure plane quelconque, que par son élégance : elle montre que *l'aire d'un triangle est exprimée par la racine carrée du produit de la demi-somme des trois cotés, multipliée pas les différences entre cette demi-somme et chacun des cotés.*

65. Le procédé indiqué dans les n°s 234 et 268 des *Éléments de Géométrie,* pour trouver la hauteur entière d'une pyramide ou d'un cône tronqués par un plan parallèle à leur base, étant réduit en formule, conduit à une expression remarquable du volume de ce corps.

Si l'on désigne par a et b les deux côtés homologues des bases d'un tronc de pyramide, ou les rayons de celles d'un tronc de cône, par g la hauteur de ce tronc, par h la hauteur de la pyramide ou du cône entier, on aura la proportion

$$a - b : a :: g : h, \quad \text{d'où } h = \frac{ag}{a - b}.$$

La hauteur de la portion retranchée étant $h - g$, sera exprimée par

$$h - g = \frac{ag}{a - b} - g = \frac{bg}{a - b}.$$

Cela posé, les bases du tronc étant semblables, seront entre elles comme les carrés de leurs lignes homologues, en sorte que, nommant S la base inférieure et s la base supérieure, on aura

$$S : s :: a^2 : b^2, \quad \text{ou} \quad S : a^2 :: s : b^2.$$

Désignant ensuite par m le rapport des grandeurs S et a^2, il viendra

$$S = a^2 m, \quad s = b^2 m,$$

et les volumes du corps entier et du corps retranché seront exprimés respectivement par

$$\frac{1}{2} h S = \frac{1}{3} \frac{mga^3}{a - b}, \quad \frac{1}{3}(h - g) s = \frac{1}{3} \frac{mgb^3}{a - b}.$$

en mettant au lieu de S, s, h et $h - g$, les valeurs trouvées ci-dessus. Retranchant enfin la seconde expression de la première, on aura, pour le volume du tronc,

$$\frac{1}{3}\frac{mg(a^3 - b^3)}{a - b} = \frac{1}{3}mg(a^2 + ab + b^2) = \frac{1}{3}g(ma^2 + mab + mb^2),$$

Or, ma^2 et mb^2 étant déjà les bases inférieure et supérieure du tronc, on fera $ab = c^2$, afin que le terme $mab = mc^2$ exprime l'aire d'une figure semblable à ces bases; et comme $c = \sqrt{ab}$, le côté, ou le rayon de cette figure, sera une moyenne proportionnelle entre les lignes a et b.

Il suit donc du résultat précédent, que le *volume d'un tronc de pyramide ou de cône est égal au tiers de sa hauteur, multiplié par la somme des aires de ses deux bases et d'une figure semblable, construite sur un côté ou sur un rayon moyen proportionnel entre ceux de ces bases;* et comme $mab = \sqrt{ma^2 . mb^2}$, on voit que l'aire de cette figure est moyenne proportionnelle entre celle des bases. Si l'on élève sur ces trois figures des pyramides ou des cônes de même hauteur que le tronc proposé, la somme de leurs volumes sera équivalente à celui de ce tronc.

66. Dans les questions précédentes, on avait en vue un résultat numérique; quelquefois on cherche des lignes.

Qu'on se propose, par exemple, d'inscrire un carré DEGF dans un triangle ABC (*fig.* 24), il faudra supposer la question résolue, et chercher ensuite entre les lignes données immédiatement par le triangle et le côté du carré, une relation qui puisse s'exprimer algébriquement.

Pour cela, on abaissera la perpendiculaire BH, que l'on regardera comme connue, puisqu'on sait la mener; et comparant les triangles semblables BAC et BDE, BAH et BDI, on formera les proportions

$$AB : BD :: AC : DE,$$
$$AB : BD :: BH : BI,$$

qui conduisent à

$$AC : DE :: BH : BI.$$

Cette dernière donne une relation entre les lignes connues AC, BH et les lignes inconnues BI, DE; mais BI dépend de DE, car $BI = BH - IH$, et, par la définition du carré, $IH = DE$: désignant donc par a et b les données AC et BH, et par x l'inconnue IH ou DE, on aura

$$a : x :: b : b - x,$$

d'où

$$bx = ab - ax.$$

De cette équation du premier degré, on conclut

$$x = \frac{ab}{a + b}.$$

Lorsque les droites a et b sont rapportées à une commune mesure, ou exprimées en nombres, la formule ci-dessus donne, par des opérations arithmétiques, le nombre qui exprime la longueur de la droite IH ; prenant ce nombre sur la droite BH, on aura le point I, par lequel il faudra mener la droite DE.

Il n'est pas nécessaire, pour déterminer le point I, de recourir aux nombres, parce que les opérations indiquées dans l'expression de x peuvent s'effectuer sur les lignes. On voit en effet que cette inconnue est le quatrième terme de la proportion

$$a + b : a :: b : x,$$

et que par conséquent tout se réduit à trouver une quatrième proportionnelle aux trois lignes

$$a + b, \quad a \text{ et } b.$$

On regarde en général comme élégant de lier avec la figure qui contient les données du problème, les opérations qu'il faut effectuer pour en obtenir la solution ; on peut en conséquence, dans la question présentée, employer l'angle droit CHB à la détermination de la quatrième proportionnelle à trouver. On portera donc sur HC prolongée,

$$1^\circ \quad \mathrm{HL} = a = \mathrm{AC}, \qquad 2^\circ \quad \mathrm{LK} = b = \mathrm{BH};$$

tirant BK, puis menant IL parallèlement à BK, le point I, pour lequel on aura

$$\mathrm{HK} : \mathrm{HL} :: \mathrm{BH} : \mathrm{IH},$$

appartiendra au côté DE du carré DEGF.

67. On peut atteindre de la même manière à des questions d'un degré supérieur au premier.

On sait que diviser une ligne en moyenne et extrême raison, c'est la partager de manière que l'un des segments soit moyen proportionnel entre la ligne entière et l'autre segment; pour résoudre algébriquement ce problème, on désignera la ligne entière par a, le segment inconnu par x; l'autre segment sera $a - x$, et l'on aura

$$a : x :: x : a - x,$$

d'où l'on conclura

$$a^2 - ax = x^2 :$$

en résolvant cette équation, on en tirera

$$x = -\tfrac{1}{2} a \pm \sqrt{a^2 + \tfrac{1}{4} a^2}.$$

Les opérations indiquées dans cette solution peuvent s'effectuer sur les lignes, au moyen du triangle rectangle; car, $a^2 + \tfrac{1}{4} a^2$ étant la somme des carrés des lignes a et $\tfrac{1}{2} a$, le radical $\sqrt{a^2 + \tfrac{1}{4} a^2}$ est l'hypoténuse AC (*fig.* 25) du triangle rectangle construit sur les côtés AB $= a$, BC $= \tfrac{1}{2} a$. Il ne s'agit, pour obtenir les deux valeurs de x, que de combiner, par soustraction et par addition, la ligne AC avec la ligne BC $= \tfrac{1}{2} a$, ce qui s'effectuera en portant BC de C en D sur AC, et de C en D′ sur son prolongement; car on aura

$$\mathrm{AD} = \mathrm{AC} - \mathrm{CD} = \sqrt{a^2 + \tfrac{1}{4} a^2} - \tfrac{1}{2} a, \quad \text{d'où} \quad x = \mathrm{AD},$$

$$\mathrm{AD}' = \mathrm{AC} + \mathrm{CD} = \sqrt{a^2 + \tfrac{1}{4} a^2} + \tfrac{1}{2} a, \quad \text{d'où} \quad x = -\mathrm{AD}'.$$

La droite AD rapportée en E, sur AB, par un arc de cercle, est la solution donnée dans le n° 132 des *Éléments de Géométrie* ; et en mettant l'équation

$$a^2 - ax = x^2$$

sous la forme

$$a^2 = ax + x^2,$$

on en tire la proportion

$$x + a : a :: a : x,$$

qui revient à

$$AD' : AB :: AB : AD,$$

puisque

$$AD' = AD + 2\,BC = AD + AB.$$

Il suit de là que la ligne AD' est aussi partagée en moyenne et extrême raison au point D, et que le plus grand segment DD' est égal à la ligne donnée AB. On verra plus loin (77) l'énoncé auquel répondent en même temps les deux valeurs de x, et ce que signifie le signe — qui affecte la seconde.

Les exemples précédents suffisent pour montrer que la résolution algébrique des problèmes déterminés de Géométrie présente des circonstances analogues à celle des problèmes relatifs aux nombres. Il faut d'abord mettre la question en équation, et tirer l'expression de l'inconnue ; mais, au lieu d'employer le calcul arithmétique pour évaluer cette expression, il faut effectuer sur les lignes connues, des opérations graphiques correspondantes à celles qui sont indiquées par les signes algébriques. Dans la question du n° 66, dont l'équation n'était que du premier degré, c'est par les lignes proportionnelles qu'on a déterminé l'inconnue, et pour la question ci-dessus, dont l'équation montait au second degré, on a eu recours à la propriété du triangle rectangle. Ces déterminations sont ce qu'on appelle la *construction* des valeurs de l'inconnue ;

et je vais'en exposer les principes, qui sont communs à toutes les questions de ces deux degrés.

68. C'est une remarque générale, et qu'on aura souvent occasion de vérifier, que lorsqu'il n'entre que des lignes dans l'énoncé d'une question où la quantité cherchée est elle-même une ligne, l'expression de celle-ci renferme toujours un facteur de plus dans le numérateur que dans le dénominateur, et chacune de ces quantités est composée de termes homogènes entre eux. L'expression de t, trouvée dans le n° 64, remplit cette condition : les termes de son numérateur ont deux facteurs, et ceux de son dénominateur un seul.

Il suit de là que lorsque l'expression d'une ligne quelconque ne contient point de radicaux, on peut, en représentant par des lignes toutes les quantités qu'elle renferme, obtenir la longueur de la première sans recourir aux nombres, et seulement en cherchant avec la règle et le compas des quatrièmes proportionnelles à des lignes données : pour le prouver, il suffira de l'exemple suivant.

Soit

$$t = \frac{abc + d^3 - e^2 f}{gh + i^2};$$

cette expression, dont le numérateur est composé de termes contenant chacun trois facteurs, tandis que les termes du dénominateur n'en ont que deux, appartient, d'après la remarque ci-dessus, à une ligne. Si l'on fait

$$abc = kd^2, \quad e^2 f = k'd^2,$$
$$gh = k''d, \quad i^2 = k'''d,$$

on aura

$$t = \frac{d^2 (k + d - k')}{d (k'' + k''')} = \frac{d (k + d - k')}{(k'' + k''')};$$

on obtiendra donc t en cherchant une quatrième proportionnelle aux trois lignes $k'' + k'''$, $k + d - k'$ et d, lorsque les lignes inconnues, représentées par k, k', k'', k''', seront déterminées. Or les équations posées ci-dessus conduisent à

$$k = \frac{abc}{d^2} = \frac{ab}{d} \times \frac{c}{d}, \quad k' = \frac{e^2 f}{d^2} = \frac{ef}{d} \times \frac{e}{d},$$

$$k'' = \frac{gh}{d}, \qquad k''' = \frac{i^2}{d},$$

valeurs qui se forment par les proportions

$$d : a :: b : \frac{ab}{d}, \qquad d : c :: \frac{ab}{d} : \frac{abc}{d^2} = k,$$

$$d : e :: f : \frac{ef}{d}, \qquad d : e :: \frac{ef}{d} : \frac{e^2 f}{d^2} = k',$$

$$d : g :: h : \frac{gh}{d} = k'', \quad d : i :: i : \frac{i^2}{d} = k''';$$

cherchant donc le quatrième terme de chacune, par les lignes proportionnelles, on aura successivement les longueurs des lignes représentées par

$$\frac{ab}{d}, \quad \frac{abc}{d^2}, \quad \frac{ef}{d}, \quad \frac{e^2 f}{d^2}, \quad \frac{gh}{d}, \quad \frac{i^2}{d},$$

qui donneront

$$k, \quad k', \quad k'' \quad \text{et} \quad k''',$$

et avec celles-ci on trouvera t.

On reconnaît sans peine que l'esprit de la méthode dont je viens de faire usage pour construire une expression algébrique, consiste à transformer le numérateur et le dénominateur de cette expression, en produits d'un certain nombre de facteurs simples ou du premier degré, ce qui est toujours possible par les moyens que j'ai employés.

Il y a des cas où la transformation peut s'effectuer immédiatement, sans qu'il soit besoin d'y introduire des indéterminées : tel est celui de l'expression

$$t = c\,\frac{(a^2 - b^2)}{a^2 + b^2},$$

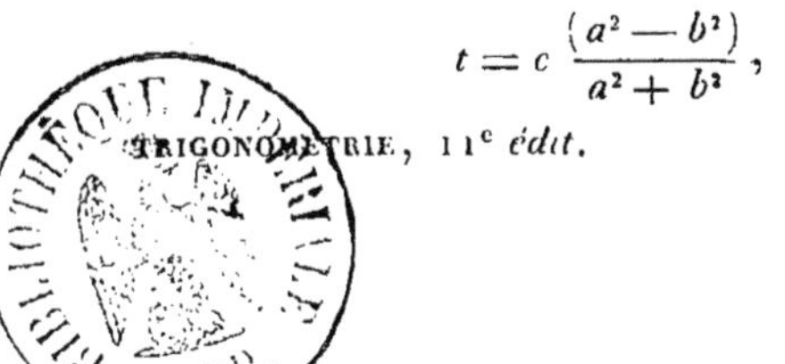

dont le numérateur équivaut à

$$c\,(a+b)\,(a-b),$$

et dont le dénominateur peut s'écrire ainsi :

$$\sqrt{a^2+b^2}\times\sqrt{a^2+b^2};$$

il vient alors

$$t=\frac{(a-b)\,(a+b)\,c}{\sqrt{a^2+b^2}\,\sqrt{a^2+b^2}},$$

ce qui s'obtient par les proportions

$$\sqrt{a^2+b^2}:a+b::c:\frac{(a+b)\,c}{\sqrt{a^2+b^2}},$$

$$\sqrt{a^2+b^2}:a-b::\frac{(a+b)\,c}{\sqrt{a^2+b^2}}:\frac{(a-b)\,(a+b)\,c}{\sqrt{a^2+b^2}\,\sqrt{a^2+b^2}}.$$

Le radical employé dans ce calcul se construit facilement, car il exprime l'hypoténuse d'un triangle rectangle dont les côtés sont a et b. (*Voyez*, à la fin de l'ouvrage, la note **D**.)

69. Le triangle rectangle et le cercle fournissent les moyens de construire la racine carrée d'une quantité quelconque exprimée en lignes. L'usage du premier est évident, lorsque la quantité comprise sous le radical est la somme ou la différence de deux carrés. En effet, on a, dans ce cas,

$$\sqrt{a^2+b^2}\quad\text{ou}\quad\sqrt{a^2-b^2};$$

l'une de ces expressions peut être regardée comme l'hypoténuse d'un triangle rectangle dont les côtés sont a et b, et l'autre comme l'un des côtés adjacents à l'angle droit, dans un triangle de même nature, dont l'hypoténuse serait a, et le troisième côté b.

On construira, par une suite de ces triangles, l'expression $\sqrt{a^2+b^2+c^2+d^2}$; ayant obtenu d'abord $\sqrt{a^2+b^2}$, on représentera cette ligne par α, ce qui donnera

$$a^2 + b^2 = \alpha^2,$$

et la quantité proposée deviendra

$$\sqrt{\alpha^2 + c^2 + d^2}.$$

On construira le radical $\sqrt{a^2 + c^2}$ comme le précédent, et nommant β le résultat de cette opération, on aura

$$\alpha^2 + c^2 = \beta^2;$$

il ne restera plus qu'à trouver $\sqrt{\beta^2 + d^2}$, ce qui se fera en prenant l'hypoténuse du triangle rectangle dont les côtés sont β et d. Il est facile d'étendre ce procédé au cas où le radical à construire contiendrait un nombre quelconque de carrés.

70. Je passe maintenant à l'emploi du cercle dans l'extraction des racines carrées. On sait que la perpendiculaire élevée sur un diamètre est moyenne proportionnelle entre les deux segments de ce diamètre (*Géom.*, 130) : on obtiendrait donc $\sqrt{ab}$ en faisant (*fig.* 26)

$$AP = a, \quad BP = b,$$

et décrivant un cercle sur la somme AB de ces deux lignes prise pour diamètre; la perpendiculaire PM, élevée par le point P, étant moyenne proportionnelle entre AP et BP, sera $\sqrt{ab}$.

On peut encore trouver une moyenne proportionnelle entre deux lignes quelconques a et b, en prenant la plus grande des deux pour le diamètre AB du cercle, et portant l'autre de A en P; élevant ensuite l'ordonnée PM, et tirant la corde AM, ce sera la moyenne proportionnelle demandée (*Géom.*, 131).

A l'aide de ces méthodes, on construira tous les radicaux du second degré, quelle que soit la quantité qu'ils renferment. Soit, par exemple,

$$\sqrt{a^2 + bc - \dfrac{def}{g}},$$

on fera

$$bc = ak, \qquad \dfrac{def}{g} = ak';$$

l'expression proposée deviendra

$$\sqrt{a^2 + ak - ak'} = \sqrt{(a + k - k')a},$$

et, pour l'obtenir, il suffira de prendre une moyenne proportionnelle entre les lignes $a + k - k'$ et a : il est d'ailleurs évident que les quantités k et k' se détermineront par les lignes proportionnelles, d'après ce qui a été dit n° 68, puisque les équations dont elles dépendent donnent

$$k = \frac{bc}{a}, \qquad k' = \frac{def}{ag},$$

et conduisent, par conséquent, aux proportions

$$a : b :: c : \frac{bc}{a} = k,$$

$$a : d :: e : \frac{de}{a}, \qquad g : f :: \frac{de}{a} : \frac{def}{ag} = k'.$$

71. La quantité que l'on se propose de construire pourrait ne pas être homogène, mais cela n'arrivera que lorsqu'on aura fait quelques lignes égales à l'unité, ou que l'on aura représenté un nombre par une lettre, ou une ligne par un nombre, et les méthodes indiquées ci-dessus ne seront pas arrêtées par cette circonstance, pourvu qu'on fasse reparaître, dans tous les termes où elle devait se trouver, et avec des exposants convenables, la ligne prise pour unité.

Si l'on avait $\sqrt{a + \dfrac{bc}{d^2}}$, et que l'on sût, par l'énoncé de la question qui aurait conduit à cette expression, qu'elle doit appartenir à une ligne, on verrait que chacun des termes compris sous le radical devrait être du second degré, et que par conséquent, en désignant l'unité par n, il faudrait écrire an au lieu de a, et $\dfrac{bcn^3}{d^3}$ au lieu de $\dfrac{bc}{d^3}$, ce qui ne change rien à la grandeur absolue de ces quantités, puisque $n = 1 = n^3$, et en général $n^m = 1$, quelle que soit m. On aurait de cette manière

$$\sqrt{an + \frac{bcn^3}{d^3}} = \sqrt{n\left(a + \frac{bcn^2}{d^3}\right)},$$

qui se construirait facilement.

J'observerai que, d'après ce qui précède, on pourrait extraire, par une opération graphique, la racine carrée d'un nombre quelconque, en prenant une moyenne proportionnelle entre deux lignes, dont l'une représenterait l'unité, et l'autre aurait avec celle-ci le rapport marqué par le nombre proposé. $\sqrt{\frac{7}{5}}$, par exemple, s'obtiendrait en prenant une moyenne proportionnelle entre deux lignes, dont une serait les $\frac{7}{5}$ de l'autre, puisque $\sqrt{\frac{7}{5}} = \sqrt{1 \times \frac{7}{5}}$.

72. Rien n'est plus facile maintenant que de construire l'expression des racines de l'équation $x^2 - ax = \pm b^2$, qui comprend toutes celles du second degré. En effet, en tirant la valeur de x, on a

$$x = \tfrac{1}{2}a \pm \sqrt{\tfrac{1}{4}a^2 + b^2},$$

lorsque b^2 a le signe $+$; il ne s'agit que de construire le radical $\sqrt{\tfrac{1}{4}a^2 + b^2}$ (69), et de prendre ensuite la somme et la différence du résultat et de la ligne $\tfrac{1}{2}a$, pour obtenir la grandeur de chacune des racines de la proposée.

Quand b^2 a le signe $-$, on trouve

$$x = \tfrac{1}{2}a \pm \sqrt{\tfrac{1}{4}a^2 - b^2};$$

la construction de ce cas ne diffère de celle du précédent, qu'en ce que le radical est exprimé par l'un des côtés de l'angle droit d'un triangle rectangle, au lieu de l'être par l'hypoténuse, et que ce triangle cesse d'exister si $\frac{1}{2} a < b$, parce que si l'on prend alors sur l'un des côtés de l'angle droit ABC (*fig.* 27), une grandeur AB $= b$, le cercle DE, décrit du point A comme centre, avec un rayon moindre que AB, n'atteint pas l'autre côté BC. Cette circonstance s'accorde avec la théorie des équations du second degré, qui donne des racines imaginaires pour le cas dont il s'agit.

On pourra appliquer ce qui précède à la question suivante : *Étant donnée la somme ou la différence de deux côtés contigus d'un rectangle et son aire, construire ce rectangle.*

En effet, soient b^2 l'aire du rectangle demandé, a la somme ou la différence de ses côtés contigus, et x l'un d'eux ; l'autre sera exprimé par $a - x$ dans le premier cas, et par $a + x$ dans le second ; l'aire sera $(a - x)x$ pour le premier cas, et $(a + x)x$ pour le second cas, en sorte qu'on aura ces deux équations :

$$ax - x^2 = b^2, \quad ax + x^2 = b^2,$$

lesquelles, étant résolues, donneront des valeurs de x constructibles par la méthode précédente.

73. Il n'est pas nécessaire de résoudre les équations du second degré pour en trouver graphiquement les racines ; on les obtient immédiatement par les propriétés des lignes droites qui se coupent dans le cercle.

L'équation $x^2 + ax = b^2$, étant mise sous la forme

$$x(x + a) = b^2,$$

se rapporte à la propriété des sécantes et des tangentes qui partent d'un même point (*Géom.*, 128) ; car, si l'on décrit (*fig*. 28), sur un rayon $CB = \frac{1}{2} a$, un cercle, qu'on lui mène une tangente BA dont la longueur soit b, et que par les points A et C on tire une sécante AC, en nommant x la ligne AD, on aura évidemment

$$AD' = AD + DD' = AD + 2\,CB = x + a\,;$$

et la propriété citée plus haut donnant $AD \times AD' = \overline{AB}^2$, il en résultera

$$x(x + a) = b^2,$$

ce qui est l'équation proposée.

Si l'on avait $x^2 - ax = b^2$, il faudrait faire $x = AD'$; il s'ensuivrait que

$$AD = x - a, \quad \text{et} \quad x(x - a) = b^2.$$

La construction présente n'étant sujette à aucune exception, montre que tant que b^2 sera positif dans le second membre, en même temps que x^2 l'est dans le premier, les racines de l'équation proposée seront toujours réelles.

L'équation

$$x^2 - ax = - b^2$$

se change en

$$ax - x^2 = b^2,$$

et peut alors s'écrire ainsi :

$$x(a - x) = b^2.$$

Sous cette dernière forme elle se rapporte à la propriété des cordes qui se coupent dans le cercle ; car, si l'on décrit, sur un diamètre $AB = a$ (*fig*. 29), un cercle, qu'on élève au point A une perpendiculaire $AC = b$, qu'on tire ensuite CM parallèle à AB, et que par les points M et M′, où CM rencontre le cercle, on abaisse sur AB les perpendiculaires PM et P′M′, on aura

$$AP \times BP = AP\,(AB - AP) = \overline{PM}^2,$$

ou

$$AP\,(a - AP) = b^2,$$

puis

$$AP' \times BP' = AP'\,(AB - AP') = \overline{P'M'}^2,$$

ou

$$AP'\,(a - AP') = b^2.$$

En prenant donc successivement pour x les points AP et AP', on retombera sur l'équation proposée

$$ax - x^2 = b^2;$$

et, par conséquent, les droites AP et AP', obtenues par les procédés ci-dessus, sont les valeurs de l'inconnue x.

Il est visible que quand AC surpassera le rayon du cercle, ou $\frac{1}{2}a$, la droite CM ne rencontrera plus le cercle et ne fournira, par conséquent, aucune détermination; mais alors les racines de l'équation proposée seront imaginaires.

Les racines de l'équation

$$x^2 + ax = - b^2$$

ne diffèrent de celles de l'équation

$$x^2 - ax = - b^2,$$

que parce qu'elles sont affectées du signe —; mais leur grandeur s'obtiendra toujours par la construction que je viens d'indiquer.

74. Dans l'application de l'Algèbre à la Géométrie, le signe — s'interprète, en général, comme à l'égard des nombres, en renversant d'une certaine manière l'énoncé de la question, ou en prenant les lignes qui en sont affectées, dans un sens contraire à celui où on les avait supposées d'abord.

Avant d'aller plus loin, je dois rappeler que les quantités négatives tirent leur origine des soustractions qui
ne peuvent s'effectuer dans l'ordre où elles sont indiquées, parce que la quantité à retrancher se trouve plus
grande que celle dont on doit la retrancher. On reconnaît
par cette circonstance qu'il y avait erreur dans l'énoncé
de la question, ou au moins dans son application au cas
particulier que l'on a eu en vue; et en redressant cette
erreur, c'est-à-dire en modifiant l'énoncé de manière à
rendre possible la soustraction qui n'a pu s'exécuter, on
parvient à un résultat positif : mais pour certaines questions, pour toutes celles qui mènent à des équations du
premier degré par exemple, on n'a pas besoin de prendre
cette peine. Le signe du résultat indique lui-même le
renversement dont l'énoncé est susceptible; et les valeurs
négatives, employées conformément aux règles établies
pour effectuer les opérations sur les quantités affectées du
signe —, satisfont aussi bien aux questions que celles qui
sont positives : c'est pour cela que l'on a changé la dénomination de *racines fausses,* que les analystes donnaient
autrefois aux racines négatives des équations.

C'est donc aussi par la soustraction que l'on doit ex-
pliquer, sur les figures géométriques, les valeurs négatives que l'Algèbre donne à certaines lignes, et pour
soustraire une ligne d'une autre, il suffit de porter la première sur la seconde, à partir de l'une des extrémités de
celle-ci; mais il y a, sur cette opération graphique,
quelques observations à faire, qui tiennent à la manière
dont les lignes se décrivent.

Soit d'abord CD (*fig.* 30) la ligne à soustraire de AB;
comme la première est moindre que la seconde, en portant cette première de B en *c*, leur différence A*c* sera
placée à la droite du point A; mais si l'on avait à retrancher C'D', plus grande que AB, et qu'on portât toujours sur AB, à partir de la même extrémité B, la ligne

à retrancher, la différence des deux droites proposées serait marquée en A c', sur le prolongement de AB, et serait placée à gauche du point A, c'est-à-dire du côté opposé au résultat Ac de la première opération : c'est à ce changement de situation que répond le signe —.

Il semblerait, au premier coup d'œil, que l'on devrait effectuer la soustraction indiquée sur les lignes C$'$D$'$ et AB, en portant la plus petite sur la plus grande ; car c'est ce que l'on fait sur les nombres, lorsqu'on ôte le plus petit du plus grand ; mais il faut observer, à l'égard des lignes, qu'elles sont, en général, employées à marquer des distances à un certain point auquel on en rapporte d'autres, et qu'on regarde comme fixe : elles prennent donc leur accroissement par l'extrémité opposée à ce point, et alors la soustraction, qui, par sa nature, est inverse de l'addition, de laquelle résultent, en général, les accroissements, doit s'opérer aussi en sens inverse de celle-ci, et, par conséquent, en allant vers le côté où les lignes diminuent. De là vient que si le point A sur la droite AB est le point fixe dont je parle, la soustraction de CD ou de C$'$D$'$ doit s'opérer à partir du point B. La continuité des lignes et la possibilité de les prolonger indéfiniment dans les deux sens donnent à leur égard le moyen d'opérer, comme on vient de le voir, la soustraction de la même manière, quoique la quantité à soustraire soit devenue la plus grande des deux. Voici un problème fort simple, qui confirmera ce qu'on vient de lire.

75. *Mener dans un triangle donné* ABC (fig. 31), *parallèlement au côté* AC, *une ligne* DE *qui soit égale à une ligne donnée* MN.

Les côtés du triangle étant donnés, je ferai

$$AB = a, \quad AC = b, \quad MN = c,$$

et je prendrai pour inconnue la distance AD, parce que la position d'une ligne parallèle à une ligne donnée est déterminée par un seul de ses points. En posant

$$AD = x,$$

j'aurai

$$BD = a - x,$$

et les triangles semblables BAC et BDE donneront

$$AB : AC :: BD : DE,$$

ou

$$a : b :: a - x : c;$$

donc

$$ab - bx = ac,$$

$$x = \frac{ab - ac}{b} = \frac{a(b - c)}{b}.$$

La valeur de x se construit (68) en retranchant de $AC = b$ la droite $CF = c$, puis tirant FD parallèle à CB ; car la similitude des triangles ABC, ADF fournit cette proportion,

$$AC : AB :: AF : AD,$$

$$b : a :: b - c : x = \frac{a(b - c)}{b}.$$

Si la ligne MN devenait plus grande que AC, elle ne pourrait plus trouver place dans l'intérieur du triangle ABC ; il faudrait prolonger les côtés AB et BC ; mais alors le point D passerait en D′, de l'autre côté du point A, et c'est précisément ce qu'indiquent le calcul et la construction.

Substituons, en effet, M′N′ $>$ AC à MN ; la quantité $b - c$ sera négative ; mais en faisant la soustraction des lignes, encore à partir du point C, comme il a été indiqué dans le numéro précédent, le point F passera en F′, et la ligne F′D′, menée par le point F′, parallèlement à

AC, ne pourra rencontrer que le prolongement du côté AB en D′.

76. En général, toutes les fois qu'il s'agit de distances rapportées à un point fixe et comptées sur une même ligne, ou sur des lignes parallèles, celles qui sont affectées du signe — doivent se prendre dans un sens opposé à celles qui sont affectées du signe +.

En effet, si l'on considère la situation respective de deux points dont les distances à une droite quelconque soient exprimées par $a + b$ et $a - c$, il est évident que la distance mutuelle de ces points est $b + c$, puisque $a + b - (a - c) = b + c$; et pour les placer de cette manière par rapport à une droite quelconque A′B′ (*fig.* 32), il faut tirer d'abord, soit d'un côté, soit de l'autre de cette ligne, à une distance $AA' = a$, une parallèle AB, puis mener ensuite deux autres lignes parallèles à celles-ci, l'une QM, en dehors des premières et à une distance $AQ = b$, l'autre Q′M′, en dedans et à une distance $AQ' = c$. Par ce moyen, tous les points, tels que M et M′, placés aux rencontres des dernières parallèles et d'une perpendiculaire à la ligne A′B′, auront entre eux la distance exigée, et se trouveront dans une situation opposée par rapport à la parallèle intermédiaire AB, de laquelle leurs éloignements respectifs sont marqués par $+ b$ et $- c$. Il est facile de voir qu'ils seraient tous deux du même côté de AB, si leurs distances à la ligne A′B′ étaient exprimées par $a + b$ et $a + c$, parce qu'alors leur distance mutuelle serait $b - c$.

C'est ainsi que les sinus, qui sont les distances des extrémités des arcs au diamètre AA′ (*fig.* 10), et les cosinus, qui sont les distances au diamètre BB′, changent de signe en passant d'un côté à l'autre de ces diamètres (**23**). La tangente suit la même loi à l'égard du diamètre AA′, et par la même raison.

77. Ces considérations ne s'appliquent pas aussi immédiatement à la sécante, parce que sa direction change à chaque instant : cependant elle n'en a pas moins un signe propre à ses diverses situations, et qui se tire de l'expression séc $a = \dfrac{R^2}{\cos a}$ (9), dont le signe est le même que celui du cosinus (*).

Les droites AD et AD′ (*fig.* 25), qui représentent les racines de l'équation du second degré $a^2 - ax = x^2$ (67), quoique appartenant à des valeurs de signes différents, ne sont pas opposées ; mais s'il s'agissait de les appliquer à la solution d'un problème où elles seraient considérées comme des distances à un point fixe, mesurées sur une ligne de direction constante, il faudrait les porter de différents côtés de ce point, d'après la règle du n° 76.

En effet, le problème du n° 67, par exemple, peut être énoncé ainsi :

Trouver sur la droite AB = a *un point* E *tel, que sa distance* AE *au point* A *soit moyenne proportionnelle entre sa distance à l'autre extrémité* B *et la ligne entière* AB. Les deux valeurs de l'inconnue étant alors AD et AD′, la dernière qui se trouve affectée du signe — doit être portée en AE′, au delà du point A, par rapport au point B. Cette conclusion est facile à vérifier, car la valeur de AD′ répondant à — x dans l'équation

$$a^2 - ax = x^2,$$

vérifie l'équation

$$a^2 + ax = x^2,$$

(*) On peut, ce me semble, donner une explication assez naturelle des changements de signe de la sécante, en observant que cette ligne prend réellement une situation opposée, lorsqu'elle atteint la tangente par l'extrémité opposée à celle où elle y arrivait d'abord. En effet, dans les arcs AM′ et AM″, pour lesquels l'expression de la sécante est négative, ce n'est plus le rayon CM qui atteint la tangente NN′, mais le rayon opposé.

qui résulte du changement de $+x$ en $-x$; et cette dernière équation fournit la proportion

$$a + x : x : : x : a,$$

qui revient à

$$AB + AE', \quad \text{ou} \quad BE' : AE' : : AE' : AB.$$

Le problème suivant est encore très-propre à faire connaître comment il faut interpréter les diverses solutions qu'offre une même équation.

78. *Par un point* E (fig. 33) *placé comme on voudra à l'égard de deux droites* AB *et* AC *perpendiculaires entre elles, mener une droite de manière que la partie* D′F′, *interceptée entre les deux premières, soit d'une grandeur donnée* m.

Pour connaître la position de la ligne D′ F′ déjà assujettie à passer par le point donné E, il ne faut qu'en déterminer un autre point, qu'on peut choisir comme on voudra ; je prendrai pour cela AD′, et puisque le point E est donné, je supposerai connues les lignes GE et HE, menées de ce point parallèlement aux lignes AB et AC : je ferai, en conséquence,

$$GE = a, \quad HE = b, \quad AD' = y.$$

Cela posé, les triangles semblables EGD′ et F′AD′ donnent

$$GD' : GE : : AD' : AF';$$

mais

$$GD' = AD' - AG = AD' - HE = y - b;$$

donc

$$y - b : a : : y : AF' = \frac{ay}{y - b}.$$

Le triangle F′AD′, étant rectangle en A, fournit l'équation

$$\overline{AD'}^2 + \overline{AF'}^2 = \overline{D'F'}^2,$$

qui, par la substitution des valeurs de AD′, AF′ et D′F′, devient

$$y^2 + \frac{a^2 y^2}{(y - b^2)^2} = m^2,$$

et

$$(1) \quad y^4 - 2\,by^3 + (b^2 + a^2 - m^2)\,y^2 + 2\,bm^2\,y - b^2 m^2 = 0,$$

lorsqu'elle est développée et ordonnée.

Cette équation monte au quatrième degré, parce que la question proposée a, en général, quatre solutions. On voit en effet, par l'inspection de la figure, que l'on peut remplir de quatre manières différentes les conditions du problème proposé, savoir :

Par les deux lignes D′F′ et D″F″, menées dans l'angle droit BAC, où se trouve placé le point E ;

Puis par les deux lignes D‴F‴ et D⁗F⁗, menées dans les angles CAB′ et BAC′, adjacents à l'angle BAC.

Il n'est pas difficile de voir que les solutions de l'angle BAC peuvent devenir impossibles, lorsque la grandeur m est au-dessous d'une certaine limite qui dépend de la position du point E, à l'égard des droites AB et AC, mais que les deux autres solutions seront toujours réelles ; car les lignes F‴D‴ et F⁗D⁗ peuvent passer par le point A, ce qui les rendrait nulles, ou devenir parallèles, l'une à AB, l'autre à AC, et par conséquent infinies.

Il n'est pas moins évident que la question se simplifierait, sans perdre aucune de ses solutions, si l'on prenait le point E à égale distance des droites AC et AB ; car il suffirait alors de connaître une de celles de l'angle BAC et une des deux autres pour les obtenir toutes les quatre.

Si l'on savait mener D′F′ par exemple, on en conclurait D″F″, en prenant AF″ = AD′, à cause que le point E serait semblablement placé à l'égard des deux droites AC et AB ; et l'on déduirait, par la même raison, D⁗F⁗ de D‴F‴, en prenant AF⁗ = AD‴.

D'après cette remarque, je ferai GE = HE, ou $a = b$, et l'équation (1) deviendra

$$(2) \qquad y^4 - 2ay^3 + 2a^2y^2 - m^2(y^2 - 2ay + a^2) = 0.$$

On ne voit pas encore comment elle peut être résolue plus facilement que la première; mais la relation observée ci-dessus, entre les diverses solutions, va mettre la chose en évidence.

Les triangles $D'AF'$ et $D''AF''$, $D'''AF'''$ et $D''''AF''''$, étant égaux, il s'ensuit que les angles $D'F'A$ et $D''F''A$, $D'''F'''A$ et $D''''F''''A$ sont compléments l'un de l'autre, et que par conséquent, dès que l'on connaîtra les angles $D'F'A$, $D'''F'''A$, on aura les deux autres, et toutes les solutions de la question seront connues. Mais puisqu'on n'a de cette manière que deux solutions à trouver immédiatement, il est avantageux de déterminer l'angle que la droite comprise entre les lignes AB et AC doit faire avec l'une de ces lignes, avec AB par exemple.

En prenant pour inconnue la tangente de cet angle, le triangle $D'EG$ montre que

$$\operatorname{tang} D'F'A + \operatorname{tang} D'EG = \frac{D'G}{GE} = \frac{y - b}{a} = \frac{y - a}{a}.$$

Si l'on fait $\dfrac{y - a}{a} = z$, on aura

$$y = az + a,$$

et, substituant cette valeur dans l'équation (2), il viendra, après les réductions,

$$a^4 z^4 + 2a^4 z^3 + (2a^4 - a^2 m^2) z^2 + 2a^4 z + a^4 = 0,$$

ou

$$(3) \qquad z^4 + 2z^3 + \frac{(2a^2 - m^2)}{a^2} z^2 + 2z + 1 = 0.$$

Il est maintenant visible que si la quantité z' satisfait

à cette équation, la quantité $\frac{1}{z}$, y satisfera pareillement (*),
et, en l'écrivant ainsi,

$$z^4 + 2z^3 + 2z^2 + 2z + 1 = \frac{m^2}{a^2} z^2,$$

on reconnaît sans peine qu'en ajoutant z^2 à chaque membre, le premier devient un carré parfait,

$$z^4 + 2z^3 + 2z^2 + 2z + 1 + z^2 = (z^2 + z + 1)^2 :$$

on a donc

$$(z^2 + z + 1)^2 = \frac{m^2}{a^2} z^2 + z^2,$$

d'où

$$z^2 + z + 1 = \pm z \sqrt{\frac{m^2}{a^2} + 1},$$

ce qui revient à

$$z^2 + \frac{a \mp \sqrt{m^2 + a^2}}{a} z + 1 = 0.$$

Cette équation doit être considérée comme équivalente à deux équations du second degré, à cause des deux valeurs dont le coefficient de son second terme est susceptible; et faisant, pour abréger, $\sqrt{m^2 + a^2} = n$, on en tire successivement

$$z^2 + \frac{a - n}{a} z + 1 = 0,$$

$$z^2 + \frac{a + n}{a} z + 1 = 0.$$

Si l'on désigne par z', z'' les deux racines de la première, et par z''', z'''' celles de la seconde, on aura, en

---

(*) Cette équation est de celles qu'on nomme *réciproques*. On trouve dans le *Complément des Éléments d'Algèbre* la manière de les abaisser autant qu'il est possible ; et, par la transformation indiquée à cet effet, la proposée se réduit sur-le-champ au second degré.

vertu du dernier terme égal à l'unité,

$$z' z'' = 1, \quad z''' z'''' = 1;$$

et comme z exprime la tangente d'un angle, prise pour un rayon égal à 1, il s'ensuit que les valeurs z' et z'' appartiennent à deux angles compléments l'un de l'autre, et qu'il en est de même de z''' et z'''' (9), conformément à ce qui a été remarqué page 112.

En résolvant les équations ci-dessus, il vient, par la première,

$$z = -\frac{a-n}{2a} \pm \frac{1}{2a} \sqrt{(a+n)^2 - 4a^2},$$

par la deuxième,

$$z = -\frac{a+n}{2a} \pm \frac{1}{2a} \sqrt{(a+n)^2 - 4a^2};$$

mais

$$\sqrt{(a-n)^2 - 4a^2} = \sqrt{(n+a)(n-3a)},$$
$$\sqrt{(a+n)^2 - 4a^2} = \sqrt{(n-a)(n+3a)};$$

et puisque $n = \sqrt{m^2 + a^2}$ surpasse nécessairement a, on voit que les deux dernières valeurs de z seront toujours réelles, tandis que les deux premières deviendront imaginaires lorsqu'on aura $n < 3a$.

Avant de parvenir à ce terme, les mêmes valeurs deviendront égales si $n = 3a$, c'est-à-dire si $\sqrt{m^2 + a^2} = 3a$; et faisant évanouir le radical, on obtient

$$m^2 + a^2 = 9a^2;$$

d'où

$$m^2 = 8a^2, \quad \text{ou} \quad m = \sqrt{8a^2} = 2a\sqrt{2},$$

ce qui prouve qu'on ne pourra mener dans l'angle BAC, par le point E, aucune droite moindre que $2a\sqrt{2}$.

La quantité n étant alors $\sqrt{8a^2 + a^2} = 3a$, les deux premières valeurs de z deviennent égales à 1, et les deux autres sont $-2 \pm \sqrt{3}$. Il suit de là que les deux lignes

D′F′ et D″F″ se confondent, en formant avec AB un angle de $6^g;5$.

Dans le cas général, si l'on fait

$$\sqrt{(a-n)^2-4a^2} = \sqrt{(n+a)(n-3a)}=p,$$
$$\sqrt{(a+n)^2-4a^2} = \sqrt{(n-a)(n+3a)}=q,$$

il viendra, pour les quatre valeurs de z,

$$z' = -\frac{a-n-p}{2a}, \quad z'' = -\frac{a-n+p}{2a},$$
$$z''' = -\frac{a+n-q}{2a}, \quad z'''' = -\frac{a+n+q}{2a}.$$

Connaissant les tangentes z', z'', z''', z'''', on en conclura les valeurs de y, au moyen de l'équation

$$y = az + a \quad (\text{page } 112).$$

Ces valeurs seront respectivement

$$AD' = -\frac{a-n-p}{2} + a = \frac{a+n+p}{2},$$
$$AD'' = -\frac{a-n+p}{2} + a = \frac{a+n-p}{2},$$
$$AD''' = -\frac{a+n-q}{2} + a = \frac{a-n+q}{2},$$
$$AD'''' = -\frac{a+n+q}{2} + a = \frac{a-n-q}{2}.$$

Elles se construiront aisément; car la quantité n est l'hypoténuse d'un triangle rectangle dont les côtés sont a et m, les lignes p et q s'obtiennent aussi par les triangles rectangles (69), ou par les moyennes proportionnelles (70); et lorsqu'on aura les longueurs des quatre droites ci-dessus, les points D′, D″, D‴, D⁗ seront donnés (*).

(*) Si l'on compare l'analyse que je viens de faire des diverses cir-

79. Au lieu de prendre pour inconnue l'angle que doit faire avec AB la droite demandée, on eût pu chercher à déterminer la distance entre le point donné et le point K, milieu de la ligne D′F′, pour en conclure D′E. En faisant EK $= x$, et posant, pour abréger,

$$D'K = F'K = \frac{m}{2} = l,$$

on aurait eu

$$D'E = D'K + EK = l + x, \quad EF' = F'K - EK = l - x,$$

$$F'H = \sqrt{\overline{EF'}^2 - \overline{EH}^2} = \sqrt{(l - x)^2 - a^2},$$

et les triangles semblables D′GE, EHF′ auraient donné

$$D'E : EG :: EF' : F'H,$$

ce qui revient à

$$+ x : a :: l - x : \sqrt{(l - x)^2 - a^2},$$

d'où l'on aurait déduit l'équation

$$a\,(l - x) = (l + x)\,.\sqrt{(l - x)^2 - a^2},$$

qui, par l'élévation au carré et le développement, serait devenue

$$x^4 - (2\,l^2 + 2\,a^2)\,x^2 + l^4 - 2\,a^2\,l^2 = 0;$$

et pouvant la résoudre comme celles du second degré, on en aurait tiré d'abord

$$x^2 = l^2 + a^2 \pm \sqrt{a^4 + 4\,a^2\,l^2},$$

puis

$$x = \pm\sqrt{l^2 + a^2 \pm \sqrt{a^4 + 4\,a^2 l^2}} = \pm\sqrt{l^2 + a^2 \pm a\sqrt{a^2 + 4\,l^2}},$$

---

constances de la question ci-dessus, avec celle que l'on trouve dans l'*Algèbre* de Bezout (3ᵉ vol. du *Cours à l'usage de la Marine*, édition de 1781, p. 334), on verra combien cette dernière est incomplète et fautive; elle n'indique que les deux solutions représentées par les lignes D′F′ et D‴F‴.

expressions faciles à construire, d'après ce qu'on a vu dans les n°s 69 et 70.

Cette solution, bien remarquable par son élégance, est tirée de l'*Arithmétique universelle* : Newton l'a donnée pour montrer comment un heureux choix d'inconnues simplifie la solution d'un problème. Celui qu'il a fait, dans la question qui m'occupe, lui a sans doute été suggéré par la considération que la distance EK ne peut avoir que deux grandeurs différentes, l'une relative aux solutions D'F', D''F'', et l'autre aux solutions D'''F''', D''''F'''', et que, par conséquent, ses quatre valeurs doivent, abstraction faite du signe, être égales deux à deux. Je conclurai de là que, pour se déterminer dans le choix de l'inconnue, il faut chercher celle qui, dans les diverses circonstances que peut offrir la question, subit le moins de changements.

80. Le petit nombre de questions résolues précédemment suffit pour montrer comment l'Algèbre peut s'appliquer à la solution des problèmes. On a dû reconnaître, par ces exemples, que les circonstances relatives à la situation des lignes peuvent toujours être déduites de la considération des triangles, et, moyennant les propriétés de ces figures, s'exprimer algébriquement. L'art de former les triangles dont il s'agit, et qui résultent, soit explicitement, soit implicitement, des conditions du problème proposé, ne peut, comme la facilité de mettre en équation les problèmes numériques, s'acquérir que par l'habitude (*).

Les diverses expressions construites dans ce qui précède

___

(*) L'*Arithmétique universelle* de Newton contient une collection de problèmes aussi précieuse par l'élégance des solutions que par la variété des énoncés ; la *Géométrie de position*, par Carnot, en renferme de très-intéressants, et qui conduisent à des propriétés de l'étendue fort remarquables. La lecture de ces ouvrages, de ceux de Thomas Simpson et de l'*Analyse géométrique* de Leslie, sera très-utile aux personnes qui voudront s'exercer à la résolution des questions.

ne se rapportent qu'à des lignes, parce que les problèmes qui les ont amenées n'ont pour but que des déterminations de lignes, et c'est ce qui arrive le plus souvent, puisque la détermination des figures se réduit toujours à celle de leurs dimensions. Cependant il peut se présenter quelques cas où l'on cherche immédiatement une *aire* ou un *volume*; l'expression à laquelle on parvient doit, si elle est homogène, avoir, dans le premier cas, à chaque terme de son numérateur, deux facteurs de plus qu'à ceux de son dénominateur, et trois dans le second cas.

Par exemple, l'expression $\dfrac{ab^2c - a^3d + d^4}{c^2 + ad}$ peut désigner une aire, et l'expression $\dfrac{a^7 + b^5c^2 - d^7}{a^4 + b^4}$ un volume (*).

Construire ces expressions, c'est faire un rectangle dont l'aire soit équivalente à la première, et un parallélipipède rectangle dont le volume soit équivalent à la seconde; et pour cela on prépare, par l'article analytique du n° 68, la première formule, de manière qu'elle se réduise à un produit de deux facteurs, la seconde, de manière qu'elle devienne un produit de trois facteurs.

En effet, si l'on prend

$$ab^2c = m^3k, \quad a^3d = m^3k', \quad d^4 = m^3k'',$$
$$c^2 = mk''', \quad ad = mk'''',$$

la quantité m demeurera arbitraire, les quantités k, k', k'', k''', k'''' se détermineront par les lignes proportionnelles, et l'on aura

$$\frac{ab^2c - a^3d + d^4}{c^2 + ad} = \frac{m^3k - m^3k' + m^3k''}{mk''' + mk''''}$$
$$= \frac{m^2(k - k' + k'')}{k''' + k''''} = m \times \frac{m(k - k' + k'')}{k''' + k''''},$$

(*) Dans l'expression finale du n° 65, la lettre m ne doit point compter, parce qu'elle exprime un rapport et non pas une ligne.

résultat qui peut être regardé comme l'aire d'un rectangle dont la base serait m, et dont la hauteur serait la ligne représentée par

$$\frac{m\,(\,k - k' + k''\,)}{k''' + k''''}.$$

Puisqu'on est maître de prendre à volonté la ligne m, on peut la faire égale à l'une des quantités employées dans l'expression à construire, ou bien à l'unité, si l'on en a choisi une. L'exemple ci-dessus se simplifie lorsqu'on prend $m = a$; il vient alors

$$b^2 c = a^2 k, \quad d = k', \quad d^4 = a^3 k'',$$
$$c^2 = ak''', \quad d = k'''',$$

et

$$\frac{ab^2c - a^3d + d^4}{c^2 + ad} = \frac{a^3\,(k - d + k'')}{a\,(k''' + d)} = a \times \frac{a\,(k - d + k'')}{(k''' + d)}.$$

Ce procédé s'applique facilement à la seconde expression proposée,

$$\frac{a^7 + b^5 c^2 - d^7}{a^4 + b^4}.$$

En prenant tout de suite a au lieu de la quantité arbitaire m, on fera

$$b^5 c^2 = a^6 k, \quad d^7 = a^6 k', \quad b^4 = a^3 k'',$$

et il viendra

$$\frac{a^7 + b^5 c^2 - d^7}{a^4 + b^4} = \frac{a^7 + a^6 k - a^6 k'}{a^4 + a^3 k''}$$
$$= \frac{a^6\,(a + k - k')}{a^3\,(a + k'')} = a^2 \times \frac{a\,(a + k - k')}{a + k''}.$$

La dernière formule peut être évidemment prise pour le volume du parallélipipède rectangle dont la base est le carré construit sur la ligne a, et dont la hauteur est la ligne représentée par

$$\frac{a\,(a + k - k')}{a + k''}.$$

81. L'Algèbre sert non-seulement à trouver la grandeur des lignes et des parties de l'étendue, comparées les unes aux autres, mais elle fournit encore le moyen de déterminer les figures qu'affectent ces lignes, et en général les formes de l'espace. Descartes, en remarquant le premier que puisque ces figures et ces formes établissent, entre des droites, des relations de grandeur, elles peuvent être exprimées par des équations, est parvenu à appliquer l'Algèbre à la théorie des lignes en général ; et, par cette découverte, les mathématiques ont entièrement changé de face.

Si l'on conçoit, par exemple, que de tous les points d'une ligne quelconque DE (*fig.* 34), on ait abaissé des perpendiculaires PM, P′M′, P″M″, etc., sur une ligne droite AB, donnée de position, et qu'à partir d'un point A pris à volonté sur cette ligne, on ait mesuré les distances AP, AP′, AP″, etc., chacune de ces distances et la perpendiculaire qui lui correspond seront liées entre elles de manière que l'une se conclura nécessairement de l'autre. En effet, quand la grandeur de AP sera fixée, la rencontre de la courbe DE avec la perpendiculaire élevée par le point P, sur la ligne AB, donnera la grandeur de PM ; et quand on aura cette grandeur, que je supposerai représentée par ab, on obtiendra AP en prenant sur AC, perpendiculaire à AB, une partie AQ $= ab$, et en menant ensuite, parallèlement à AB, la droite QM qui rencontrera la ligne DE dans un point M, pour lequel on aura nécessairement PM $= ab$.

Rien n'empêche d'imaginer que les lignes AP, PM soient rapportées à une ligne commune prise pour unité, et que, sous ce point de vue, elles soient représentées par des nombres ou par des lettres. Si la relation qui est entre AP et PM, entre AP′ et P′M′, etc., peut être exprimée par une équation algébrique, cette équation caractérisera la ligne DE, et en fera connaître successivement tous les points; c'est ce qu'on va voir sur deux exemples très-simples.

82. Je prends, pour le premier, la droite AE (*fig.* 35), menée par le point A ; toutes les perpendiculaires PM, P'M', P"M", etc., abaissées de chacun de ses points sur la ligne AB, détermineront une suite de triangles APM, AP'M', AP"M", etc., tous semblables entre eux, et qui donneront

$$AP : PM :: AP' : P'M' :: AP'' : P''M'' :: \ldots,$$

ou, ce qui revient au même,

$$\frac{PM}{AP} = \frac{P'M'}{AP'} = \frac{P''M''}{AP''} = \ldots$$

La relation de toutes les distances AP aux perpendiculaires PM est ici bien facile à saisir ; elle consiste dans le rapport constant de chacune des premières avec celle des secondes qui lui correspond, et si l'on désigne ce rapport par a, on aura

$$PM = a \times AP, \quad P'M' = a \times AP', \quad P''M'' = a \times AP'', \ldots$$

Toutes ces équations, qui semblent particulières à chaque point de la droite AE, peuvent être comprises dans une seule, en désignant la distance du pied de la perpendiculaire au point A, quelle qu'elle soit, par x, et la perpendiculaire elle-même par y, car on aura alors $y = ax$. Cette équation, qui renferme deux inconnues, x, y, ne peut donner la valeur que d'une seule, et cela après que l'on a fixé arbitrairement la valeur de l'autre : lorsqu'on assigne à x une valeur quelconque AP, y prend la valeur correspondante PM. Si l'on a, par exemple, $a = \frac{1}{2}$, on trouve $PM = \frac{1}{2} AP$, c'est-à-dire qu'en prenant PM égale à la moitié de AP, le point M est sur la droite AE, et non ailleurs.

La ligne AE ne se termine pas brusquement au point

A ; on doit, pour embrasser toute son étendue, la concevoir prolongée en AE', au-dessous de la ligne AB, et à gauche de la ligne AC. Cette dernière partie est comprise aussi dans l'équation $y = ax$; car on peut donner à x, dans cette équation, des valeurs négatives, et ces valeurs, exprimant les distances à la ligne AC, doivent être prises du côté opposé à celui où l'on a porté les valeurs positives (76) : elles donneront donc des points tels que p, placés en arrière du point A. Mais les valeurs correspondantes de y, étant aussi négatives, doivent être prises du côté opposé à celui où l'on a porté les valeurs positives, c'est-à-dire au-dessous de AB, comme pm ; et il est visible d'ailleurs que, si Ap est prise égale à AP, pm sera pareillement égale à PM : on tombera donc de cette manière sur les points du prolongement AE' de la droite AE.

83. Je considère, en second lieu, le cercle décrit du point A (*fig.* 36) comme centre, et d'un rayon égal à la ligne AD. Ce qui distingue les points de sa circonférence des autres points du plan, c'est d'être tous à une distance du centre A, égale au rayon AD, et, par conséquent, quelque part que l'on prenne le point M sur cette courbe, les droites AP et PM seront les côtés d'un triangle rectangle dont l'hypoténuse AM sera égale à AD. En faisant donc

$$AP = x, \quad PM = y, \quad AD = r,$$

on aura

$$x^2 + y^2 = r^2,$$

et l'on tirera de là

$$y = \sqrt{r^2 - x^2},$$

équation au moyen de laquelle, en se donnant x ou AP, on aura, par le secours du calcul, et sans qu'il soit besoin de construire la figure, y ou PM, ou du moins le rapport de cette ligne avec le rayon. En prenant, par exemple,

$x = \frac{1}{3} r$, il viendra

$$y = \sqrt{r^2 - \tfrac{1}{9} r^2} = \sqrt{\tfrac{8}{9} r^2} = r \times \frac{2\sqrt{2}}{3}.$$

On concevra sans peine que l'on peut déduire de la même expression les lignes PM pour tous les points de la ligne AB, compris entre A et D. L'équation $y = \sqrt{r^2 - x^2}$ prouve, aussi bien que la description géométrique de la circonférence du cercle, que cette courbe ne doit pas s'étendre au delà du point D; car, pour prendre le point P au delà de celui-ci, il faudrait supposer $x >$ AD, ou $> r$, et, dans ce cas, la valeur de y deviendrait imaginaire.

Quoique je n'aie considéré que le quadrant ED, les trois autres, qui complètent la circonférence, sont compris dans l'équation

$$x^2 + y^2 = r^2;$$

car l'ordonnée y ayant, pour une même valeur de x, deux valeurs, savoir :

$$+ \sqrt{r^2 - x^2}, \quad \text{et} \quad - \sqrt{r^2 - x^2},$$

la seconde doit être portée du côté opposé à la première (76), et fournit par conséquent tous les points du quadrant E'D. Mais on peut aussi donner à x des valeurs négatives qui doivent se porter de A en D', puisque les valeurs positives ont été portées de A en D; et à chacune de ces valeurs répondront deux valeurs de y : la valeur positive donnera les points du quadrant ED', et la valeur négative les points du quadrant E'D'.

8. Quoiqu'on ne tire des équations

$$y = ax, \quad y = \pm \sqrt{r^2 - x^2},$$

que des valeurs appartenant à des points toujours disjoints, néanmoins la continuité qui résulte de la description de la ligne droite et du cercle représentés respectivement par ces équations, n'est point violée, parce qu'on peut toujours déterminer par leur moyen deux points aussi voisins l'un de l'autre qu'on voudra, puisqu'il suffit pour cela de prendre pour x deux valeurs consécutives presque égales, et que rien ne limite la petitesse de la différence qu'on peut mettre entre elles.

85. Cette manière de représenter le *cours* des lignes, c'est-à-dire les circonstances de leur forme et de leur situation, en les rapportant à une droite, par des perpendiculaires, mérite la plus grande attention; on voit qu'elle revient à déterminer la position d'un point quelconque, par le moyen de ses distances à deux droites AB et AC, perpendiculaires entre elles. Le point M (*fig.* 34) est, en effet, déterminé lorsqu'on a les distances AP et AQ, puisqu'il se trouve à l'intersection des lignes PM et QM menées par les points P et Q, 'parallèlement aux droites AC et AB.

Les lignes AP et AQ, ou leurs égales, QM et PM, se nomment des *coordonnées*. On se sert ordinairement du mot *abscisses* pour désigner celle qu'on suppose connue, et l'on donne à l'autre le nom d'*ordonnée*. Ainsi, dans les exemples précédents, où j'ai toujours exprimé les lignes PM par les lignes AP, PM était l'ordonnée, et AP' l'abscisse. Les lignes AB et AC, qui déterminent la direction des coordonnées, se nomment les *axes des coordonnées*.

Il faut bien observer que, pour les points situés sur la ligne AB, la distance AQ ou PM est nulle, et que par conséquent, si on la représente par y, on a pour tous ces points, $y = 0$; par la même raison, on a QM ou AP, ou $x = 0$, pour tous ceux qui sont placés sur l'axe AC, et enfin au point A, qu'on nomme l'*origine des coordonnées*, on a en même temps

$$x = 0, \quad y = 0.$$

En ne donnant que les valeurs absolues de l'abscisse AP

et de l'ordonnée PM, le point M reste encore indéterminé à quelques égards ; car on ne connaît alors que les distances de ce point aux droites indéfinies BB′ et CC′ (*fig.* 37) ; et en conservant ces mêmes distances, il pourrait être indifféremment dans l'un quelconque des quatre angles BAB, B′AC, B′AC′, BAC′ ; mais les combinaisons des signes affectés aux coordonnés AP et PM font connaître dans lequel de ces angles se trouve le point proposé. En effet, étant convenu de donner le signe + aux parties de la ligne AB, en allant de A vers B, le signe — sera celui qu'il faudra assigner aux parties de AB′, en allant de A vers B′. De même, si l'on a donné le signe + aux parties de AC, en allant de A vers C, les parties de AC′, en allant de A vers C′, seront nécessairement affectées du signe —. Cela posé, on aura

$$
\text{pour le point M de l'angle}
\begin{cases}
\text{BAC} \dots\dots \begin{cases} +\,\text{AP} \\ +\,\text{PM} \end{cases} & \text{ou} \quad \begin{matrix} +x \\ +y \end{matrix} \\[1.2em]
\text{B}'\text{AC} \dots\dots \begin{cases} -\,\text{AP} \\ +\,\text{PM} \end{cases} & \quad \begin{matrix} -x \\ +y \end{matrix} \\[1.2em]
\text{B}'\text{AC}' \dots\dots \begin{cases} -\,\text{AP} \\ -\,\text{PM} \end{cases} & \quad \begin{matrix} -x \\ -y \end{matrix} \\[1.2em]
\text{BAC}' \dots\dots \begin{cases} +\,\text{AP} \\ -\,\text{PM} \end{cases} & \quad \begin{matrix} +x \\ -y \end{matrix}
\end{cases}
$$

Le choix des lignes AB et AC, perpendiculaires entre elles, n'est pas le seul qu'on puisse faire pour déterminer, sur un plan, la position d'un système quelconque de points ; toute combinaison de lignes capable de fixer la position d'un point, ses distances à deux points donnés par exemple, serait également propre à cet usage ; mais dans le plus grand nombre de cas, les *coordonnées perpendiculaires* sont celles dont l'emploi présente le plus de facilité, et l'on verra plus loin plusieurs exemples du passage de ces coordonnées à diverses manières d'assigner, sur un plan, la position des points.

86. L'équation qui exprime les relations entre les AP et les PM, pour une ligne donnée, s'appelle l'*équation de cette ligne,* et celle-ci se nomme à son tour le *lieu* de l'équation qui lui appartient.

Il est visible que toute question géométrique indéterminée renfermant deux inconnues, conduit à un *lieu* géométrique. S'il s'agissait, par exemple, de former tous les triangles rectangles que l'on peut construire sur une hypoténuse donnée a, en nommant x et y les côtés de l'angle droit de ce triangle, l'équation du problème serait

$$x^2 + y^2 = a^2 ;$$

et l'on satisferait à la question en décrivant avec un rayon égal à a, un cercle, et en abaissant de tous les points de ce cercle des perpendiculaires sur l'un de ses diamètres : le cercle serait le *lieu* de tous les sommets de l'un des angles aigus de ces triangles.

L'équation d'une courbe s'obtient toujours en exprimant analytiquement, ou l'une quelconque de ses propriétés, comme on l'a fait pour la ligne droite, ou les circonstances de sa description, ainsi qu'on en a usé à l'égard du cercle. Réciproquement, une équation quelconque, considérée en elle-même, donne aussi naissance à une courbe dont elle fait connaître les propriétés. Ce dernier point de vue étant le plus général et le plus fécond, c'est désormais de la considération des équations que je déduirai les lignes.

87. De toutes les équations à deux indéterminées, la plus simple est celle du premier degré ; et elle appartient à la ligne droite, la plus simple de toutes les lignes. Cette équation peut être représentée par

$$C y = A x + B ;$$

mais en la divisant par C, elle ne perdra rien de sa généralité, et deviendra

$$y = \frac{A}{C} x + \frac{B}{C}, \quad \text{ou} \quad y = ax + b,$$

en faisant $\frac{A}{C} = a$, $\frac{B}{C} = b$: c'est sous cette forme que je l'emploierai désormais.

Supposant d'abord que b soit nul, on aura

$$y = ax, \quad \text{ou} \quad \frac{y}{x} = a;$$

c'est-à-dire que, dans toute l'étendue de la droite, le rapport de PM à AP (*fig.* 35) sera constant. Cette propriété, qui n'est que l'expression de la similitude des triangles APM, AP'M', etc., et de laquelle il résulte que $\frac{PM}{AP} = \frac{P'M'}{AP'} =$ etc., quelque part qu'on prenne les points P, P', etc., sur la ligne AB, ne peut appartenir qu'à la ligne droite AE, menée par le point A, origine des coordonnées.

Le rapport $\frac{y}{x}$, ou le coefficient a, dépend de l'angle que fait la droite AE avec l'axe des abscisses AB; mais dans le triangle APM, que je suppose rectangle en P, le rapport de PM à AP est égal à la tangente de l'angle PAM (30) : a représente donc la tangente de cet angle.

En considérant l'équation $y = ax + b$, on voit que la nouvelle ordonnée y ne diffère de la première, $y = ax$, qu'en ce qu'elle la surpasse de la quantité b ; d'où il suit que si l'on prend AD $= b$, et qu'on mène la ligne DF parallèle à AE, elle sera le lieu de l'équation $y = ax + b$, puisqu'on aura

$$PN = PM + MN = PM + AD,$$
$$P'N' = P'M' + M'N' = P'M' + AD,$$
$$\dots \dots \dots \dots \dots \dots \dots \dots ;$$

et il faut bien remarquer que le coefficient a restera le même pour toutes les droites parallèles à AE.

Il est aisé de voir que rien, dans l'équation $y = ax + b$, ne limite les valeurs que l'on peut donner à x, et que, par conséquent, celles de y deviendront aussi grandes qu'on voudra; mais en même temps, rien ne bornant le cours de la ligne DF dans l'espace indéfini BAC, on trouvera toujours des abscisses et des ordonnées assez grandes pour représenter les valeurs de y et de x, qui satisferont à l'équation proposée.

En faisant $x = 0$, on aura $y = b$, et cette valeur appartiendra au point D où la droite DF rencontre l'axe AC des ordonnées. Lorsque x sera négatif, on trouvera

$$y = -ax + b,$$

et si ax est moindre que b, y sera encore positif, mais moindre que b ou AD. Le cours de la ligne DF montre que cette circonstance ne peut avoir lieu que dans la partie DF′, correspondante à des abscisses Ap, situées du côté opposé aux abscisses AP que j'avais choisies pour représenter les valeurs positives de x; c'est donc de ce côté qu'il faut prendre les valeurs négatives.

Pour trouver la valeur de x qui répond au point f où la ligne DF rencontre l'axe AB des abscisses, il faut faire $y = 0$, ce qui donne

$$ax + b = 0, \quad \text{et} \quad x = -\frac{b}{a} = \text{A}f.$$

Lorsque x, restant toujours négatif, sera devenu plus grand que la quantité $\frac{b}{a}$, y lui-même deviendra négatif; mais au delà du point f, la ligne DF se trouve au-dessous de la ligne AB : l'ordonnée $p'n'$ tombera donc du côté opposé à celui où elle était située d'abord, et, par conséquent, les valeurs négatives de y doivent se porter du côté de la ligne AB, opposé à celui qu'on a adopté pour les valeurs positives.

Ces remarques, qui confirment ce qui a été dit dans le n° 76, ne sont pas particulières à la ligne droite. On ne saurait y faire trop d'attention, car c'est de l'emploi des quantités négatives dans les figures que dépendent, en grande partie, les diverses formes qu'affectent les lignes courbes.

L'équation $y = ax + b$ ne renfermant que deux constantes a et b, dont la valeur particularise la droite que l'on considère, en la distinguant de toute autre, il s'ensuit que deux conditions suffisent pour déterminer cette droite. Celles qui s'offrent les premières, sont de l'assujettir à passer par deux points donnés, ou bien à être parallèle ou perpendiculaire à une autre droite donnée, et à passer, en outre, par un point donné. On aura besoin, dans la suite, de connaître la forme que prend l'équation $y = ax + b$, pour satisfaire à ces diverses conditions; c'est pourquoi je vais les examiner chacune en particulier.

88. Si l'on cherche l'équation de la ligne droite qui passe par deux points, dont les abscisses soient α et α', et les ordonnées β et β', on mettra successivement α et α' à la place de x, β et β' à celle de y, et l'on aura, pour déterminer a et b, les deux équations

$$\left.\begin{array}{c} \alpha = a\alpha + b \\[2mm] \beta' = a\alpha' + b \end{array}\right\rbrace, \quad \text{d'où l'on tirera} \quad \left\lbrace\begin{array}{l} a = \dfrac{\beta' - \beta}{\alpha' - \alpha}, \\[3mm] b = \dfrac{\alpha'\beta - \alpha\beta'}{\alpha' - \alpha}; \end{array}\right.$$

et il en résultera

$$y = \frac{\beta' - \beta}{\alpha' - \alpha}x + \frac{\alpha'\beta - \alpha\beta'}{\alpha' - \alpha},$$

pour l'équation de la droite cherchée.

On peut donner à ce résultat une forme plus simple;

car, si l'on retranche de l'équation $y = ax + b$ l'une des deux équations ci-dessus, la première par exemple, b disparaîtra, et il viendra

$$y - \beta = a(x - \alpha).$$

Cette dernière équation sera celle d'une droite assujettie à passer par le point dont les coordonnées sont α et β, et faisant d'ailleurs, avec l'axe AB, un angle quelconque, en y mettant, au lieu de a, la valeur trouvée précédemment, on aura

$$y - \beta = \frac{\beta' - \beta}{\alpha' - \alpha}(x - \alpha).$$

La distance des points proposés, ou la partie qu'ils interceptent sur la droite cherchée, aura pour expression

$$\sqrt{(\alpha' - \alpha)^2 + (\beta' - \beta)^2} :$$

cela se voit évidemment, en supposant que N et N′ représentent ces points; car, leur distance NN′ étant l'hypoténuse du triangle rectangle NRN′, il s'ensuit que

$$\overline{NN'}^2 = \overline{NR}^2 + \overline{N'R}^2 = (AP' - AP)^2 + (P'N' - PN)^2 \ (*).$$

89. Pour obtenir l'équation de la ligne droite qui pas-

(*) L'expression de NN′ devrait, à la rigueur, être précédée du double signe $\pm$; car, lorsqu'on demande seulement la distance absolue de deux points N et N′, on n'indique pas si elle doit être comptée du point N vers le point N′, ou en sens contraire, du point N′ vers le point N, ce qui en changerait le signe (74-76), et lequel de ces deux sens doit être affecté du signe +. Mais quand, sur ce sens, qui est entièrement arbitraire, on a fait une convention, le sens opposé prend en conséquence le signe —. Soit, en effet, $y - \beta = a(x - \alpha)$ l'équation de la droite DF; il s'ensuit que $\beta' - \beta = a(\alpha' - \alpha)$, et

$$NN' = \pm \sqrt{(\alpha' - \alpha)^2 + (\beta' - \beta)^2} = \pm (\alpha' - \alpha)\sqrt{1 + a^2},$$

par où l'on voit que cette distance NN′ change de signe avec $\alpha' - \alpha$, et que le point N′ se trouve en avant ou en arrière du point N, selon que α' est plus grand ou plus petit que α.

serait par le point dont les coordonnées sont α et β, et qui
serait parallèle à la ligne représentée par l'équation

$$y = a'x + b',$$

il suffira de substituer a' au lieu de a, dans l'équation

$$y - \beta = a(x - \alpha),$$

qui satisfait déjà à la première condition, puisque, d'après
le n° 87, le coefficient de x est le même dans les équations
des lignes droites parallèles entre elles; on aura donc
pour celle qu'on cherche,

$$y - \beta = a'(x - \alpha).$$

90. Enfin, si AE et AI (*fig.* 38) sont deux droites perpendiculaires entre elles, passant par l'origine A, et que,
sur l'abscisse AP, on élève les ordonnées PM et PM', on
trouve, en comparant les triangles semblables APM et
APM', que le rapport de AP à PM est inverse du rapport de AP à PM' en sorte que si a est le coefficient
de x dans l'équation de AE (87), ce coefficient sera $\dfrac{1}{a}$
dans celle de AI. Mais les ordonnées de cette dernière,
tombant au-dessous de AB, doivent, par le n° 76, être
affectées du signe $-$: les équations des droites AE et AI
seront donc

$$y = ax, \quad y = -\frac{1}{a}x \ (^*).$$

(*) On parvient aussi à ce résultat sans s'appuyer sur le n° 76; car l'inclinaison des deux droites AM et AM' (*fig.* 39), menées par l'origine A,
détermine la forme du triangle compris entre cette origine et les points M
et M' correspondants à la même abscisse AP, triangle dont les côtés sont
faciles à calculer, par les équations des droites, que je suppose

$$y = ax, \quad y = a'x.$$

En effet, si AP $= x$, on a

$$PM = ax, \quad PM' = a'x, \quad MM' = PM - PM' = ax - a'x;$$

9.

Considérant ensuite les droites DF et GH, respectivement parallèles aux droites AE et AI, et, par conséquent, perpendiculaires entre elles, on trouvera pour leurs équations

$$y = ax + b \quad \text{et} \quad y = -\frac{1}{a}x + b' \quad \text{(numéro précédént)}.$$

Si la seconde doit passer par un point dont les coordonnées soient α et β, son équation deviendra

$$y - \beta = -\frac{1}{a}(x - \alpha).$$

91. Deux lignes qui se coupent ont, à leur point d'intersection, les mêmes coordonnées; en sorte que, pour trouver celles du point de rencontre des deux droites données par les équations

$$y = ax + b,$$
$$y = a'x + b',$$

les triangles rectangles APM, APM′ donnent

$$\overline{AM}^2 = \overline{AP}^2 + \overline{PM}^2 = x^2 + a^2 x^2,$$
$$\overline{AM'}^2 = \overline{AP}^2 + \overline{PM'}^2 = x^2 + a'^2 x^2;$$

et quand ces droites deviennent perpendiculaires entre elles, le triangle MAM′ devient rectangle en A; MM′, qui en est alors l'hypoténuse, doit satisfaire à l'équation

$$\overline{MM'}^2 = \overline{AM}^2 + \overline{AM'}^2,$$

que les valeurs ci-dessus changent en

$$(ax - a'x)^2 = 2x^2 + a^2 x^2 + a'^2 x^2.$$

Développée, réduite et divisée par $2x^2$, elle revient à $-aa' = 1$, d'où l'on conclut $a' = -\frac{1}{a}$, comme ci-dessus.

Il est bon d'observer que le signe — indique ici le changement que doit subir la figure, quand l'angle MAM′ devient droit, circonstance qui ne permet plus que les deux lignes AM et AM′ soient du même côté de l'axe AB, ainsi qu'on l'avait supposé d'abord; l'Algèbre opère donc sur la situation de ces lignes un redressement analogue à celui qui a lieu par les solutions négatives, dans les questions numériques. (Voyez les *Éléments d'Algèbre*.)

il n'y a qu'à supposer que les inconnues x et y ont la même valeur dans l'une et dans l'autre équation ; on aura ainsi

$$ax + b = a'x + b',$$

ce qui donnera

$$x = \frac{b - b'}{a' - a} \quad \text{et} \quad y = \frac{a'b - ab'}{a' - a}.$$

On voit, par ces valeurs, que le point de concours est d'autant plus éloigné des axes AB et AC, que la quantité $a' - a$ est plus petite, et qu'enfin x et y deviennent infinis, lorsque $a' = a$, c'est-à-dire lorsque les droites proposées cessent de se rencontrer, ou sont parallèles.

92. Il peut être utile de connaître la longueur de la perpendiculaire abaissée d'un point donné sur une ligne donnée ; et l'on y parviendra en cherchant les différences entre les coordonnées de ce point et celles du point où la droite donnée rencontre la ligne qui lui est perpendiculaire.

L'équation de la première étant

$$y = ax + b,$$

celle de la seconde sera

$$y - \beta = -\frac{1}{a}(x - \alpha),$$

si α et β désignent les coordonnées du point donné ; mais on peut mettre l'équation

$$y = ax + b$$

sous la forme

$$y - \beta = ax + b - \beta - a\alpha + a\alpha,$$

qui revient à

$$y - \beta = a(x - \alpha) + b - \beta + a\alpha ;$$

et, comme

$$y - \beta = -\frac{1}{a}(x - \alpha),$$

il s'ensuit

$$x - \alpha = \frac{a\,(\beta - a\,\alpha - b)}{1 + a^2}, \quad y - \beta = -\frac{\beta - a\,\alpha - b}{1 + a^2}.$$

Substituant ces valeurs dans l'expression

$$\sqrt{(x - \alpha)^2 + (y - \beta)^2} \quad (88),$$

on aura, pour la longueur de la perpendiculaire cherchée,

$$\frac{\beta - a\,\alpha - b}{\sqrt{1 + a^2}} \quad (^*).$$

93. Ce qui précède conduit à l'expression du sinus, du cosinus et de la tangente de l'angle que forment entre elles deux droites données. Soient

$$y = ax + b, \quad y = a'x + b'$$

les équations des deux droites proposées ; il est évident que l'angle qu'elles comprennent ne changerait point si on les faisait mouvoir toutes deux parallèlement à elles-mêmes jusqu'à ce qu'elles passassent par l'origine des coordonnées ; et alors leurs équations se réduiraient à

$$y = ax, \quad y = a'x \quad (87).$$

C'est dans cet état que je les considérerai ; et je les représenterai par les lignes AM et AM' (*fig.* 40). Ayant pris sur l'une d'elles un point M' dont les coordonnées soient désignées par α et β, la perpendiculaire MM' abaissée de ce point sur l'autre ligne AM sera exprimée par $\dfrac{\beta - a\,\alpha}{\sqrt{1 + a^2}}$, à cause de $b = 0$ (92) ; mais si l'on fait AM' $= r$,

---

(*) Cette longueur, suivant ce qu'on a vu dans la note de la page 130, serait susceptible du double signe $\pm$. En la prenant positivement ici, lorsque $\beta > a\alpha + b$, on établit que le point d'où est menée la perpendiculaire est au-dessus de la ligne donnée, convention d'après laquelle cette perpendiculaire doit devenir, et devient en effet négative lorsque le point passe au-dessous de la ligne, parce qu'alors $\beta < a\alpha + b$.

les coordonnées du point A étant nulles, on aura

$$\alpha^2 + \beta^2 = r^2;$$

et parce que le point M′ est sur la ligne AM′ dont l'équation est $y = a'x$, il s'ensuivra $\beta = a'\alpha$. Cette équation, combinée avec la précédente, donnera

$$\alpha = \frac{r}{\sqrt{1 + a'^2}}, \qquad \beta = \frac{a' r}{\sqrt{1 + a'^2}};$$

substituant ces valeurs dans celle de la perpendiculaire, on trouvera

$$\frac{r\,(a' - a)}{\sqrt{1 + a^2}\,\sqrt{1 + a'^2}};$$

et si l'on donne à la perpendiculaire MM′ le nom de sinus, qu'on lui a assigné dans la Trigonométrie, on aura

$$\sin \mathrm{MAM'} = \frac{r\,(a' - a)}{\sqrt{1 + a^2}\,\sqrt{1 + a'^2}},$$

en prenant r pour rayon.

Si l'on retranche de r^2 le carré de cette expression, on aura celle de $\overline{\mathrm{AM}}^2$, ou du carré du cosinus de l'angle MAM′, savoir :

$$(\cos \mathrm{MAM'})^2 = \frac{r^2\,(1 + a^2)\,(1 + a'^2) - r^2\,(a' - a)^2}{(1 + a^2)\,(1 + a'^2)}$$
$$= \frac{r^2\,(1 + 2aa' + a^2 a'^2)}{(1 + a^2)\,(1 + a'^2)},$$

et prenant la racine carrée, il viendra

$$\cos \mathrm{MAM'} = \frac{r\,(1 + aa')}{\sqrt{(1 + a^2)\,(1 + a'^2)}};$$

enfin, faisant $r = 1$, on tirera de ces deux expressions,

$$\tang \mathrm{MAM'} = \frac{\sin \mathrm{MAM'}}{\cos \mathrm{MAM'}} = \frac{a' - a}{1 + aa'}.$$

J'aurais pu déduire immédiatement cette dernière valeur de la formule

$$\tan (p \pm q) = \frac{\tan p \pm \tan q}{1 \mp \tan p \tan q},$$

rapportée dans le tableau de la page 32, puisque l'angle MAM′ est la différence des angles BAM′ et BAM, et que, par conséquent, si l'on désigne ces dernières par p et q, on aura

$$\tan p = a', \quad \tan q = a, \quad \text{et} \quad \tan (p - q) = \frac{a' - a}{1 + aa'}$$

comme ci-dessus ; mais cette formule repose sur celles du n° 11, obtenues par le moyen d'une construction, et je me suis proposé de tirer des seules équations des lignes tout ce qui est nécessaire pour l'application de l'Algèbre à la Géométrie.

94. L'équation du cercle trouvée dans le n° 83 n'est que particulière, parce qu'on a donné au centre une situation déterminée, en le mettant à l'origine des coordonnées. Pour généraliser l'équation de cette courbe, il faut avoir l'équation du cercle DED′E′ (*fig.* 36) en prenant pour origine des coordonnées le point A‴, placé d'une manière quelconque par rapport au centre A, et pour cela, il suffit d'écrire analytiquement que la distance de ce centre à chacun des points de la circonférence est égale à r. Or, si l'on désigne par p et q les lignes A‴A′ et A′A, qui sont alors les coordonnées du centre A, par rapport aux axes A‴B′ et A‴C′, et que l'on fasse

$$A‴Q = x, \quad QM = y,$$

il vient (88)

$$AM = r = \sqrt{(x - p)^2 + (y - q)^2},$$

d'où l'on tire, en carrant les deux membres, et en développant,

$$x^2 - 2px + p^2 + y^2 - 2qy + q^2 = r^2.$$

Cette dernière équation est la plus générale que l'on puisse obtenir pour le cercle, en le rapportant à des coordonnées rectangles : elle ne peut être particularisée que par la détermination des trois quantités constantes p, q et r, dont les deux premières fixent la position du centre, et la troisième représente le rayon. Il suit de là qu'il faut trois conditions pour déterminer la position et la grandeur d'un cercle ; et c'est aussi ce que l'on a vu dans les Éléments de Géométrie.

Si l'on voulait déterminer le cercle qui passe par trois points dont les coordonnées soient

$$\alpha \text{ et } \beta, \quad \alpha' \text{ et } \beta', \quad \alpha'' \text{ et } \beta'',$$

on mettrait α, α', α'' à la place de x, et β, β', β'' à celle de y ; on formerait ainsi les trois équations

$$\alpha^2 - 2p\alpha + p^2 + \beta^2 - 2q\beta + q^2 = r^2,$$
$$\alpha'^2 - 2p\alpha' + p^2 + \beta'^2 - 2q\beta' + q^2 = r^2,$$
$$\alpha''^2 - 2p\alpha'' + p^2 + \beta''^2 - 2q\beta'' + q^2 = r^2,$$

qui ne renferment que trois inconnues, savoir : p, q et r.

Si l'on retranche successivement la première de la deuxième et de la troisième, on aura, en effaçant les termes qui se détruisent,

$$2\left[(\alpha - \alpha')p + (\beta - \beta')q\right] - (\alpha^2 - \alpha'^2) - (\beta^2 - \beta'^2) = 0,$$
$$2\left[(\alpha - \alpha'')p + (\beta - \beta'')q\right] - (\alpha^2 - \alpha''^2) - (\beta^2 - \beta''^2) = 0.$$

Ces deux équations, ne contenant p et q qu'au premier degré, font voir que le centre du cercle demandé ne peut avoir qu'une seule position ; et quant au rayon, comme on a immédiatement

$$r = \sqrt{\alpha^2 - 2p\alpha + p^2 + \beta^2 - 2q\beta + q^2},$$

il n'est susceptible que d'une seule grandeur : on ne peut donc faire passer par trois points qu'un seul cercle.

Les résultats de la résolution des équations ci-dessus

étant inutiles pour ce qui doit suivre, je ne l'achèverai point, mais je ferai remarquer qu'elle pourrait s'abréger par l'effet de la symétrie de ces équations, qui mèneraient aisément à la construction donnée dans les Éléments de Géométrie.

95. L'équation générale du cercle,

$$x^2 - 2px + p^2 + y^2 - 2qy + q^2 = r^2,$$

se simplifie de plusieurs manières qui méritent d'être remarquées, parce que les formes qu'elle prend alors sont employées fréquemment dans l'analyse.

Si l'on y fait $p = 0$, $q = 0$, on retombe sur $x^2 + y^2 = r^2$.

Pour placer l'origine des coordonnées sur la circonférence du cercle, il suffit de faire $p^2 + q^2 = r^2$, puisque $\sqrt{p^2 + q^2}$ exprimant la distance du centre à l'origine, il s'ensuit que cette distance est alors égale au rayon ; et l'équation $p^2 + q^2 = r^2$ réduit celle du cercle à

$$x^2 - 2px + y^2 - 2qy = 0.$$

Enfin si, pour plus de simplicité, on mettait l'origine à l'extrémité D' du diamètre, le centre se trouvant alors sur l'axe des abscisses, son ordonnée q deviendrait nulle, son abscisse p serait égale au rayon r, et l'équation ci-dessus se changerait en

$$x^2 - 2rx + y^2 = 0, \quad \text{ou} \quad y^2 = 2rx - x^2.$$

Cette dernière et la première, $x^2 + y^2 = r^2$, sont celles des équations du cercle dont on fait le plus fréquent usage.

96. Ce qui précède étant bien compris, toutes les questions que l'on peut proposer sur la ligne droite et sur le cercle se ramènent facilement à l'Algèbre, sans qu'il soit besoin de recourir à d'autres propriétés des figures,

qu'à la relation qui existe entre les trois côtés d'un triangle rectangle (*). Soit, pour premier exemple, cette question :

Deux lignes droites, AE *et* DE (fig. 41), *étant données par les angles qu'elles font avec une troisième* AB, *et par la partie* AD *qu'elles interceptent sur cette troisième, trouver sur une ligne* AC, *perpendiculaire à* AB, *un point* G, *par lequel, menant une droite* GK, *parallèle à* AB, *la partie* HK, *comprise entre* AE *et* DE, *soit d'une grandeur donnée.*

Pour former les équations des droites AE et ED, je nomme a et a' les tangentes des angles EAD et EDA qu'elles font respectivement avec la droite AB ; je prends celle-ci pour l'axe des abscisses dont je place l'origine au point A, ainsi que celle des ordonnées y que je conçois parallèles à AC, et je fais AD $= \alpha$. La première droite aura pour équation $y = ax$, puisqu'elle passe par le point A ; la seconde devant passer par le point D, auquel

$$y = 0 \ (85) \quad \text{et} \quad x = \alpha,$$

sera représentée par

$$y = -a' (x - \alpha),$$

en observant que l'angle EDB (tourné dans le même sens que l'angle EAD) étant obtus, sa tangente est celle de l'angle EDA prise négativement (25) : on aura donc les deux équations

$$y = ax, \quad y = -a' (x - \alpha).$$

Pour obtenir les points H et K, où les droites qu'elles

(*) Dans les Notes qu'il a placées à la suite de ses *Éléments de Géométrie*, Legendre déduit cette relation des premières conséquences de la superposition des triangles égaux, par un moyen très-élégant ; mais les considérations qu'il emploie pour cela sont malheureusement trop abstraites pour pouvoir servir de base à un livre élémentaire, et porter dans l'esprit cette conviction intime qui résulte des notions reçues immédiatement par les sens.

représentent rencontrent la ligne GK, parallèle à AB, il suffit d'y faire $y = $ AG : si donc on pose AG $= t$, on aura

$$t = ax, \quad t = -a'(x - \alpha);$$

prenant la valeur de x dans chacune de ces équations, il viendra

$$x = \frac{t}{a}, \quad x = \frac{\alpha a' - t}{a'}.$$

Ces expressions sont celles des abscisses Ah et Ak, dont la différence donne $hk = $ HK, à cause des parallèles; et désignant par m la grandeur que doit avoir HK, on trouvera

$$m = \frac{\alpha a' - t}{a'} - \frac{t}{a},$$

d'où l'on tirera

$$aa'm = \alpha aa' - at - a't,$$

et par conséquent

$$t = \frac{(\alpha - m)\,aa'}{a + a'}.$$

Telle est la valeur de AG, qui satisfait à la question proposée.

97. Je suppose qu'au lieu de donner à la ligne HK une grandeur connue, on demande qu'elle soit égale à la ligne AG, ce qui revient à inscrire un carré dans un triangle (66). Dans ce cas, au lieu d'égaler à m l'expression de HK, il faudra l'égaler à t, ce qui donnera

$$t = \frac{\alpha a' - t}{a'} - \frac{t}{a},$$

d'où l'on déduira

$$t = \frac{\alpha aa'}{aa' + a + a'}.$$

98 Soit encore le problème suivant, déjà résolu au n° 78 : *D'un point* E (fig. 33), *placé comme on voudra, mener une droite de manière que la partie* D′F′ *de*

cette droite, interceptée entre deux lignes qui forment entre elles un angle droit BAC, soit d'une grandeur donnée.

Si α et β désignent les coordonnées du point donné E, $y - \beta = -a(x - \alpha)$ sera l'équation de la droite ED', menée par ce point. Pour obtenir la longueur de D'F', il suffit de déterminer AD' et AF', c'est-à-dire la valeur de y lorsque $x = 0$, et celle de x lorsque $y = 0$, hypothèses qui fournissent les équations

$$y - \beta = a\alpha, \quad -\beta = -a(x - \alpha),$$

desquelles on tire

$$y = \beta + a\alpha = \text{AD}', \quad x = \frac{\beta + a\alpha}{a} = \text{AF}';$$

et comme $\text{F}'\text{D}' = \sqrt{\overline{\text{AD}'}^2 + \overline{\text{AF}'}^2}$, il en résulte

$$\text{F}'\text{D}' = \sqrt{(\beta + a\alpha)^2 + \frac{1}{a^2}(\beta + a\alpha)^2} = \frac{\beta + a\alpha}{a}\sqrt{1 + a^2} :$$

posant $\text{F}'\text{D}' = m$, et élevant au carré pour faire disparaître le radical, il vient

$$m^2 = \left(\frac{\beta + a\alpha}{a}\right)^2 (1 + a^2).$$

Cette équation étant développée et ordonnée par rapport à la lettre α, se change en

$$a^4 + \frac{2\beta}{\alpha}a^3 + \frac{\beta^2 + \alpha^2 - m^2}{\alpha^2}a^2 + \frac{2\beta}{\alpha}a + \frac{\beta}{\alpha^2} = 0,$$

et monte, comme on voit, au quatrième degré; mais si l'on fait $\beta = \alpha$, c'est-à-dire si l'on prend le point E à égale distance des deux axes AC et AB, elle devient

$$a^4 + 2a^3 + \frac{2\alpha^2 - m^2}{\alpha^2}a^2 + 2a + 1 = 0,$$

et rentre dans l'équation (3) du n° 78, lorsqu'on change a en z et α en a.

99. Je vais appliquer maintenant à la recherche des principales propriétés du triangle, les formules que j'ai trouvées pour la ligne droite. Je prends, à cet effet, deux points M et M$'$ ($fig.$ 42), formant, avec l'origine A, un triangle quelconque MAM$'$; je désigne les coordonnées du premier point par α, β, celles du second par α', β'; les distances AM, AM$'$, MM$'$, qui forment les côtés de ce triangle, seront, d'après le n° 88, exprimées respectivement par

$$\sqrt{\alpha^2 + \beta^2}, \quad \sqrt{\alpha'^2 + \beta'^2}, \quad \sqrt{(\alpha' - \alpha)^2 + (\beta' - \beta)^2}.$$

Si l'on fait AM $= c$, AM$' = c'$, MM$' = c''$, on aura les équations

$$c^2 = \alpha^2 + \beta^2,$$
$$c'^2 = \alpha'^2 + \beta'^2,$$
$$c''^2 = \alpha'^2 - 2\alpha'\alpha + \alpha^2 + \beta'^2 - 2\beta'\beta + \beta^2,$$

et si l'on retranche la dernière de la somme des deux premières, il viendra

$$c^2 + c'^2 - c''^2 = (\alpha\alpha' + \beta\beta'),$$

d'où

$$\alpha\alpha' + \beta\beta' = \frac{c^2 + c'^2 + c''^2}{2}.$$

Les équations des lignes AM et AM$'$ seront

$$y = \frac{\beta}{\alpha}x, \quad y = \frac{\beta'}{\alpha'}x \quad (87);$$

le cosinus de l'angle qu'elles forment entre elles aura pour expression (93)

$$\frac{r\left(1 + \dfrac{\beta\beta'}{\alpha\alpha'}\right)}{\sqrt{\left(1 + \dfrac{\beta^2}{\alpha^2}\right)\left(1 + \dfrac{\beta'^2}{\alpha'^2}\right)}} = \frac{r(\alpha\alpha' + \beta\beta')}{\sqrt{(\alpha^2 + \beta^2)(\alpha'^2 + \beta'^2)}}.$$

En faisant le rayon $r = 1$, comme celui des Tables de

sinus, et substituant à la place des quantités $\alpha^2 + \beta^2$, $\alpha'^2 + \beta'^2$, $\alpha\alpha' + \beta\beta'$, leurs valeurs c^2, c'^2, $\dfrac{c^2 + c'^2 - c''}{2}$, il viendra

$$\cos MAM' = \frac{c^2 + c'^2 - c''^2}{2\,cc'},$$

relation entre les trois côtés du triangle MAM' et l'un de ses angles. Si l'on fait attention que cet angle MAM' est opposé au côté $MM' = c''$, on en conclura, pour les angles AMM', $AM'M$, respectivement opposés aux côtés $AM' = c'$, $AM = c$, les relations

$$\cos AMM' = \frac{c^2 + c''^2 - c'^2}{2\,cc''},$$

$$\cos AM'M = \frac{c'^2 + c''^2 - c^2}{2\,c'c''};$$

puis, désignant par γ'', γ', γ les angles MAM', AMM', $AM'M$, on aura les trois équations suivantes :

$$(A) \quad \begin{cases} c^2 + c'^2 - 2cc' \ \cos\gamma'' = c''^2, \\ c^2 + c''^2 - 2cc'' \ \cos\gamma' = c'^2, \\ c'^2 + c''^2 - 2c'c'' \cos\gamma \ = c^2. \end{cases}$$

Si l'on ajoute ensemble la première et la seconde, puis la première et la troisième, puis la seconde et la troisième, on obtiendra trois résultats qui deviendront respectivement divisibles par $2c$, $2c'$, $2c''$, lorsqu'on aura effacé les termes communs aux deux membres de chacun, et qui donneront ainsi :

$$(B) \quad \begin{cases} c - c'\cos\gamma'' - c'' \cos\gamma' = 0, \\ c' - c\cos\gamma'' - c'' \cos\gamma = 0, \\ c'' - c\cos\gamma' - c'\cos\gamma = 0. \end{cases}$$

Il est bon d'observer que ces équations s'obtiennent immédiatement en abaissant successivement de chaque angle du triangle, une perpendiculaire sur le côté opposé, et calculant les segments de ce côté.

On a, dans la *fig.* 14,

$$AD = AB \cos A, \qquad CD = BC \cos C,$$
$$AC = AD + CD = AB \cos A + BC \cos C.$$

Faisant

$$AC = c, \quad AB = c', \quad BC = c'', \quad A = \gamma'', \quad C = \gamma',$$

il viendra

$$c = c' \cos\gamma'' + c'' \cos\gamma', \quad \text{ou} \quad c - c' \cos\gamma'' - c'' \cos\gamma' = 0.$$

On parviendrait de même aux deux autres équations (B).

100. Quoique ces équations soient au nombre de trois, elles ne peuvent cependant faire connaître les côtés lorsque les trois angles sont donnés ; car, si l'on cherchait les valeurs de c, c', c'', au moyen des expressions générales des inconnues déterminées par trois équations du premier degré, on trouverait 0, à cause que le terme connu manque. Mais ces mêmes équations se changent en

$$1 - p \cos\gamma'' - q \cos\gamma' = 0,$$
$$p - \cos\gamma'' - q \cos\gamma = 0,$$
$$q - \cos\gamma' - p \cos\gamma = 0,$$

lorsqu'on fait

$$\frac{c'}{c} = p, \quad \frac{c''}{c} = q;$$

elles donnent alors les rapports des côtés du triangle proposé, et il reste de plus une équation de condition, qu'on obtient en éliminant p et q. Cette équation est

$$1 - \cos\gamma''^2 - \cos\gamma'^2 - \cos\gamma^2 - 2\cos\gamma'' \cos\gamma' \cos\gamma = 0,$$

et son premier membre est précisément le dénominateur commun des valeurs des inconnues c, c', c'', déduites des expressions générales citées plus haut. En égalant cette quantité à zéro, les valeurs des côtés c, c', c'', deviennent $\frac{0}{0}$, et les côtés demeurent, par conséquent, indéterminés, comme le prouve la transformation opérée sur les équations (B).

L'équation de condition que l'on vient d'indiquer renferme la relation que doivent avoir entre eux les trois angles γ, γ' et γ'', pour que leur somme soit égale à deux droits, ainsi que l'exige la nature du triangle rectiligne. Pour s'en assurer, il faut développer l'équation

$$\cos(2^q - \gamma'' - \gamma') = \cos\gamma :$$

on trouvera d'abord, par le n° **11**,

$$- \cos(\gamma'' + \gamma') = \cos\gamma,$$

en observant que $\sin 2^q = 0$, et que $\cos 2^q = -1$; il viendra ensuite

$$- \cos\gamma'' \cos\gamma' + \sin\gamma'' \sin\gamma' = \cos\gamma,$$

d'où

$$\cos\gamma + \cos\gamma'' \cos\gamma' = \sin\gamma'' \sin\gamma',$$

puis

$$(\cos\gamma + \cos\gamma'' \cos\gamma')^2 = \sin\gamma''^2 = \sin\gamma'^2 = (1 - \cos\gamma''^2)(1 - \cos\gamma'^2),$$

et, après les réductions, on retombera sur l'équation de condition rapportée plus haut.

Il est à propos de remarquer que les équations (A) sont, par rapport aux triangles rectilignes, ce que les équations (B) du n° **47** sont à l'égard des triangles sphériques, et conduiraient, par de simples transformations, aux formules de la résolution des premiers triangles.

101. Pour avoir l'aire du triangle MAM' (*fig.* 4₂), il faudra, du point A, abaisser une perpendiculaire AD sur le côté MM' qui, passant par les points M et M', dont les coordonnées sont respectivement α et β, α' et β', a pour équation (88)

$$y - \beta = \frac{\beta' - \beta}{\alpha' - \alpha}(x - \alpha),$$

ou

$$y = \frac{\beta' - \beta}{\alpha' - \alpha}x + \frac{\alpha'\beta - \beta'\alpha}{\alpha' - \alpha}.$$

En comparant cette dernière équation avec la formule

$$y = ax + b,$$

on trouvera

$$a = \frac{\beta' - \beta}{\alpha' - \alpha}, \quad b = \frac{\alpha'\beta - \beta'\alpha}{\alpha' - \alpha};$$

mais, en observant que dans le n° 92, les lettres α et β désignent les coordonnées du point d'où part la perpendiculaire, coordonnées qui sont nulles dans le cas actuel, puisque ce point est l'origine, l'expression de la perpendiculaire se réduit à

$$\frac{-b}{\sqrt{1 + a^2}} = -\frac{\alpha'\beta - \beta'\alpha}{\sqrt{(\alpha' - \alpha)^2 + (\beta' - \beta)^2}},$$

et, mettant c'' au lieu de $\sqrt{(\alpha' - \alpha^2) + (\beta' - \beta)^2}$, il viendra

$$AD = \frac{\alpha\beta' - \alpha'\beta}{c''}.$$

Avec cette valeur, on aura pour l'aire du triangle MAM',

$$\frac{MM' \times AD}{2} = S = \frac{\alpha\beta' - \alpha'\beta}{2},$$

expression bien remarquable, en ce qu'elle donne l'aire de tous les triangles qui ont leur sommet au point A, au moyen des coordonnées des sommets des angles adjacents à leur base:

On peut la changer en une autre qui ne dépende que des côtés. Pour cela, il faut multiplier entre elles les deux équations

$$\alpha^2 + \beta^2 = c^2, \quad \alpha'^2 + \beta'^2 = c'^2,$$

et retrancher du produit le carré de

$$\alpha\alpha' + \beta\beta' = \frac{c^2 + c'^2 - c''^2}{2} :$$

il viendra

$$\alpha^2\beta'^2 + \alpha'^2\beta^2 - 2\alpha\alpha'\beta\beta' = c^2 c'^2 - \frac{(c^2 + c'^2 + c''^2)^2}{4}.$$

Prenant les racines carrées, et réduisant tous les termes du second membre au même dénominateur, on trouvera

$$\alpha\beta' - \alpha'\beta = \tfrac{1}{2}\sqrt{4 c^2 c'^2 - (c^2 + c'^2 - c''^2)^2},$$

et l'aire du triangle MAM′ aura pour expression

$$\tfrac{1}{4}\sqrt{4 c^2 c'^2 - (c^2 + c'^2 - c''^2)^2},$$

dont le développement s'accorde avec le résultat du n° 64.

102. Si l'on conçoit maintenant un quatrième point M″ dont les coordonnées soient α'' et β'', et que l'on représente par d, d', d'' les distances AM″, MM″, M′M″, on aura

$$\alpha''^2 + \beta''^2 = d^2,$$
$$(\alpha'' - \alpha)^2 + (\beta'' - \beta)^2 = d'^2,$$
$$(\alpha'' - \alpha')^2 + (\beta'' - \beta')^2 = d''^2.$$

En développant ces équations, et substituant dans les deux dernières, à la place des quantités $\alpha^2 + \beta^2$, $\alpha'^2 + \beta'^2$, $\alpha''^2 + \beta''^2$, leurs valeurs c^2, c'^2, d^2, on obtiendra

$$c^2 + d^2 - 2(\alpha\alpha'' + \beta\beta'') = d'^2,$$
$$c'^2 + d^2 - 2(\alpha'\alpha'' + \beta'\beta'') = d''^2;$$

et si, pour abréger, on fait

$$\frac{c^2 + d^2 - d'^2}{2} = d_{,}, \quad \frac{c'^2 + d^2 - d''^2}{2} = d_{\prime\prime},$$

on aura

$$d_{,} = \alpha\alpha'' + \beta\beta'', \quad d_{,,} = \alpha'\alpha'' + \beta'\beta''.$$

Prenant dans ces équations la valeur de α'' et celle de β'', qui sont

$$\alpha'' = \frac{\beta'd_{,} - \beta d_{,,}}{\alpha\beta' - \alpha'\beta}, \quad \beta'' = \frac{\alpha d_{,,} - \alpha'd_{,}}{\alpha\beta' - \alpha'\beta},$$

pour les mettre dans

$$\alpha''^2 + \beta''^2 = d^2,$$

en ayant égard aux équations

$$\alpha^2 + \beta^2 = c^2, \quad \alpha'^2 + \beta'^2 = c'^2,$$

on trouvera

$$(C) \quad c^2 d_{,,}^2 + c'^2 d_{,}^2 - 2 d_{,}d_{,,}(\alpha\alpha' + \beta\beta') = d^2(\alpha\beta' - \alpha'\beta)^2.$$

Remplaçant ensuite les quantités $\alpha\alpha' + \beta\beta'$ et $\alpha\beta' - \alpha'\beta$, par leurs valeurs

$$\frac{c^2 + c'^2 - c''^2}{2}, \quad \frac{1}{2}\sqrt{4c^2c'^2 - (c^2 + c'^2 - c''^2)^2},$$

obtenues ci-dessus, et remettant

$$\frac{c^2 + d^2 - d'^2}{2}, \quad \frac{c'^2 + d^2 - d''^2}{2},$$

pour $d_{,}$, $d_{,,}$, cette équation ne renfermera plus que les six distances

$$AM, \quad AM', \quad MM', \quad AM'', \quad MM'', \quad M'M'',$$

qui forment les quatre côtés et les deux diagonales du quadrilatère $AMM''M'$. Quand les quatre côtés de ce quadrilatère et l'une de ses diagonales seront connus, on pourra trouver l'autre diagonale.

103. Si l'on voulait déterminer le point M'' par les conditions que les trois distances

$$AM'', \quad MM'', \quad M'M'',$$

fussent égales, ce point serait alors le centre du cercle circonscrit au triangle proposé, et l'on aurait

$$d = d' = d'',$$

ce qui donnerait

$$d_{,} = \frac{c^2}{2}, \quad d_{,,} = \frac{c'^2}{2};$$

l'équation (C) deviendrait

$$c^2 c'^4 + c'^2 c^4 - 2 c^2 c'^2 (\alpha\alpha' + \beta\beta') = 4 d^2 (\alpha\beta' - \alpha'\beta)^2,$$

et se réduirait à

$$c^2 c'^2 c''^2 = 16 d^2 S^2,$$

en mettant pour $\alpha\alpha' + \beta\beta'$ sa valeur, et en observant que si l'on désigne par S la surface du triangle AMM′, égale à $\frac{\alpha\beta' - \alpha'\beta}{2}$ (101), on aura

$$(\alpha\beta' - \alpha'\beta)^2 = 4 S^2.$$

On tire de là

$$d = \frac{cc' c''}{4S},$$

expression très-simple du rayon du cercle circonscrit au triangle proposé; et en écrivant $\frac{c^2}{2}$ et $\frac{c'^2}{2}$ au lieu de $d_{,}$ et $d_{,,}$, dans les valeurs de α'' et de β'', on a les coordonnées du centre de ce cercle.

104. Il ne sera plus difficile de trouver les coordonnées du centre du cercle inscrit, et le rayon de ce cercle. Dans ce cas, le point M″ (*fig.* 43) se trouve au dedans du triangle, et dans une situation telle, que les perpendiculaires abaissées de ce point sur chacun des côtés AM, AM′, MM′, sont égales entre elles. Pour exprimer analytiquement cette circonstance, il suffit de former les équations des trois lignes ci-dessus, et d'en déduire, par la formule du n° 88, les longueurs des perpendiculaires menées

du point M'' dont les coordonnées sont α'' et β''. Or ces équations sont respectivement

$$y = \frac{\beta}{\alpha} x, \quad y = \frac{\beta'}{\alpha'} x \quad (87),$$

$$y = \frac{\beta' - \beta}{\alpha' - \alpha} x + \frac{\alpha'\beta - \alpha\beta'}{\alpha' - \alpha} \quad (88);$$

les perpendiculaires abaissées sur chacune d'elles auront pour expression.

$$\frac{\alpha\beta'' - \alpha''\beta}{\sqrt{\alpha^2 + \beta^2}}, \quad \frac{\alpha'\beta'' - \alpha''\beta'}{\sqrt{\alpha'^2 + \beta'^2}},$$

$$\frac{(\alpha' - \alpha)\beta'' - (\beta' - \beta)\alpha'' + \alpha\beta' - \alpha'\beta}{\sqrt{(\alpha' - \alpha)^2 + (\beta' - \beta)^2}},$$

et pourront s'écrire ainsi :

$$\frac{\alpha\beta'' - \alpha''\beta}{c}, \quad \frac{\alpha'\beta'' - \alpha''\beta'}{c'},$$

$$\frac{-(\alpha\beta'' - \alpha''\beta) - (\alpha''\beta' - \alpha'\beta'') + (\alpha\beta' - \alpha'\beta)}{c''},$$

en mettant pour les radicaux leurs valeurs c, c', c''.

Si maintenant on se rappelle que la formule qui donne la perpendiculaire abaissée d'un point sur une ligne a été obtenue par une extraction de racine carrée, et qu'elle est, par conséquent, susceptible d'être prise positivement ou négativement, on en conclura que chacune des expressions ci-dessus a deux valeurs. Pour n'employer que celles qui sont positives, il faut observer que, d'après la figure, la ligne AM' s'écartant plus de l'axe des abscisses AB que la ligne AM, et le point M'' étant compris entre la première et la dernière, on doit avoir

$$\frac{\beta'}{\alpha'} > \frac{\beta''}{\alpha''}, \quad \frac{\beta'}{\alpha'} > \frac{\beta}{\alpha} \quad \text{et} \quad \frac{\beta''}{\alpha''} > \frac{\beta}{\alpha},$$

ou, ce qui est la même chose,

$$\alpha''\beta' > \alpha'\beta'', \quad \alpha\beta' > \alpha'\beta, \quad \alpha\beta'' > \alpha''\beta:$$

d'où il suit que, pour donner une valeur positive, l'expression de la seconde perpendiculaire doit être prise avec des signes contraires à ceux qu'elle a ci-dessus.

De plus, le point M'' se trouvant au-dessous de la droite MM', dont l'équation est

$$y = \frac{\beta' - \beta}{\alpha' - \alpha}\, x + \frac{\alpha'\beta - \alpha\beta'}{\alpha' - \alpha},$$

il faut que

$$\beta'' < \frac{\beta' - \beta}{\alpha' - \alpha}\, \alpha'' + \frac{\alpha'\beta - \alpha\beta'}{\alpha' - \alpha},$$

ou que

$$\beta'' < \frac{\beta - \beta'}{\alpha - \alpha'}\, \alpha'' + \frac{\alpha\beta' - \alpha'\beta}{\alpha - \alpha'};$$

ce qui donne

$$\alpha\beta'' - \alpha'\beta'' < \alpha''\beta - \alpha''\beta' + \alpha\beta' - \alpha'\beta,$$

ou bien

$$\alpha\beta'' - \alpha''\beta + \alpha''\beta' - \alpha'\beta'' < \alpha\beta' - \alpha'\beta,$$

condition par laquelle l'expression de la troisième perpendiculaire est positive.

Si, d'après ces considérations, on fait

$$\frac{\alpha\beta'' - \alpha''\beta}{c} = e, \qquad \frac{\alpha''\beta' - \alpha'\beta''}{c'} = e',$$

$$\frac{-(\alpha\beta'' - \alpha''\beta) - (\alpha''\beta' - \alpha'\beta'') + (\alpha\beta' - \alpha'\beta)}{c''} = e'',$$

et que l'on ajoute les produits ec, $e'c'$, $e''c''$, il viendra, par les réductions,

$$ec + e'c' + e''c'' = \alpha\beta' - \alpha'\beta.$$

Cette équation est facile à vérifier; car, les produits ec, $e'c'$, $e''c''$ exprimant les aires des triangles $AM''M$, $AM''M'$, $MM''M'$, multipliées par 2, et la somme de ces aires étant égale à celle du triangle total AMM', désignée par S, on a, comme dans le n° 101,

$$\alpha\beta' - \alpha'\beta = 2S.$$

Lorsque $c = c' = c''$, on obtient sur-le-champ

$$c = \frac{2S}{c + c' + c''},$$

et quand $c = c' = c''$, il vient

$$c + c' + c'' = \frac{2S}{c}.$$

La première de ces expressions est celle du rayon du cercle inscrit, et la seconde fait voir que *si d'un point quelconque pris dans l'intérieur d'un triangle équilatéral on abaisse une perpendiculaire sur chacun des côtés de ce triangle, la somme de ces trois lignes sera égale à sa hauteur,* puisqu'en prenant le côté c pour base, et nommant h la hauteur, on a $S = \frac{1}{2} ch$, ce qui donne

$$c + c' + c'' = h.$$

On pourrait encore tirer un grand nombre de conséquences de la théorie que je viens d'exposer; mais ce qui précède suffit pour cet ouvrage ; et j'observerai qu'il existe pour les polygones rectilignes quelconques, des équations analogues aux équations (A) et (B) du n° 99, qui s'obtiennent de la même manière, et qui conduisent aux propriétés de ces polygones, comme celles-ci mènent aux propriétés du triangle. Lagrange a donné, sur les pyramides, un Mémoire auquel ceci peut servir de préliminaire, et qu'on étendrait aux polyèdres en faisant usage des formules rapportées dans le cinquième chapitre du premier volume de mon *Traité du Calcul différentiel et du Calcul intégral* (*).

105. La combinaison de l'équation de la circonférence

(*) Voyez les *Mémoires de l'Académie de Berlin,* année 1773; la *Polygonométrie* de M. l'Huilier, sa *Polyédrométrie* insérée dans le premier volume des *Mémoires présentés à l'Institut par des Savants étrangers;* la *Géométrie de position* de Carnot, et son *Mémoire sur la relation qui existe entre les distances de cinq points quelconques pris dans l'espace.*

du cercle avec celle de la ligne droite fait découvrir les diverses propriétés qui résultent de la rencontre de ces lignes, et donne la solution de toutes les questions dans lesquelles l'inconnue ne passe pas le second degré.

Soient

$$x^2 + y^2 = r^2, \quad y - \beta = a(x - \alpha)$$

ces deux équations : les employer à la détermination de x et de y, ou les considérer comme renfermant les mêmes inconnues, c'est supposer que les points auxquels appartiennent les coordonnées x, y, sont situés en même temps sur la circonférence du cercle et sur la ligne droite proposée, c'est-à-dire sont les intersections de ces lignes ; et en général, il est évident que, pour trouver les points de rencontre de deux lignes quelconques, il suffit de supposer que leurs équations ne contiennent que les mêmes inconnues.

En chassant d'abord y, par le moyen de sa valeur prise dans la seconde équation, on trouvera

$$x^2 + (ax + \beta - a\alpha)^2 = r^2.$$

Cette équation du second degré, étant développée, donnera deux valeurs pour x, parce qu'en effet la ligne droite doit, en général, rencontrer le cercle en deux points ; mais on arrive à des résultats plus remarquables lorsqu'on prend pour inconnue la distance du point dont les coordonnées sont α et β, à l'un des points d'intersection de la droite et du cercle. Si l'on désigne cette distance par z, on aura (88)

$$z = \sqrt{(x - \alpha)^2 + (y - \beta)^2},$$

d'où l'on tirera

$$z^2 = (x - \alpha)^2 + (y - \beta)^2;$$

et mettant pour $y - \beta$ sa valeur $a(x - \alpha)$, il viendra

$$z^2 = (x - \alpha)^2 (1 + a^2),$$

d'où l'on déduira

$$x - \alpha = \frac{z}{\sqrt{1 + a^2}}, \quad y - \beta = \frac{az}{\sqrt{1 + a^2}},$$

ce qui donnera

$$x = \alpha + \frac{z}{\sqrt{1 + a^2}}, \quad y = \beta + \frac{az}{\sqrt{1 + a^2}}.$$

Substituant ces dernières valeurs dans l'équation

$$x^2 + y^2 = r^2,$$

on la changera en cette autre,

$$\alpha^2 + \frac{2az}{\sqrt{1 + a^2}} + \frac{z^2}{1 + a^2} + \beta^2 + \frac{2\beta az}{\sqrt{1 + a^2}} + \frac{a^2 z^2}{1 + a^2} = r^2,$$

qui se réduit à

$$z^2 + \frac{2(\alpha + \beta a)}{\sqrt{1 + a^2}} z + \alpha^2 + \beta^2 - r^2 = 0,$$

et qui fera d'abord connaître z, et ensuite x et y, au moyen des expressions précédentes.

Il est visible que si le point E (*fig.* 44) est celui dont les coordonnées sont α et β, que MNM′ et EM soient le cercle et la droite proposée, a exprimera la tangente de l'angle EeB, et les deux valeurs de z appartiendront aux droites EM et EM′.

106. On sait, par la théorie des équations, que le dernier terme est le produit de toutes les racines : si donc on nomme z' et z'' celles de l'équation ci-dessus, on aura

$$z' z'' = \alpha^2 + \beta^2 - r^2,$$

expression qui, ne dépendant point de la quantité a, demeurera la même, quelle que soit cette quantité, c'est-à-dire quel que soit l'angle EeB dont elle est la tangente; et comme z' et z'' représentent les deux lignes EM et EM′, il suit de là que le produit EM $\times$ EM′ est le même pour toutes les lignes menées par le point E, ou, que si l'on tire une seconde sécante E m', on aura

$$EM \times EM' = Em \times Em',$$

d'où il résulte que les sécantes EM′ et Em' sont réciproquement proportionnelles à leurs parties extérieures EM et Em, ainsi qu'on le prouve dans les Éléments de Géométrie.

Lorsque le point E est en dehors du cercle, on a

$$\alpha^2 + \beta^2 > r^2,$$

puisque $\alpha^2 + \beta^2$ exprime le carré de la distance du point E au centre A ; mais quand ce point est intérieur au cercle, comme le montre la *fig*. 45, z' et z'' sont de signes différents, parce que le dernier terme $\alpha^2 + \beta^2 - r^2$ devient négatif à cause de $\alpha^2 + \beta^2 < r^2$. D'ailleurs le produit EM $\times$ EM′ demeure indépendant de l'inclinaison de la ligne MM′, par rapport à AB ; et en menant par le point E une seconde corde mm', on a encore

$$EM \times EM' = Em \times Em'.$$

D'où il résulte, comme on le prouve dans les Éléments de Géométrie, que les cordes d'un même cercle se coupent en raison réciproque ; et l'on voit que ce théorème et le précédent n'en font, à proprement parler, qu'un seul, puisqu'ils se déduisent de la même équation.

En tirant de l'équation

$$z^2 + \frac{2\,(\alpha + \beta a)}{\sqrt{1 + a^2}}\, z + \alpha^2 + \beta^2 - r^2 = 0,$$

la valeur de z, on trouve

$$z' = \frac{-(\alpha + \beta a) + \sqrt{r^2(1 + a^2) - (\beta - a\alpha)^2}}{\sqrt{1 + a^2}},$$

$$z'' = \frac{-(\alpha + \beta a) - \sqrt{r^2(1 + a^2) - (\beta - a\alpha)^2}}{\sqrt{1 + a^2}};$$

telles sont les expressions des lignes EM et EM′.

Elles peuvent être simplifiées en changeant les coordonnées, de manière que les abscisses x et α soient prises sur la droite AE (*fig.* 44) qui joint le point E avec le centre A du cercle proposé, en partant toujours de ce centre, et que les ordonnées y soient perpendiculaires à cette droite : on aura alors

$$\beta = 0, \quad \alpha = AE,$$

$$z' = \frac{-\alpha + \sqrt{r^2(1 + a^2) - a^2\alpha^2}}{\sqrt{1 + a^2}},$$

$$z'' = \frac{-\alpha - \sqrt{r^2(1 + a^2) - a^2\alpha^2}}{\sqrt{1 + a^2}};$$

l'équation du cercle ne changera point, mais celle de la droite EM deviendra

$$y = a(x - \alpha).$$

107. En supposant que le point E soit extérieur au cercle, on obtient

$$MM' = EM' - EM = \frac{2\sqrt{r^2(1 + a^2) - a^2\alpha^2}}{\sqrt{1 + a^2}};$$

mais il est visible que cette ligne diminue à mesure que la ligne EM, tournant autour du point E, tend à sortir du cercle, et que les points M et M' finissent par coïncider en N, lorsque cette ligne n'a plus avec le cercle qu'un simple contact : à ce point, on a donc $MM' = 0$, et, par conséquent,

$$r^2(1 + a^2) - a^2\alpha^2 = 0,$$

d'où

$$a = \frac{r}{\sqrt{\alpha^2 - r^2}}.$$

Voilà l'expression de la tangente trigonométrique de l'angle que doit faire avec la ligne AE une ligne EN menée par le point E, de manière à toucher le cercle ; et, par conséquent, la solution algébrique de ce problème : *Par un point pris hors du cercle, mener une tangente à ce cercle.*

108. Les mêmes considérations serviront aussi à déterminer la tangente menée par un point pris sur la circonférence du cercle ; et pour plus de généralité, je placerai ce point d'une manière quelconque. En désignant toujours par α et β ses coordonnées, on aura par l'équation du cercle, à laquelle ces quantités doivent satisfaire,

$$\alpha^2 + \beta^2 = r^2,$$

ce qui réduira l'équation

$$z^2 + \frac{2(\alpha + \beta a)}{\sqrt{1+a^2}} z + \alpha^2 + \beta^2 - r^2 = 0$$

à

$$z^2 + \frac{2(\alpha + \beta a)}{\sqrt{1 + a^2}} z = 0;$$

et dans cet état elle se décompose en

$$z = 0, \quad z + \frac{2(\alpha + \beta a)}{\sqrt{1 + a^2}} = 0 :$$

ses deux racines seront donc

$$z' = 0, \quad z'' = - \frac{2(\alpha + \beta a)}{\sqrt{1 + a^2}},$$

et la différence de ces valeurs, ou la longueur de la partie de la sécante comprise dans le cercle, sera

$$\frac{2(\alpha + \beta a)}{\sqrt{1 + a^2}}.$$

Pour que cette quantité s'évanouisse, il faudra qu'on ait

$$\alpha + \beta a = 0, \quad \text{ou} \quad a = - \frac{\alpha}{\beta},$$

résultat qui s'accorde avec ce qu'on démontre dans les
Éléments de Géométrie; car la droite menée par le centre
du cercle et par le point dont les coordonnées sont α et β,
ou le rayon AN, aurait pour équation $y = \frac{\beta}{\alpha} x$ (87);
l'équation $y - \beta = a (x - \alpha)$, devenant, par la valeur
de a trouvée ci-dessus, $y - \beta = - \frac{\alpha}{\beta} (x - \alpha)$, représentera la droite perpendiculaire à ce rayon, et passant par le
point dont les coordonnées sont α et β, c'est-à-dire par
son extrémité N (90).

Si l'on voulait connaître la distance de l'origine A des
coordonnées, au point où la tangente NT rencontre l'axe
des abscisses, il faudrait, dans l'équation de cette tangente,
faire $y = 0$, ce qui donnerait

$$- \beta = - \frac{\alpha}{\beta} (x - \alpha) \quad \text{et} \quad x = \frac{\alpha^2 + \beta^2}{\alpha} = \frac{r^2}{\alpha},$$

à cause de $\alpha^2 + \beta^2 = r^2$.

109. On peut, par ce qui précède, résoudre la question suivante : *Trouver la position que doit avoir la
ligne* EM, *menée par le point donné* E, *pour que la
partie* MM′ *de cette ligne, comprise dans le cercle, soit
d'une grandeur donnée* m. Afin de parvenir à des expressions plus simples, je prendrai, comme à la fin du n° 106,
la ligne AE pour axe des abscisses, et, en égalant à m la
différence des valeurs de z, obtenue dans le n° 107,
j'aurai

$$m = \frac{2\sqrt{r^2(1 + a^2) - a^2 \alpha^2}}{\sqrt{1 + a^2}}.$$

Faisant disparaître les radicaux, il viendra

$$m^2(1 + a^2) = 4 r^2(1 + a^2) - 4 a^2 \alpha^2,$$

d'où je tirerai

$$a = \frac{\sqrt{4 r^2 - m^2}}{\sqrt{4 \alpha^2 - 4 r^2 + m^2}};$$

et substituant cette valeur dans $y = a\,(x - \alpha)$, j'obtiendrai l'équation de la droite cherchée.

Ce n'est encore là que la solution analytique du problème qui m'occupe ; il faut maintenant construire l'expression ci-dessus. Pour y parvenir, on observera d'abord que le numérateur $\sqrt{4\,r^2 - m^2}$ exprime le côté d'un triangle rectangle dont $2\,r$ est l'hypoténuse, et m le troisième côté. On donnera ensuite au dénominateur $\sqrt{4\,\alpha^2 - 4\,r^2 + m^2}$ la forme $\sqrt{4\,\alpha^2 - (4\,r^2 - m^2)}$, équivalente à $\sqrt{4\,\alpha^2 - (\sqrt{4\,r^2 - m^2})^2}$, et qui fait voir que ce dénominateur est aussi le côté d'un triangle rectangle ayant pour hypoténuse $2\,\alpha$, et pour troisième côté le radical $\sqrt{4\,r^2 - m^2}$, ou le numérateur dont je viens d'indiquer la construction.

En nommant q et p les deux lignes qu'on obtiendra par ces opérations, j'ai

$$a = \frac{q}{p};$$

l'équation $y = a\,(x - \alpha)$ devient

$$y = \frac{q}{p}\,(x - \alpha),$$

et il en résulte que si l'on prend sur AE, à partir du point E, une distance $EF = p$, et que par l'autre extrémité de cette distance on élève une perpendiculaire $FG = q$, la droite qui joindra l'extrémité de cette perpendiculaire avec le point E jouira de la propriété comprise dans l'énoncé de la question, puisque l'angle FEG aura pour tangente trigonométrique $a = \dfrac{q}{p} = \dfrac{FG}{EF}$.

110. Il doit être évident, d'après ce qui précède, que les questions de Géométrie peuvent être traitées par deux méthodes bien distinctes : l'une consiste à déterminer les

équations des lignes qui contiennent les points cherchés, en partant des propriétés de ces lignes, et l'autre à déduire immédiatement de la considération des triangles semblables et des triangles rectangles que présente la figure résultante du problème supposé résolu, en s'aidant même de quelques constructions préparatoires, les relations des droites qui déterminent la position de ces points.

La première de ces méthodes, quelquefois plus élégante que la seconde, est toujours plus générale; mais la seconde est souvent plus simple; et cela doit être, puisque par celle-ci on prend les choses de moins haut, et qu'on part de propriétés plus voisines de celles qu'on cherche à découvrir (*).

111. L'équation du premier degré n'a donné qu'une seule espèce de lignes, savoir, la ligne droite; l'équation du cercle s'est trouvée du second degré; mais cette équation, obtenue dans le n° 94, sous la forme la plus générale, n'est encore qu'un cas particulier de ce même degré dont la formule est

$$(1) \qquad A y^2 + B xy + C x^2 + D y + E x = F :$$

il reste donc à découvrir les courbes qui répondent aux autres cas de cette formule. J'observerai d'abord qu'on peut, sans en diminuer la généralité, l'écrire ainsi :

$$y^2 + \frac{B}{A} xy + \frac{C}{A} x^2 + \frac{D}{A} y + \frac{E}{A} x = \frac{F}{A},$$

et faisant, pour abréger,

$$\frac{B}{A} = b, \quad \frac{C}{A} = c, \quad \frac{D}{A} = d, \quad \frac{E}{A} = e, \quad \frac{F}{A} = f,$$

(*) J'ai tracé la marche féconde et uniforme de la première de ces méthodes, dans la Préface de mon *Traité du Calcul différentiel et du Calcul intégral*; et les lecteurs qui voudront en connaître plus particulièrement l'application, trouveront de quoi satisfaire leur goût dans la 3ᵉ édition du *Recueil de diverses Propositions de Géométrie*, etc., par M. Puissant.

il en résultera

$$y^2 + bxy + cx^2 + dy + ex = f.$$

Le moyen qui s'offre le premier pour déterminer les circonstances du cours des courbes cherchées, c'est d'examiner la marche des valeurs de l'ordonnée, par rapport à celles que l'on peut assigner aux abscisses, et, pour cela, de résoudre l'équation ci-dessus, par rapport à y. En opérant ainsi, on trouve

$$y = -\tfrac{1}{2}(bx + d) \pm \tfrac{1}{2}\sqrt{\tfrac{1}{4}(f + ex - cx^2) + (bx + d)^2}.$$

Développant la quantité qui est sous le radical, et l'ordonnant par rapport à x, il viendra

$$y = \frac{-(bx+d) \pm \sqrt{(4f+d^2) - 2(2e - bd)x - (4c - b^2)x^2}}{2}.$$

Faisant, pour abréger,

$$4f + d^2 = p, \quad 2e - bd = n, \quad 4c - b^2 = m,$$

on aura

$$y = -\frac{bx + d}{2} \pm \frac{\sqrt{p - 2nx - mx^2}}{2}.$$

On voit d'abord que la valeur de y est composée de deux parties, dont l'une, exprimée par $-\dfrac{bx + d}{2}$, est l'ordonnée d'une ligne droite ayant pour équation

$$y = -\tfrac{1}{2}bx - \tfrac{1}{2}d,$$

qui se construit en prenant sur l'axe AC′ au-dessous de AB (*fig.* 46), une partie AD $= \tfrac{1}{2}d$, et menant par le point D, une droite DE, faisant du côté des x négatifs un angle DEA, dont la tangente soit égale à $\tfrac{1}{2}b$ (87); en sorte que, AP étant x, PN sera $-\dfrac{bx + d}{2}$. Il est évident maintenant que pour avoir les points qui appartiennent à la courbe cherchée, il faut porter dans la direction de PN, tant au-dessus qu'au-dessous de la droite DE, des parties NM et NM′ égales à

$$\tfrac{1}{2}\sqrt{p - 2nx - mx^2},$$

puisqu'on aura, par ce moyen,

$$\mathrm{PM} = -\tfrac{1}{2}(bx + d) + \tfrac{1}{2}\sqrt{p - 2nx - mx^2};$$

$$\mathrm{PM}' = -\tfrac{1}{2}(bx + d) - \tfrac{1}{2}\sqrt{p - 2nx - mx^2}.$$

La droite DE jouit ainsi de la propriété remarquable de partager en deux parties égales les lignes menées parallèlement à AC, entre deux points de la courbe cherchée, et c'est pour cela qu'on lui a donné le nom de *diamètre*; mais il y a cette différence entre la ligne DE et les diamètres du cercle, que ceux-ci rencontrent à angle droit toutes les lignes qu'ils divisent en deux parties égales, tandis que la première les coupe obliquement : cependant on verra bientôt que ces deux circonstances dérivent d'une même loi.

112. L'équation ci-dessus se simplifierait beaucoup en prenant pour ordonnées les droites NM et NM′, c'est-à-dire en faisant

$$y + \frac{bx + d}{2} = t:$$

il viendrait alors

$$t = \pm\tfrac{1}{2}\sqrt{p - 2nx - mx^2};$$

mais les abscisses AP ne seraient plus comptées sur la ligne de laquelle partent les ordonnées. Pour les ramener à cet état, il faut les prendre sur le diamètre DE : c'est ce qu'on effectuera en posant DN = s, et en observant que si l'on tire DG parallèle à AB, on aura

$$\mathrm{DG} = \mathrm{DN}\cos\mathrm{D} = s\cos\mathrm{D}.$$

L'angle D est le même que l'angle E, dont la tangente est $\tfrac{1}{2}b$; son cosinus est

$$\frac{1}{\sqrt{1 + \tfrac{1}{4}b^2}} = \frac{2}{\sqrt{4 + b^2}} \quad \text{(page 33)};$$

et puisque
$$AP = DG,$$

il en résultera
$$x = \frac{2s}{\sqrt{4 + b^2}} = qs,$$

en faisant, pour abréger,
$$\frac{2}{\sqrt{4 + b^2}} = q.$$

La valeur de x étant mise dans celle de t, on trouve
$$t = \pm \tfrac{1}{2} \sqrt{p - 2nqs - mq^2 s^2},$$

relation qui doit exister entre s et t, ou entre les droites DN et NM, pour chaque point de la courbe, et qui est, par conséquent, son équation rapportée aux coordonnées DN et NM. Celle-ci, quoique plus simple que
$$y^2 + bxy + cx^2 + dy + ex = f,$$

est aussi générale, puisque les transformations effectuées jusqu'ici n'ont introduit aucune condition particulière.

L'expression de t étant affectée, en général, d'un radical du second degré, ne saurait avoir de valeur réelle qu'autant que la quantité $p - 2nqs - mq^2 s^2$ sera positive. L'examen de cette circonstance présente plusieurs cas que je discuterai successivement.

113. Je suppose d'abord que la quantité désignée par m dans le n° 111 soit positive, et je mets l'expression $p - 2nqs - mq^2 s^2$ sous la forme
$$mq^2 \left(\frac{p}{mq^2} - \frac{2n}{mq} s - s^2 \right),$$

pour n'avoir plus à considérer que celle-ci :
$$\frac{p}{mq^2} - \frac{2n}{mq} s - s^2,$$

de laquelle on peut faire disparaître le terme où s n'est qu'au premier degré, en prenant

$$s = u - \frac{n}{mq} \quad (\text{Éléments d'Algèbre}, \ 209);$$

et, après la substitution et la réduction, elle devient

$$\frac{pm + n^2}{m^2 q^2} - u^2.$$

Pour savoir ce qu'est u, il suffit de construire sa valeur en s; et l'expression

$$u = s + \frac{n}{mq} = \text{DN} + \frac{n}{mq}$$

montre que l'origine des u doit être placée en arrière de celle des s, à une distance $\text{OD} = \frac{n}{mq}$, parce qu'alors

$$\text{DN} = \text{ON} - \text{OD} = u - \frac{n}{mq}.$$

Cela fait, on a

$$t = \pm \frac{1}{2} \sqrt{mq^2 \left(\frac{pm + n^2}{m^2 q^2} - u^2 \right)},$$

et l'on voit que l'expression de t sera réelle, tant que

$$u^2 < \frac{pm + n^2}{m^2 q^2},$$

puis qu'elle sera nulle quand

$$u^2 = \frac{pm + n^2}{m^2 q^2}, \quad \text{ou} \quad u = \pm \sqrt{\frac{pm + n^2}{m^2 q^2}}.$$

Ces dernières valeurs indiquent donc les intersections de la courbe avec le diamètre DE; et en les portant de chaque côté du point O, à cause de leurs signes, on obtiendra les points I et I' placés à égale distance du premier.

Au delà de ces points, la quantité

$$\frac{pm + n^2}{m^2 q^2} - u^2$$

devenant négative, les ordonnées t seront imaginaires : ainsi la courbe n'aura aucun point correspondant aux abscisses plus grandes que OI et OI'; elle sera donc renfermée dans l'espace compris entre les lignes IH et I'H', menées par les points I et I', parallèlement aux ordonnées.

114. Les deux valeurs de t en u ne différant que par leur signe et demeurant les mêmes, soit qu'on prenne u positif ou négatif, il s'ensuit qu'à l'abscisse ON' = ON répond l'ordonnée N'M'' égale à NM' et placée en sens contraire, en sorte que les triangles M''N'O et M'NO sont égaux, et que, par conséquent, la droite M'M'' est partagée en deux parties égales au point O. Cette propriété, dont le point O jouit par rapport à tous les points de la courbe, lui a fait donner le nom de *centre*, par analogie avec le centre du cercle; mais pour les autres courbes, les rayons ne sont égaux que deux à deux, parce que les diamètres sont inégaux.

115. La forme de la courbe que représente l'équation entre t et u se reconnaît aisément par la construction de cette équation; et pour l'effectuer, je fais d'abord

$$\frac{pm + n^2}{m^2 q^2} = a'^2 :$$

il vient

$$t = \pm \tfrac{1}{2}\sqrt{mq^2(a'^2 - u^2)} = \pm \tfrac{1}{2}\sqrt{mq^2} \cdot \sqrt{a'^2 - u^2}.$$

Prenant alors a' pour le rayon d'un cercle ayant son centre au point O, u pour l'abscisse, le facteur $\sqrt{a'^2 - u^2}$ exprimera l'ordonnée de ce cercle, élevée perpendiculairement à OI. Quant au facteur $\tfrac{1}{2}\sqrt{mq^2}$, il ne doit repré-

senter qu'un rapport, si l'on veut avoir égard à l'homo-
généité des expressions (71) : je le désignerai donc par
$\dfrac{b'}{a'}$, et j'aurai, par conséquent,

$$\frac{b'^2}{a'^2} = \frac{1}{4}\, mq^2, \quad b'^2 = \frac{mp^2 + n^2}{4m},$$

d'où je tirerai

$$t = \pm\, \frac{b'}{a'}\sqrt{a'^2 - u^2}.$$

On voit ainsi que l'ordonnée NM s'obtiendra en cherchant le quatrième terme de la proportion

$$a' : b' :: \sqrt{a'^2 - u^2} : t.$$

Lorsqu'on aura déterminé la grandeur de t, on la portera
le long de la ligne MM′, tant au-dessus qu'au-dessous de
DE, à cause du signe $\pm$.

Il est évident que la courbe résultante de cette construction sera fermée comme le cercle, et ne s'étendra que
dans l'espace compris depuis $u = a'$ jusqu'à $u = -\,a'$,
puisqu'au delà de ces limites le radical, ou l'ordonnée du
cercle, sera imaginaire.

La plus grande valeur que puisse avoir l'ordonnée t est
visiblement celle qui répond au point O, pour lequel $u = o$;
on a dans ce cas.

$$t = \pm\, b' :$$

prenant donc les droites OL et OL′ égales à b', les points
L et L′ seront les limites de la courbe dans le sens de ses
ordonnées, comme les points I et I′ le sont dans celui des
abscisses.

116. Il est important de remarquer que si la quantité
représentée par a'^2 était négative, le radical $\sqrt{a'^2 - u^2}$
demeurerait toujours imaginaire, et l'équation proposée

ne saurait exprimer alors aucune ligne. En remontant à la valeur de a'^2, qui est $\dfrac{pm + n^2}{m^2 q^2}$, on verra qu'elle serait négative si p était affecté du signe $-$, et qu'on eût en même temps $pm > n^2$.

Quand, dans ce cas, $pm = n^2$, il vient (115)

$$a' = 0, \quad b' = 0;$$

mais on a toujours

$$\frac{b'}{a'} = \frac{1}{2} \sqrt{mq^2},$$

et, par conséquent,

$$t = \pm \tfrac{1}{2} \sqrt{mq^2} \cdot \sqrt{-u^2} = \pm \tfrac{1}{2} qu \sqrt{-m},$$

équation à laquelle on satisfait en posant $t = 0$, $u = 0$: on peut donc dire que la courbe se réduit alors au seul point O, où $t = 0$, $u = 0$, et que ce point est la limite vers laquelle tendent, à mesure que les diamètres II' et LL' diminuent, les courbes données par l'équation ci-dessus.

En élevant au carré les deux membres de l'équation

$$t = \pm \frac{1}{2} \sqrt{ mq^2 \left(\frac{pm + n^2}{m^2 q^2} - u^2 \right) },$$

elle se change en

$$t^2 = \frac{1}{4} mq^2 \left(\frac{pm + n^2}{m^2 q^2} - u^2 \right),$$

et en

$$4 mt^2 + m^2 q^2 u^2 - pm - n^2 = 0.$$

Lorsque p est négatif, elle devient

$$4 mt^2 + m^2 q^2 u^2 + pm - n^2 = 0;$$

et quand $pm > n^2$, son premier membre étant la somme de trois quantités essentiellement positives, puisqu'on suppose que m est aussi positive, il ne peut devenir nul que dans le cas où l'on aurait séparément les trois équations

$$4\,mt^2 = 0, \quad m^2 q^2 u^2 = 0, \quad pm - n^2 = 0.$$

On peut satisfaire aux deux premières en faisant $t = 0$, $u = 0$; mais la dernière exprime une condition sans laquelle la proposée est tout à fait absurde.

117. Je suppose à présent que m soit négative; la quantité $p - 2\,nqs - mq^2 s^2$ deviendra

$$p - 2\,nqs + mq^2 s^2 = mq^2 \left(\frac{p}{mq^2} - \frac{2\,n}{mq} s + s^2 \right).$$

On fera disparaître le terme $- \dfrac{2\,n}{mq}\, s$, en prenant

$$s = u + \frac{n}{mq};$$

et la quantité $\dfrac{n}{mq}$, qui représente OD (*fig.* 47), ayant ici le signe $+$, se portera sur la partie DF, affectée aux abscisses positives. On aura ainsi le centre O, et l'équation proposée deviendra

$$t = \pm \frac{1}{2} \sqrt{ mq^2 \left(\frac{pm - n^2}{m^2 q^2} + u^2 \right) } :$$

posant

$$\frac{pm - n^2}{m^2 q^2} = \pm a'^2,$$

selon que la quantité $pm - n^2$ sera positive ou négative, et faisant toujours

$$\frac{1}{4} mq^2 = \frac{b'^2}{a'^2},$$

on obtiendra

$$t = \pm \frac{b'}{a'} \sqrt{u^2 \pm a'^2}.$$

Cette équation paraît renfermer deux cas distincts;

elle n'en contient cependant qu'un seul ; car, si l'on élève ses deux membres au carré, on en déduira

$$t^2 = \frac{b'^2}{a'^2}(u^2 \pm a'^2),$$

d'où

$$a'^2 t^2 - b'^2 u^2 = a'^2 b'^2,$$
$$b'^2 u^2 - a'^2 t^2 = b'^2 a'^2,$$

équations qui ne diffèrent l'une de l'autre que parce que, dans la seconde, a' et t tiennent la place qu'occupent b' et u dans la première, et réciproquement : il suffit donc d'examiner ce que signifie l'une d'elles.

Je considérerai en particulier la seconde : on en tire

$$t = \pm \frac{b'}{a'} \sqrt{u^2 - a'^2};$$

l'ordonnée t sera construite en cherchant une quatrième proportionnelle aux trois lignes

$$a', \quad b', \quad \text{et} \quad \sqrt{u^2 - a'^2},$$

dont la dernière est une moyenne proportionnelle entre $u - a'$ et $u + a'$, et ne se trouve réelle qu'autant que $u > a'$. La courbe cherchée n'a donc, depuis $u = 0$ jusqu'à $u = a'$, et depuis $u = 0$ jusqu'à $u = -a'$, aucune ordonnée réelle ; et comme $u = a'$ et $u = -a'$ donnent également $t = 0$, il en résulte que cette courbe rencontre le diamètre DE aux points I et I', où se terminent les abscisses OI et OI', égales à a', mais qu'elle ne s'étend point entre les droites IH et I'H'.

Au delà des points I et I', on a $u > a'$, soit positivement, soit négativement ; l'ordonnée t augmente sans cesse, et rien ne limite la grandeur à laquelle elle peut atteindre. D'après ces considérations, il est visible que le cours de la courbe est pareil à celui des lignes KIk, K'I'k', séparées par l'intervalle II', et dont les branches IK et Ik, I'K' et I'k' s'étendent à l'infini.

Si l'on considérait cette courbe par rapport à la droite LL′, c'est-à-dire en prenant t pour l'abscisse, et u pour l'ordonnée, son équation donnerait

$$u = \pm \frac{a'}{b'} \sqrt{t^2 + b'^2}.$$

Dans cette forme, u ne saurait devenir moindre que OI et OI′, et la courbe ne rencontre point son diamètre LL′. Il est évident par là que l'équation

$$a'^2 t^2 - b'^2 u^2 = a'^2 b'^2,$$

conduisant aussi à

$$t = \pm \frac{b'}{a'} \sqrt{u^2 + a'^2},$$

doit appartenir à une courbe QLq, Q′L′q' de la même espèce que KIk, K′I′k', mais tournée par rapport au diamètre LL′ des t, comme celle-ci l'est par rapport au diamètre II′ des u.

118. Si l'on avait

$$a' = \text{o}, \quad \text{ou} \quad pm - n^2 = \text{o} \quad (\textbf{117}),$$

l'expression de t se réduirait à

$$t = \pm \tfrac{1}{2} \sqrt{mq^2 u^2},$$

et donnerait les deux équations distinctes

$$t = \tfrac{1}{2}\, qu \sqrt{m}, \quad t = -\tfrac{1}{2}\, qu \sqrt{m},$$

qui ne représentent que deux lignes droites menées par le point O. Pour les construire, on prendra à volonté une abscisse OR; il viendra

$$t = \pm \tfrac{1}{2}\, \text{OR}.\, q \sqrt{m},$$

et, portant ces valeurs de R en S et en S′, on tirera OS et OS′, qui seront les droites demandées.

Je vais comparer à ces droites la courbe KIk, en prenant pour une abscisse quelconque ON $= u$, la différence MV des ordonnées correspondantes NM et NV. La première étant exprimée par

$$\frac{1}{2} \sqrt{mq^2} \cdot \sqrt{u^2 - a'^2} \quad \text{ou} \quad \frac{1}{2} qu \cdot \sqrt{m} \cdot \sqrt{1 - \frac{a'^2}{u^2}},$$

et la seconde par

$$\frac{1}{2} qu \sqrt{m},$$

j'obtiendrai

$$MV = \frac{1}{2} qu \sqrt{m} - \frac{1}{2} qu \sqrt{m} \cdot \sqrt{1 - \frac{a'^2}{u^2}}$$

$$= \frac{1}{2} qu \sqrt{m} \left(1 - \sqrt{1 - \frac{a'^2}{u^2}} \right).$$

La différence $1 - \sqrt{1 - \frac{a'^2}{u^2}}$ devient plus facile à apprécier lorsqu'on développe l'expression $\sqrt{1 - \frac{a'^2}{u^2}}$; or, la racine du premier terme 1 étant 1, on fera

$$\sqrt{1 - \frac{a'^2}{u^2}} = 1 + z,$$

et l'on aura

$$1 - \frac{a'^2}{u^2} = 1 + 2z + z^2;$$

mais plus on supposera u considérable, plus la fraction $\frac{a'^2}{u^2}$ sera petite, et moins la racine $1 + z$ différera de l'unité : en négligeant donc, suivant la méthode donnée en Algèbre, n° 215, z^2 dans l'équation ci-dessus, on aura

$$z = - \frac{a'^2}{2\,u^2}.$$

Pour approcher ensuite davantage de cette valeur, on fera

$$z = - \frac{a'^2}{2\,u^2} + z',$$

et l'on calculera semblablement z', qu'on trouvera $-\dfrac{a'^4}{8\,u^4}$, et ainsi de suite (*).

On aura donc

$$\mathrm{MV} = \frac{1}{2}\,qu\,\sqrt{m}\left(1-1+\frac{a'^2}{2\,u^2}+\frac{a'^4}{8\,u^4}+\dots\right)$$
$$= \frac{1}{2}\,q\,\sqrt{m}\left(\frac{a'^2}{2\,u}+\frac{a'^4}{8\,u^3}+\dots\right),$$

d'où l'on voit que plus u augmentera, plus MV diminuera, mais sans pouvoir jamais devenir nulle.

Il suit de là que plus la courbe s'éloigne du point O, plus elle s'approche des droites OS et OS', sans néanmoins pouvoir les rencontrer ; en sorte que ces droites sont les limites des parties KIk, K'I'k', de la courbe proposée, qui ne peuvent jamais sortir de l'angle SOS', et de son opposé par le sommet.

119. Dans le cas où $m = 0$, on a simplement

$$t = \pm\,\tfrac{1}{2}\sqrt{p-2\,nqs}\,;$$

on réduit la quantité qui est sous le radical à un seul terme, en faisant

$$\frac{p}{2\,nq} - s = u,$$

et par ce moyen il vient

$$t = \pm\,\tfrac{1}{2}\sqrt{2\,nqu}, \quad \text{ou} \quad t = \pm\sqrt{c'\,u},$$

en représentant $\frac{1}{2}\,nq$ par c'. On voit aisément que cette équation donne $t = 0$ en même temps que $u = 0$, et que, par conséquent, le point du diamètre DE (*fig.* 48) sur lequel on a pris l'origine des u, appartient à la courbe cherchée. Pour trouver ce point, il faut faire $u = 0$ dans

―――――――――――――――――――――――――――――

(*) On peut aussi tirer ce développement de la formule du binôme.

l'équation

$$u = \frac{p}{2\,nq} - s,$$

posée ci-dessus ; on obtient

$$s = \frac{p}{2\,nq},$$

et en portant cette quantité sur DE, du côté des abscisses positives, on aura le point I, où la courbe proposée rencontre DE.

Si la quantité e' est positive, on ne pourra prendre u que positivement ; mais rien ne limitera sa grandeur, non plus que celle de t, en sorte que la courbe doit s'étendre à l'infini de ce côté seulement, ainsi que le marque la ligne RIr. Elle serait tournée du côté opposé, si e' était négatif, parce qu'il faudrait alors prendre u négativement.

L'équation

$$t = \pm \sqrt{e'\,u}$$

se construit en prenant une moyenne proportionnelle entre l'abscisse IN $= u$ et une droite égale à e' ; le résultat est l'ordonnée NM, qu'il faut ici, comme dans les cas précédents, porter tant au-dessous de DE qu'au-dessus.

Il faut remarquer que l'équation primitive

$$t = \pm \tfrac{1}{2} \sqrt{p - 2\,nqs}$$

se réduit à

$$t = \pm \tfrac{1}{2} \sqrt{p},$$

quand $n = 0$, parce qu'alors la courbe considérée dans cet article se change en deux lignes droites, menées parallèlement à l'axe des s, à une distance $\tfrac{1}{2}\sqrt{p}$, tant au-dessous qu'au-dessus de cet axe. Ces deux lignes se rapprochant de l'axe à mesure que p diminue, se réunissent sur cet axe quand $p = 0$, et il devient, dans ce cas, le lieu de l'équation proposée.

120. D'après ce qui a été trouvé dans les numéros précédents, l'équation

$$y^2 + bxy + cx^2 + dy + ex = f$$

ne peut prendre que l'une de ces trois formes :

$$
\left.
\begin{aligned}
t &= \pm \frac{b'}{a'} \sqrt{a'^2 - u^2} \\[1em]
t &= \pm \frac{b'}{a'} \sqrt{u^2 - a'^2} \\[1em]
t &= \pm \sqrt{c'\, u}
\end{aligned}
\right\}
\begin{array}{c}
\text{ou, en faisant} \\
\text{disparaître} \\
\text{les radicaux,}
\end{array}
\left\{
\begin{aligned}
a'^2\, t^2 + b'^2\, u^2 &= a'^2\, b'^2, \\[1em]
b'^2\, u^2 - a'^2\, t^2 &= a'^2\, b'^2, \\[1em]
t^2 &= c'\, u,
\end{aligned}
\right.
$$

selon que m est positive, ou négative, ou nulle; elles répondent au cas où la quantité $4c - b^2$, qui revient à $\dfrac{4\,AC - B^2}{A^2}$ (111), et qui est de même signe que $4\,AC - B^2$, est positive, négative ou nulle; elles sont comprises aussi dans la seule équation

$$t = \pm \tfrac{1}{2} \sqrt{p - 2\,nqs - mq^2\, s^2}.$$

Les courbes représentées par la première, qui rentrent sur elles-mêmes, et qui comprennent un espace fermé de toutes parts (115), sont désignées sous le nom d'*ellipses*. Celles que donne la seconde, composées de quatre branches infinies formant deux parties séparées (117), se nomment *hyperboles;* et les droites entre lesquelles elles sont renfermées (118), *asymptotes.* Enfin la troisième équation est celle des *paraboles* (119).

Pour achever la discussion de tous les cas compris dans l'équation générale

$$(1) \qquad A y^2 + B xy + C x^2 + D y + E x = F,$$

il ne reste plus à considérer que celui où les deux coefficients A et C sont nuls; car, quoique les transformations opérées jusqu'ici deviennent illusoires quand $A = o$, l'équation contenant x^2, quand C n'est pas nul, peut être résolue par rapport à cette quantité, et les formules des numéros précédents servent encore, en y changeant y en x et x en y, c'est-à-dire en faisant de l'axe des ordonnées celui des abscisses ; mais le cas où A et C sont nuls tous deux échappe entièrement à ces formules, parce que l'équation (1), réduite alors à la forme

$$B xy + D y + E x = F,$$

n'est plus que du premier degré, par rapport à chacune des coordonnées x et y : il mérite donc un examen à part.

Je mets cette dernière équation sous la forme

$$xy + dy + ex = f,$$

ce qui n'en diminue en rien l'étendue ; et j'en tire

$$y = \frac{f - ex}{x + d};$$

l'ordonnée ne devient donc jamais imaginaire.

Si l'on fait d'abord $y = 0$, on trouve

$$x = \frac{f}{e}.$$

Telle est l'abscisse du point E (*fig.* 49), où la courbe cherchée coupe l'axe des abscisses AB, et elle passe ensuite au-dessous, puisque y devient négatif quand $x > \frac{f}{e}$

Quand $x = 0$, il vient $y = \frac{f}{d}$, valeur qui indique le point F où la courbe rencontre l'axe AC des y.

En passant dans la partie négative de l'axe des x, l'ordonnée y continue à croître, parce que le dénominateur $x + d$ diminue par la soustraction de x, et devient 0 lorsque $x = -d$. Dans ce cas, la valeur infinie qu'on trouve pour y montre que la courbe ne saurait atteindre la droite GS menée sur l'abscisse $AG = -d$, perpendiculairement à l'axe AB.

Lorsque x, continuant à être négatif, l'emporte sur d, la valeur de y change de signe, mais en commençant par être plus grande que telle quantité qu'on voudra ; on voit donc par là qu'il y a au-dessous de AB, de l'autre côté de GS, une branche K′I′ semblable à KI, mais allant en sens inverse, c'est-à-dire se rapprochant de AB à mesure que l'abscisse augmente négativement.

Il reste à savoir ce que devient y à mesure que x augmente, soit positivement, soit négativement ; et pour cela, je divise par x les deux termes de l'expression de y : il vient

$$y = \frac{\dfrac{f}{x} - e}{1 + \dfrac{d}{x}},$$

résultat qui tend sans cesse vers $y = -e$, à mesure que les fractions $\dfrac{f}{x}$ et $\dfrac{d}{x}$ diminuent ou que x augmente. Tirant donc, à une distance $AH = e$, au-dessous de AB, HS′ parallèle à cet axe, on aura une limite de laquelle les branches Ik et I′k' s'approcheront sans cesse, et, par conséquent, les parties KIk et K′I′k' de la courbe cherchée ne sortiront jamais de l'angle SOS′ et de son opposé.

Ce qu'on vient de voir suffit pour montrer l'analogie qu'il y a entre la courbe que je considère maintenant et celle qui est nommée *hyperbole*; il serait même facile de changer l'équation de celle-ci dans la proposée, en prenant pour axe des coordonnées les asymptotes indiquées dans le n° 118. Je ne m'arrêterai point à ces détails, devant revenir sur ce sujet par une méthode plus générale (129). Je me bornerai à montrer que si l'on prend, dans l'exemple actuel, des coordonnées partant du point O, où se rencontrent les asymptotes GS et HS′, et que l'on fasse

$$x = t - d, \quad y = u - e,$$

l'équation proposée devient

$$ut = f + dc\,;$$

forme sous laquelle on voit bientôt que les deux branches sont semblables.

121. Les dernières équations de la page 174 paraissent réduites à la forme la plus simple; mais les coordonnées n'y sont pas perpendiculaires entre elles comme dans les équations de la ligne droite et du cercle, dont j'ai fait usage jusqu'à présent : cependant la situation des ordonnées est liée à celle des abscisses par la condition que les premières sont parallèles à la droite qui touche la courbe à l'extrémité de son diamètre. Pour s'en convaincre, il suffit d'observer que les points M et M' (*fig.* 46, 47 et 48) se confondent en un seul, au point I, circonstance qui forme le caractère essentiel des points de contact (107). En effet, la somme des deux ordonnées, ou la distance des points M et M', étant exprimée par $\dfrac{2b'}{a'}\sqrt{a'^2 - u^2}$ pour l'ellipse, par $\dfrac{2b'}{a'}\sqrt{u^2 - a'^2}$ pour l'hyperbole, et enfin par $2\sqrt{c'u}$ pour la parabole, devient nulle au point I, où l'on a $u = a'$ pour les deux premières courbes, et $u = o$ pour la troisième.

L'équation des ellipses étant symétrique par rapport aux deux indéterminées t et u, de manière que l'expression de u en t a la même forme que celle de t en u, on pourrait prendre aussi les t pour abscisses, et les u pour ordonnées, et l'on verrait que le diamètre II' (*fig* 46) est lui-même parallèle à la tangente menée par le point L. Les droites II' et LL', jouissant toutes deux des mêmes propriétés, se nomment pour cette raison *diamètres conjugués*. Il est évident que dans le cercle, les diamètres conjugués doivent être perpendiculaires entre eux, puisque la tangente menée à l'extrémité d'un diamètre quelconque lui est perpendiculaire : le nombre des diamètres qui jouissent de cette propriété est infini pour le cercle. Il n'en est pas de même pour l'ellipse; mais quoique, pour cette courbe, l'analyse précédente n'ait fait découvrir que deux diamètres conjugués, se coupant obliquement, elle en a néanmoins toujours deux qui se rencontrent à angle droit, ainsi qu'on le verra plus bas.

Si l'on rapproche ce que je viens de faire sur l'équation générale du second ordre, de ce qu'on a vu dans les n°s 87 et 94, pour la ligne droite et pour le cercle, on reconnaîtra que l'équation d'une même ligne prend des formes très-différentes, suivant les coordonnées auxquelles on la rapporte. Il peut donc être utile de savoir changer ces coordonnées, afin de pouvoir passer à celles qui donnent pour la ligne proposée l'équation la plus simple; et je vais chercher en conséquence les formules générales pour changer les coordonnées d'une courbe en d'autres situées d'une manière quelconque, tant par rapport aux premières qu'entre elles.

122. Le plus grand changement qu'on puisse apporter dans le système des coordonnées, sans cesser de les prendre droites et respectivement parallèles à deux lignes fixes, consiste à leur donner une nouvelle origine et d'autres directions. J'embrasserai tout de suite ce cas général, et je supposerai qu'on se propose d'exprimer les valeurs des coordonnées $AP = x$, $PM = y$ (*fig.* 50), relatives aux axes AB et AC, par deux autres coordonnées $A'''P'' = t$, $P''M = u$, rapportées aux axes $A'''B''$, $A'''C''$, dont on connaît la position à l'égard des premiers.

Ayant mené par la nouvelle origine A''', les droites $A'''B'$ et $A'''C'$, respectivement parallèles à AB et à AC, les distances AA' et $A'A'''$ seront données par l'hypothèse; et en les représentant par α et par β, on aura

$$AP = A'P + AA' = A'''P' + \alpha,$$
$$PM = P'M + A'A''' = P'M + \beta.$$

Tirant ensuite par le pied de la nouvelle coordonnée P″M, les lignes P″Q et P″R, l'une parallèle à AB et l'autre à AC, on observera que, puisque les axes A‴B″ et A‴C″ sont donnés de position à l'égard de AB et de AC, on connaît tous les angles des triangles A‴P″R, P″MQ, ou, ce qui revient au même, les rapports de leurs côtés homologues : faisant donc

$$\frac{A‴R}{A‴P″} = m, \qquad \frac{P″R}{A‴P″} = n, \qquad \frac{P″Q}{P″M} = p, \qquad \frac{QM}{P″M} = q,$$

on aura

$$A‴R = m.A‴P″ = mt, \quad P″R = n.A‴P″ = nt,$$
$$P″Q = p.P″M = pu, \quad QM = q.P″M = qu,$$

d'où l'on tirera

$$A‴P' = A‴R + P″Q = mt + pu,$$
$$P'M = P″R + QM = nt + qu,$$

et enfin

$$x = AP = A‴P' + \alpha = mt + pu + \alpha,$$
$$y = PM = P'M + \beta = nt + qu + \beta.$$

Telles sont les valeurs les plus générales que puissent prendre les coordonnées x et y faisant entre elles un angle quelconque, lorsqu'on les exprime par d'autres coordonnées du même genre, mais situées comme on voudra. Voici maintenant comment on en déduit celles qui conviennent aux différents cas particuliers qui peuvent se présenter.

1° Si l'on supposait les nouvelles coordonnées parallèles aux premières, et qu'on ne fît que changer la position de l'origine, les lignes A‴C″ et A‴C' se confondraient, ainsi que A‴B″ et A‴B'; on aurait, par conséquent,

$$m = 1, \quad n = 0, \quad p = 0, \quad q = 1,$$

et il en résulterait

$$x = t + \alpha, \quad y = u + \beta;$$

ce qu'il est facile de voir à priori, puisque alors $A'''P''$ et $A'''P'$ se confondraient, ainsi que $P''M$ et $P'M$.

En égalant à zéro ou α ou β, on conservera dans sa place ou l'axe AC, ou l'axe AB.

2° Si l'on ne voulait changer que la direction des axes AB et AC, et qu'on laissât toujours l'origine au point A, les lignes $A'''B'$ et $A'''C'$ tombant, dans ce cas, sur AB et sur AC, on aurait en même temps

$$\alpha = 0 \quad \text{et} \quad \beta = 0,$$

ce qui donnerait

$$x = mt + pu, \quad y = nt + qu.$$

On voit qu'en supposant $m = 1$ et $n = 0$, d'où il résulterait $x = t + pu$, $y = qu$, on ferait coïncider la ligne $A'''B''$ avec $A'''B'$, et que, par conséquent, on n'aurait changé que la direction de l'ordonnée; on prouverait de même que $x = mt$ et $y = nt + u$ sont les valeurs de x et de y, relatives au changement de la direction des abscisses.

123. Il faut observer qu'il y a entre les quantités, m, n, p et q, qui dépendent de la direction des nouvelles coordonnées, une relation nécessaire, en sorte qu'on ne peut les prendre toutes les quatre arbitrairement; car si, connaissant l'angle des axes primitifs $A'''B'$ et $A'''C'$, on se donnait encore les angles $B''A'''B'$ et $C''A'''B''$, la position des nouveaux axes $A'''B''$ et $A'''C''$ serait entièrement déterminée par ces trois angles : aussi, lorsque trois des quantités m, n, p et q sont connues, on construit aisément les axes des deux systèmes de coordonnées.

En effet, soient données m, n et p; on tirera d'abord une ligne quelconque, pour représenter l'axe $A'''B'$, et prenant sur cette ligne une grandeur arbitraire $A'''R$, on construira un triangle $A'''RP''$, dont les côtés $A'''R$, $P''R$ et $A'''P''$ soient entre eux comme les quantités m, n et 1; le côté $P''R$ sera parallèle à l'axe $A'''C'$, et le côté $A'''P''$ donnera l'axe $A'''B''$.

Considérant ensuite que si l'on prolongeait $P''R$ jusqu'à la rencontre de $A'''C''$, les triangles $A'''RD$ et $P''QM$ seraient semblables, comme ayant leurs côtés parallèles, et qu'on aurait

$$A'''R : A'''D :: P''Q : P''M, \quad \text{ou} \quad :: p : 1;$$

on voit que $A'''D$, étant déterminé par cette proportion, suffit pour achever le triangle $A'''RD$ et obtenir l'autre axe $A'''C''$. Le rapport des côtés $A'''D$ et DR donnera la quantité q.

Lorsqu'on passera d'un système connu de coordonnées à un autre système également connu, les quantités m, n, p et q, calculées suivant leurs définitions, auront entre elles la relation dont on vient de parler; mais il suit, de ce qui précède, que la position de l'origine étant donnée, on ne peut déterminer la direction des nouveaux axes, de manière à satisfaire à plus de deux conditions différentes, et que, dans les expressions $x = mt + pu + \alpha$, $y = nt + qu + \beta$, les quantités x et y, t et u ne sauraient être les coordonnées d'un même point, relativement à deux systèmes de coordonnées droites et parallèles, tant que m, n, p et q seront quelconques. Voici un moyen très-simple de trouver la relation qui doit exister entre ces quantités.

Si l'on mène par le point M les droites MG et MA, respectivement perpendiculaires sur $A'''B'$ et $A'''B''$, et qu'on suppose connus les angles $MP'B' = C'A'''B'$ et $MP''B'' = C''A'''B''$, on aura le rapport de $P'M$ à $P'G$, et celui de $P''M$ à $P''H$. Nommant g le premier et a le second, il en résultera

$$P'G = P'M \times g \quad \text{et} \quad P''H = P''M \times h;$$

tirant ensuite $A'''M$, et représentant $A'''P'$ et $P'M$ par x' et y', les triangles obliquangles $A'''P'M$ et $A'''P''M$ donneront :

$$\overline{A'''M}^2 = \overline{A'''P'}^2 + \overline{P'M}^2 + 2\overline{A'''P'} \times \overline{P'G} = x'^2 + y'^2 + 2gx'y',$$

$$\overline{A'''M}^2 = \overline{A'''P''}^2 + \overline{P''M}^2 + 2\overline{A'''P''} \times \overline{P''H} = t^2 + u^2 + 2htu.$$

En égalant ces deux expressions de $\overline{A'''M}^2$, il viendra

$$x'^2 + y'^2 + 2gx'y' = t^2 + u^2 + 2htu;$$

mettant pour x' et y' leurs valeurs $mt + pu$ et $nt + qu$, on aura

$$(m^2 + n^2 + 2gmn)t^2 + (p^2 + q^2 + 2gpq)u^2$$
$$+ 2[mp + nq + g(np + mq)]tu = t^2 + u^2 + 2htu.$$

Cette équation devant avoir lieu, quelle que soit la position du point M, il faut qu'elle se vérifie toujours indépendamment de t et de u, condition qui donne les trois équations

$$m^2 + n^2 + 2gmn = 1, \quad p^2 + q^2 + 2gpq = 1,$$
$$mp + nq + g(np + mq) = h.$$

En chassant g des deux premières, le résultat

$$(m^2 + n^2)pq - (p^2 + q^2)mn = pq - mn$$

exprimera les conditions auxquelles doivent satisfaire les quantités m, n, p et q.

124. On suppose, le plus souvent, que les nouvelles coordonnées u et t se rencontrent à angle droit, ainsi que les premières; dans ce cas, les équations ci-dessus se simplifient beaucoup. Les angles $MP'B'$ et $MP''B''$ devenant droits, $P'G$ ou gy', et $P''H$ ou hu s'évanouissent, en sorte qu'on a seulement

$$m^2 + n^2 = 1,$$
$$p^2 + q^2 = 1,$$
$$mp + nq = 0;$$

d'où l'on tire

$$m^2 = 1 - n^2, \quad p^2 = 1 - q^2,$$
$$m^2 p^2 = 1 - n^2 - q^2 = n^2 q^2;$$

et, à cause de $mp = -nq$, il vient

$$n^2 + q^2 = 1.$$

Comparant ce résultat avec l'équation $m^2 + n^2 = 1$, on trouve $q = m$, ce qui donne $p = -n$; on a donc enfin

$$x' = mt - nu, \quad y' = nt + mu,$$

en observant que les quantités m et n dépendent l'une de l'autre, en vertu de l'équation $m^2 + n^2 = 1$.

La *fig.* 51, construite pour ce cas particulier, fait voir que m est le cosinus de l'angle $B'' A''' B'$, que n en est le sinus, et qu'on a

$$A''' P' = A''' R - P'' Q = mt - nu,$$
$$P' M = P'' R + QM = nt + mu,$$

comme je viens de le trouver (*).

(*) Rien ne serait plus aisé que de changer, non-seulement ici, mais encore dans ce qui précède, les dénominations des lettres m, n, p et q, en sinus ou cosinus des angles compris entre les axes des coordonnées, et l'on aurait alors les formules rapportées dans plusieurs ouvrages, *qu'on a publiés après la première édition de celui-ci;* mais la notation que j'ai adoptée abrége les expressions, et conserve mieux l'élégance analytique. C'est sans doute par cette raison que Lagrange et Monge ont généralement préféré, dans les transformations des coordonnées que renferment leurs écrits, de simples dénominations littérales, aux lignes trigonométriques, que d'ailleurs Euler avait introduites dans ces calculs, dès 1748.

La position respective des quatre axes qui se coupent au point A''', étant déterminée par trois des angles qu'ils font deux à deux, on peut choisir de plusieurs manières les données de la question : la suivante me paraît assez simple.

Je pose (*fig.* 50)

$$B'' A''' B' = \varphi, \quad C'' A''' C' = \psi, \quad C' A''' B' = \omega,$$

d'où

$$B'' A''' C' = \omega - \varphi, \quad C'' A''' B' = \omega - \psi;$$

puis faisant attention qu'en vertu du parallélisme des droites $P'' R$, QM

Pour changer à la fois, dans ce cas, l'origine des coordonnées et la direction de leurs axes, il faudra donc

---

et $A'''C'$, $P''M$ et $A'''C''$, $P''Q$ et $A'''B'$, les angles $A'''RP''$ et $P''QM$ sont suppléments de $C'A'''B'$, les angles $A'''P''R$ et $B''A'''C'$, $MP''Q$ et $C''A'''B'$, $P''MQ$ et $C''A'''C'$ sont égaux, j'aurai, d'après le n° 122,

$$m = \frac{A'''R}{A'''P''} = \frac{\sin B''A'''C'}{\sin C'A'''B'} = \frac{\sin(\omega - \varphi)}{\sin \omega},$$

$$n = \frac{P''R}{A'''P''} = \frac{\sin B''A'''B'}{\sin C'A'''B'} = \frac{\sin \varphi}{\sin \omega},$$

$$p = \frac{P''Q}{P''M} = \frac{\sin C''A'''C'}{\sin C'A'''B'} = \frac{\sin \psi}{\sin \omega},$$

$$q = \frac{QM}{P''M} = \frac{\sin C''A'''B'}{\sin C'A'''B'} = \frac{\sin(\omega - \psi)}{\sin \omega}.$$

Il résulte de là que

$$A'''P' = x' = \frac{\sin(\omega - \varphi)}{\sin \omega} t + \frac{\sin \psi}{\sin \omega} u,$$

$$P'M = y' = \frac{\sin \varphi}{\sin \omega} t + \frac{\sin(\omega - \psi)}{\sin \omega} u.$$

Il n'est plus besoin de considérer aucune équation de condition, puisqu'il n'y a dans le calcul que les quantités nécessaires à la détermination des systèmes des coordonnées. D'ailleurs ces équations de condition sont implicitement comprises dans les désignations de sinus et de cosinus, puisque $\sin a^2 + \cos a^2 = 1$.

Si l'on suppose que l'angle $C'A'''B'$ des axes primitifs soit droit, on aura $\sin \omega = 1$, et il viendra seulement

$$x' = t \cos\varphi + u \sin\psi,$$

$$y' = t \sin\varphi + u \cos\psi.$$

Il est visible que l'angle $C''A'''B''$ des axes des nouvelles coordonnées est exprimé en général par $\omega - (\varphi + \psi)$; s'il devait être droit en même temps que celui des axes primitifs, on aurait

$$1^q - \varphi - \psi = 1^q, \quad \text{d'où} \quad \psi = -\varphi,$$
$$\sin \psi = -\sin \varphi, \quad \cos \psi = \cos \varphi \quad (23),$$

et, par conséquent,

$$x' = t \cos\varphi - u \sin\varphi,$$
$$y' = t \sin\varphi + u \cos\varphi,$$

ainsi qu'on le déduirait immédiatement de la *fig.* 51, où l'axe $A'''C''$ tombe de l'autre côté de l'axe $A'''C'$, par rapport à l'axe $A'''B'$, circonstance exprimée par le changement de signe de l'angle ψ.

prendre

$$x = mt - nu + \alpha, \quad y = nt + mu + \beta \quad (122),$$

en ayant égard à l'équation

$$m^2 + n^2 = 1,$$

et l'on ne pourra disposer alors que de trois quantités, savoir : α, β et l'une des quantités m, n.

125. Je vais exposer maintenant les simplifications qu'on peut apporter à l'équation générale

$$(1) \qquad A y^2 + B xy + C x^2 + D y + E x = F,$$

par le moyen de la transformation des coordonnées, en ne cessant pas de les prendre perpendiculaires entre elles.

Si l'on fait

$$x = mt - nu + \alpha, \quad y = nt + mu + \beta,$$

le résultat de la substitution de ces valeurs dans l'équation (1) sera encore une équation complète du second degré, en u et t; mais comme on y aura introduit trois quantités arbitraires, on pourra s'imposer autant de conditions qui simplifient ce résultat, égaler, par exemple, à zéro les coefficients des quantités ut, t et u, afin de faire disparaître les termes qui en sont affectés : on obtiendra alors une équation de la forme

$$A' t^2 + C' u^2 = F'',$$

semblable aux deux premières du n° **120.** Cette forme est remarquable, 1° en ce que les deux valeurs de t étant égales et de signes différents, il s'ensuit que l'axe des nouvelles abscisses u est un diamètre (**111**); 2° en ce que chaque valeur de u, prise positivement et négativement, donnant les mêmes valeurs pour t, il en résulte que l'origine des u, placée sur le milieu du diamètre, est le centre de la courbe (**114**).

Le calcul devient plus simple lorsqu'au lieu d'effectuer

en même temps, par les expressions ci-dessus, les changements d'origine et de direction des coordonnées, on transporte d'abord les axes parallèlement à eux-mêmes. Si, pour cela, on prend

$$x = x' + \alpha, \quad y = y' + \beta,$$

l'équation (1) deviendra

$$(2) \quad \begin{cases} A\,y'^2 + B\,x'y' + C\,x'^2 \\ + (2A\beta + B\alpha + D)\,y' + (2C\alpha + B\beta + E)\,x' \\ + A\beta^2 + B\alpha\beta + C\alpha^2 + D\beta + E\alpha = F. \end{cases}$$

Les quantités α et β étant toutes deux arbitraires, on peut en disposer pour faire disparaître les termes affectés de x' et de y', en posant les équations

$$(a) \quad 2A\beta + B\alpha + D = 0, \quad 2C\alpha + B\beta + E = 0,$$

desquelles on tire

$$\alpha = \frac{BD - 2AE}{4AC - B^2}, \quad \beta = \frac{BE - 2CD}{4AC - B^2}.$$

Il ne reste plus après cela, dans l'équation (2), que les termes affectés de y'^2, $x'y'$, x'^2, et des termes indépendants des coordonnées x' et y'; ces derniers se réduisent, à l'aide des équations (a). En effet, multipliant la première de celles-ci par β, la seconde par α, et retranchant leur somme de l'équation (2) après y avoir supprimé les termes qui doivent s'évanouir, il viendra

$$(3) \quad A\,y'^2 + B\,x'y' + C\,x'^2 - A\beta^2 - B\alpha\beta - C\alpha^2 = F.$$

Je place à présent les axes des coordonnées dans une nouvelle direction, mais toujours à angle droit, en prenant (numéro précédent)

$$x' = mt - nu, \quad y' = nt + mu;$$

et ces valeurs étant substituées dans l'équation (3), la

changent en

$$(4) \quad \begin{cases} [A\,n^2 + B\,mn + C\,m^2]\,t^2 \\ + [2(A - C)\,mn + B(m^2 - n^2)]\,ut \\ + [A\,m^2 - B\,mn + C\,n^2]\,u^2 \\ - A\,\beta^2 - B\,\alpha\beta - C\,\alpha^2 = F. \end{cases}$$

Les deux quantités m et n ne devant satisfaire qu'à l'équation $m^2 + n^2 = 1$, il en reste une à déterminer, et j'en dispose pour ôter le produit ut, en égalant à zéro son coefficient, ce qui fournit l'équation

$$2(A - C)\,mn + B(m^2 - n^2) = 0.$$

Faisant ensuite, pour abréger,

$$A\,n^2 + B\,mn + C\,m^2 = A',$$
$$A\,m^2 - B\,mn + C\,n^2 = C',$$
$$A\,\beta^2 + B\,\alpha\beta + C\,\alpha^2 + F = F',$$

l'équation (4) devient

$$A'\,t^2 + C'\,u^2 = F',$$

et prend ainsi la forme demandée, en supposant toutefois qu'on puisse trouver des valeurs réelles pour m et n, qui sont données par des équations du second degré.

126. Ces valeurs se déduisent de la combinaison des équations

$$2(A - C)\,mn + B(m^2 - n^2) = 0,$$
$$m^2 + n^2 = 1.$$

La première donne

$$mn = \frac{B(m^2 - n^2)}{2(C - A)};$$

et si l'on fait $\dfrac{B}{2(C - A)} = \gamma$, qu'on élève au carré la valeur de mn, qu'on en chasse n^2, au moyen de l'équation $m^2 + n^2 = 1$, il viendra

$$m^4 - m^2 = -\frac{\gamma^2}{1 + 4\gamma^2},$$

d'où l'on tirera

$$m^2 = \tfrac{1}{2} \pm \sqrt{\tfrac{1}{4} - \frac{\gamma^2}{1 + 4\gamma^2}} = \tfrac{1}{2} \pm \frac{1}{2\sqrt{1 + 4\gamma^2}},$$

puis

$$n^2 = \tfrac{1}{2} \mp \frac{1}{2\sqrt{1 + 4\gamma^2}}.$$

Mettant au lieu de γ la quantité qu'il représente, et substituant les valeurs de m^2 et de n^2 dans l'expression de mn, on trouvera, en n'ayant égard qu'aux signes supérieurs des radicaux,

$$m^2 = \tfrac{1}{2} \pm \frac{C - A}{2\sqrt{(C - A)^2 + B^2}},$$

$$n^2 = \tfrac{1}{2} \mp \frac{C - A}{2\sqrt{(C - A)^2 + B^2}},$$

$$mn = \frac{B}{2\sqrt{(C - A)^2 + B^2}}.$$

Les valeurs de m et de n, tirées de celles de m^2 et de n^2, seront affectées des signes $\pm$; mais on voit, par l'expression de mn, que ces signes doivent être choisis de manière que le produit mn soit de même signe que B (*).

(*) Si, comme il est indiqué dans la note, page 183, on fait $B''A'''B' = \varphi$, on aura

$$m = \cos\varphi, \quad n = \sin\varphi,$$

d'où

$$mn = \sin\varphi \cos\varphi = \tfrac{1}{2}\sin 2\varphi \quad (11),$$

$$m^2 - n^2 = \cos\varphi^2 - \sin\varphi^2 = \cos 2\varphi,$$

et, par conséquent,

$$\frac{\tfrac{1}{2}\sin 2\varphi}{\cos 2\varphi} = \tfrac{1}{2}\tang 2\varphi = \frac{mn}{m^2 - n^2} = \frac{B}{2(C - A)},$$

formule qui donne tout de suite l'angle que fait l'axe des t avec celui des x.

En substituant les valeurs de m^2, n^2 et mn dans les expressions de A′ et de C′, et en réunissant les termes qui ont le même dénominateur, on verra, avec un peu d'attention, que leur numérateur sera divisible par $\sqrt{(C-A)^2+B^2}$, et que

$$A' = \tfrac{1}{2}(C+A) + \tfrac{1}{2}\sqrt{(C-A)^2+B^2},$$
$$C' = \tfrac{1}{2}(C+A) - \tfrac{1}{2}\sqrt{(C-A)^2+B^2}.$$

L'examen de ces expressions conduit aux conséquences suivantes :

1° Les quantités A′ et C′ sont toujours réelles.

2° Si A et C ont le même signe, qu'on peut alors supposer +, en changeant, s'il le faut, celui de tous les termes de l'équation (1) (125), A′ sera toujours positif, et C′ le sera seulement quand

$$C + A > \sqrt{(C-A)^2+B^2},$$

condition qui revient à

$$(C+A)^2 > (C-A)^2 + B^2,$$

ou à

$$2AC > -2AC + B^2,$$

ou à

$$4AC > B^2,$$

et de laquelle il résulte que $4AC-B^2$ est une quantité positive.

3° Si A et C sont de signes différents, ou que, A étant positif ou rendu tel, C soit négatif, il viendra

$$A' = \tfrac{1}{2}(A-C) + \tfrac{1}{2}\sqrt{(C+A)^2+B^2},$$
$$C' = \tfrac{1}{2}(A-C) - \tfrac{1}{2}\sqrt{(C+A)^2+B^2};$$

alors A′ sera positif et C′ négatif; mais à cause du signe — dont est affecté $4AC$, la quantité $4AC-B^2$ est négative.

Il suit de là que le signe de C′ dépend de celui de la quantité $4AC-B^2$.

4° Enfin si $4\,\mathrm{AC} = \mathrm{B}^2$, il viendra $\mathrm{C}' = 0$, circonstance remarquable, non-seulement parce qu'elle réduit à $\mathrm{A}'t^2 = \mathrm{F}'$ la transformée $\mathrm{A}'t^2 + \mathrm{C}'u^2 = \mathrm{F}'$, mais encore parce qu'elle rend infinies les expressions de α et de β (page 186) : on ne peut donc, dans ces cas, faire disparaître à la fois les termes affectés de y' et de x', dans l'équation (2).

127. Pour parer à cet inconvénient, je ferai immédiatement dans l'équation (1),

$$x = mt - nu, \quad y = nt + mu,$$

ce qui donnera

$$(5) \quad \left\{ \begin{aligned} & [\mathrm{A}\,n^2 + \mathrm{B}\,mn + \mathrm{C}\,m^2]\, t^2 \\ & + [2\,(\mathrm{A} - \mathrm{C})\,mn + \mathrm{B}\,(m^2 - u^2)]\,ut \\ & + [\mathrm{A}\,m^2 - \mathrm{B}\,mn + \mathrm{C}\,n^2]\,u^2 \\ & + (\mathrm{D}\,n + \mathrm{E}\,m)\,t + (\mathrm{D}\,m - \mathrm{E}\,n)\,u = \mathrm{F}; \end{aligned} \right.$$

et je poserai encore l'équation

$$2\,(\mathrm{A} - \mathrm{C})\,mn + \mathrm{B}\,(m^2 - n^2) = 0,$$

pour faire disparaître le produit ut : les valeurs de m et de n, ainsi que celles des coefficients de t^2 et de u^2, seront donc les mêmes que dans le numéro précédent, et la transformée deviendra

$$(6) \quad \mathrm{A}'t^2 + \mathrm{C}'u^2 + (\mathrm{D}\,n + \mathrm{E}\,m)\,t + (\mathrm{D}\,m - \mathrm{E}\,n)\,u = \mathrm{F}.$$

Pour achever de la simplifier, il reste à changer l'origine des coordonnées, en faisant

$$t = t' + \alpha', \quad u = u' + \beta',$$

et l'on obtiendra

$$\begin{aligned} & \mathrm{A}'t'^2 + \mathrm{C}'u'^2 + (2\,\mathrm{A}'\alpha' + \mathrm{D}\,n + \mathrm{E}\,m)\,t' \\ & \quad + (2\,\mathrm{C}'\beta' + \mathrm{D}\,m - \mathrm{E}\,n)\,u' \\ & + \mathrm{A}'\alpha'^2 + \mathrm{C}'\beta'^2 + (\mathrm{D}\,n + \mathrm{E}\,m)\,\alpha' + (\mathrm{D}\,m - \mathrm{E}\,n)\,\beta' = \mathrm{F}. \end{aligned}$$

Il est encore évident, sous cette forme, que le terme affecté de u' ne peut disparaître quand $\mathrm{C}' = 0$, car l'équation

$$2\,\mathrm{C}'\beta' + \mathrm{D}m - \mathrm{E}n = 0,$$

qu'il faudrait poser dans ce cas, donnerait β' infini : je disposerai donc des deux quantités arbitraires α' et β', pour ôter le terme affecté de t' et ceux qui sont indépendants des coordonnées u' et t', ce qui entraîne les équations

$$2\,\mathrm{A}'\alpha' + \mathrm{D}n + \mathrm{E}m = 0,$$

$$\mathrm{A}'\alpha'^2 + \mathrm{C}'\beta'^2 + (\mathrm{D}n + \mathrm{E}m)\alpha' + (\mathrm{D}m - \mathrm{E}n)\beta' - \mathrm{F} = 0.$$

Faisant ensuite, pour abréger,

$$2\,\mathrm{C}'\beta' + \mathrm{D}m - \mathrm{E}n = -\,\mathrm{E}',$$

j'aurai l'équation

$$\mathrm{A}'t'^2 + \mathrm{C}'u'^2 - \mathrm{E}'u' = 0.$$

Pour reconnaître tous les cas embrassés par cette transformation, il faudrait chercher quand α' et β' peuvent être déterminés par les deux premières équations posées ci-dessus ; mais il suffit, à l'objet présent, de considérer le seul cas où $\mathrm{C}' = 0$ (*), ce qui réduit la seconde de ces mêmes équations à

$$\mathrm{A}'\alpha'^2 + (\mathrm{D}n + \mathrm{E}m)\alpha' + (\mathrm{D}m - \mathrm{E}n)\beta' - \mathrm{F} = 0,$$

et la transformée en t' et u' à

$$\mathrm{A}'t'^2 = \mathrm{E}'u'.$$

On simplifie encore la deuxième équation entre α' et β',

(*) Tous les autres étant compris dans l'équation

$$\mathrm{A}'t'^2 + \mathrm{C}'u'^2 = \mathrm{F}',$$

qu'on change aisément en

$$\mathrm{A}'t'^2 + \mathrm{C}'u'^2 - \mathrm{E}'u' = 0,$$

en faisant $u = u' \pm \sqrt{\dfrac{\mathrm{F}'}{\mathrm{C}'}}$ et $\mathrm{E}' = \mp 2\sqrt{\mathrm{C}'\mathrm{F}'}$.

On pourrait aussi commencer par la dernière transformée, en passant du n° 124 au n° 127.

en la retranchant de la première multipliée par α', et en observant que l'hypothèse $C' = 0$ donne

$$D m - E n = - E' :$$

alors on a

$$(a') \qquad \begin{cases} 2\,A'\alpha' + D n + E m = 0, \\ A'\alpha'^2 + E'\beta' + F = 0. \end{cases}$$

Enfin l'hypothèse $C' = 0$, qui répond à $4\,AC = B^2$, étant établie dans les résultats du numéro précédent, les change en

$$A' = C + A, \qquad m^2 = \frac{C}{C + A},$$

$$n^2 = \frac{A}{C + A}, \qquad m n = \frac{\sqrt{AC}}{C + A}.$$

Lorsque $D m - E n = 0$, on a $E' = 0$, et les équations (a') ne renfermant plus que l'inconnue α', peuvent ne pas s'accorder; mais par cette hypothèse, et en y faisant $C = 0$, l'équation (6), page 190, prend la forme

$$A' t^2 = D' t = F,$$

et ne contient plus que la coordonnée t.

128. Tous les cas de l'équation générale

$$A y^2 + B x y + C x^2 + D y + E x = F$$

sont donc compris dans les trois transformées

$$A' t^2 + C' u^2 = F',$$
$$A' t'^2 = E' u',$$
$$A' t^2 + D' t = F,$$

les deux dernières répondant au seul cas où $4\,AC = B^2$, et la première à tous les autres.

Les trois formes indiquées dans le n° 120 se retrouvent dans les deux premières équations ci-dessus, avec la seule différence que les coordonnées sont maintenant perpendiculaires entre elles; et, pour cette raison, on appelle *axes* les diamètres auxquels sont alors rapportées les courbes que représentent ces équations, dont je vais rappeler les circonstances principales.

1° Si les quantités A' et C' sont toutes deux positives, ce qui répond aux cas de l'équation générale, dans lesquels $4AC - B^2$ a le signe $+$, la transformée

$$A't^2 + C'u^2 = F',$$

donnant

$$t = \pm \sqrt{\frac{F' - C'u^2}{A'}},$$

appartient à une ellipse (120).

On en trouve les demi-axes OI et OL (*fig.* 52) en cherchant la valeur de u lorsque $t = 0$, et celle de t lorsque $u = 0$: on obtient ainsi

$$OI = \sqrt{\frac{F'}{C'}}, \quad OL = \sqrt{\frac{F'}{A'}};$$

et représentant ces lignes par a et b, on en conclut

$$\frac{F'}{C'} = a^2, \quad \text{d'où} \quad C' = \frac{F'}{a^2},$$

$$\frac{F'}{A'} = b^2, \quad \text{d'où} \quad A' = \frac{F'}{b^2},$$

$$\frac{t^2}{b^2} + \frac{u^2}{a^2} = 1, \quad \text{d'où} \quad t = \pm \frac{b}{a}\sqrt{a^2 - u^2},$$

résultat qui est semblable à celui du n° 115, et qui se construit de même.

Le cas actuel comprend aussi l'équation du cercle, qui se présente quand $C' = A'$, puisque alors la transformée devient

$$A'(t^2 + u^2) = F', \quad \text{ou} \quad t^2 + u^2 = \frac{F'}{A'},$$

et que les coordonnées sont à angle droit.

L'équation $A't^2 + C'u^2 = F'$ devient absurde quand,

A′ et C′ demeurant positifs, F′ est négative ; mais elle peut se vérifier en faisant $t = 0$, $u = 0$, lorsque F′ $= 0$, et ne représente alors que le point où est l'origine des coordonnées : c'est l'ellipse réduite à son centre (**116**). En mettant dans la valeur de F′ (page 187) celle de α et de β, on exprimera sans peine, par les coefficients de l'équation (1), la condition qu'elle doit remplir pour signifier quelque chose.

2° Si A′ et C′ sont de signes différents, ce qui répond au cas où $4\,AC - B^2$ a le signe —, l'équation en t et u prend nécessairement une de ces formes :

$$A't^2 - C'u^2 = F',$$
$$A't^2 - C'u^2 = -F';$$

et, si l'on met pour A′ et C′ leurs valeurs a et b, il vient, après les réductions,

$$\frac{t^2}{b^2} - \frac{u^2}{a^2} = 1, \quad \text{d'où} \quad t = \pm\frac{b}{a}\sqrt{u^2 + a^2},$$

$$\frac{t^2}{b^2} - \frac{u^2}{a^2} = -1, \quad \text{d'où} \quad t = \pm\frac{b}{a}\sqrt{u^2 - a^2}.$$

Ces deux équations appartiennent à des hyperboles (**120**) ; mais la première est traversée par l'axe des t, et non par celui des u, parce qu'on ne peut y faire $t = 0$: le contraire a lieu pour la seconde.

Il faut remarquer que, quoique la valeur $t = \sqrt{-b^2}$, qui répond à $u = 0$ dans la seconde, soit imaginaire, on ne laisse pas d'élever au centre O (*fig.* 53) une perpendiculaire OL $= \sqrt{b^2} = b$, et que, par analogie avec l'ellipse, on appelle *second axe* la ligne LL′ double de OL ; mais on en distingue, par le nom d'*axe transverse*, la ligne II′ qui rencontre la courbe, ce que ne saurait faire la ligne LL′.

Lorsque C′ $=$ A′, les axes deviennent égaux, et l'hyperbole est *équilatère*.

Il est visible que, quand $F' = 0$, les équations de l'hyperbole se réduisent à

$$A' t^2 - C' u^2 = 0, \quad \text{ou} \quad t = \pm u \sqrt{\frac{C'}{A'}},$$

et ne représentent plus que deux lignes droites (118).

3° Quand on a $4AC = B^2$, la transformée étant

$$A' t'^2 = E' u', \quad \text{ou} \quad t' = \pm \sqrt{\frac{E'}{A'} u'},$$

appartient à une parabole qui rencontre son axe IB ($fig.$ 54) à l'origine des coordonnées t' et u'.

Quand $E' = 0$ et que les équations (a') (page 192) s'accordent, il vient $A' t'^2 = 0$, résultat qui, donnant deux fois $t' = 0$, indique l'axe IB, sur lequel les branches de la parabole tendent à se réunir lorsque E' diminue.

La dernière transformée

$$A' t^2 + D' t = F,$$

ne donnant aussi pour t que deux valeurs déterminées, indique deux droites parallèles à l'axe des u.

Enfin, il est à propos de remarquer que l'équation

$$A' t'^2 + C' u'^2 - E' u' = 0 \quad (127)$$

est commune à l'ellipse, à l'hyperbole et à la parabole : on a la première de ces courbes quand A' et C' sont de même signe, la seconde lorsqu'ils sont de signes différents, et la troisième lorsque $C' = 0$.

Le point sur lequel se trouve l'origine des coordonnées étant placé à l'une des extrémités de l'axe se nomme le *sommet*. Dans l'ellipse et dans l'hyperbole, il y a deux sommets marqués I et I' ($fig.$ 52 et 53) ; la parabole n'en ayant qu'un seul ($fig.$ 54) n'a point de centre, et c'est pour cela que son équation ne saurait prendre la forme

$$A' t^2 + C' u^2 = F'.$$

13.

129. Après avoir reconnu, par les formules des numéros précédents, à quelle espèce de ligne se rapporte tel cas particulier qu'on voudra de l'équation générale, on a encore besoin, pour tracer cette ligne, d'établir les axes des coordonnées de la transformée, par rapport aux axes primitifs, et de construire les quantités A', C', F' ou E' ; c'est à quoi le lecteur, tant soit peu habitué à particulariser des formules générales, ne saurait éprouver de difficultés : aussi, je ne pense pas qu'il soit nécessaire, pour des opérations qui ne sont point de celles qu'on pratique souvent, d'entrer dans une énumération de règles presque toujours effacées de la mémoire lorsqu'il arrive d'en avoir besoin ; et l'exemple suivant, quoique très-simple, suffira, d'ailleurs, pour en montrer l'utilité.

Soit l'équation

$$xy + Dy + Ex = F ;$$

en la comparant à l'équation (1), on en conclura

$$A = 0, \quad B = 1, \quad C = 0,$$
$$4\,AC = 0, \quad B^2 = 1 ;$$

et, puisque $4\,AC$ n'est pas égal à B^2, c'est à la transformée

$$A'\,t^2 + C'\,u^2 = F'$$

que se rapporte le cas que l'on considère. On trouve ensuite (pages 186 et 187)

$$\alpha = -D, \quad \beta = -E, \quad F' = F + DE,$$

puis (page 189)

$$A' = \tfrac{1}{2}, \quad C' = -\tfrac{1}{2},$$

et, par conséquent,

$$\tfrac{1}{2}t^2 - \tfrac{1}{2}u^2 = F + DE, \quad \text{ou} \quad t^2 - u^2 = 2(F + DE) :$$

la courbe cherchée est donc une hyperbole dont les deux demi-axes sont égaux à $\sqrt{2(F + DE)}$, et traversée par celui des t (128). En remontant aux transformations opérées par les valeurs

$$x = x' + \alpha, \qquad y = y' + \beta,$$
$$x' = mt - nu, \qquad y' = nt + mn,$$

on voit d'abord que l'origine des t et des u répond au point où $x = \alpha$, $y = \beta$: prenant donc (*fig.* 55) les distances $AA' = -D$, $AA' = -E$, le point A''' sera cette origine. Calculant ensuite la valeur de m, ou du cosinus de l'angle que forme l'axe des t avec celui des x, on trouvera le nombre $\dfrac{1}{\sqrt{2}}$, qui répond à $0^{r},5$, et faisant l'angle $B'' A''' A''$ égal à $0^{r},5$, puis menant $A''' C''$ perpendiculairement à $A''' B''$, on aura les axes des t et des u ; prenant enfin $A''' I$ et $A''' I' + \sqrt{2 (F + DE)}$, on déterminera les sommets I et I' de l'hyperbole qui est le lieu de l'équation proposée.

La même marche conduira toujours au résultat, pour quelque exemple que ce soit ; et j'ai choisi le précédent, déjà traité dans le n° 120, afin de prouver que la courbe indiquée dans ce numéro, par les asymptotes, est une hyperbole, et d'en trouver les axes (*).

Souvent aussi on cherche quelle est la courbe douée d'une propriété particulière, qu'on ignore appartenir à une courbe déjà connue ; mais alors l'équation relative à cette propriété rentre dans quelques-unes des équations

---

(*) On pourrait déduire immédiatement, de l'équation générale des lignes du second ordre, l'équation de l'hyperbole, par rapport à ses asymptotes, en transformant les coordonnées rectangles en d'autres dont l'angle soit indéterminé. On introduirait alors quatre quantités arbitraires (123) dont on disposerait pour faire disparaître les termes affectés de t^2, u^2, t et u, ce qui réduirait l'équation générale du deuxième degré à la forme $B' ut = F'$; mais on trouverait que les quantités m et n n'ont des valeurs réelles que dans le cas où $4AC - B^2$ a le signe $-$, c'est-à-dire pour l'hyperbole seulement.

qui ont été discutées : c'est ce que montreront les questions suivantes.

130. *Trouver l'équation d'une courbe telle, que si l'on mène de chacun de ses points* M (fig. 52), *à deux points fixes,* F *et* F', *les droites* MF *et* MF', *la somme de ces lignes soit égale à une ligne donnée.*

Si l'on représente par $2a$ la ligne donnée, par $2c$ la distance FF' des points fixes, en prenant pour origine des coordonnées le point O, milieu de FF', en sorte que OF = OF' = c, et faisant OP = x, PM = y, on trouvera

$$FP = c - x, \quad F'P = c + x.$$

Les triangles PMF, PMF', rectangles en P, donnant

$$MF = \sqrt{\overline{FP}^2 + \overline{PM}^2}, \quad MF' = \sqrt{\overline{F'P}^2 + \overline{PM}^2},$$

on obtiendra

$$MF = \sqrt{(c - x)^2 + y^2}, \quad MF' = \sqrt{(c + x)^2 + y^2};$$

mais par l'énoncé on a, sur toute la courbe cherchée,

$$MF + MF' = 2a :$$

si donc on pose MF = z, il viendra MF' = $2a - z$, et par conséquent

$$z = \sqrt{(c - x)^2 + y^2}, \quad 2a - z = \sqrt{(c + x)^2 + y^2}.$$

En élevant au carré, pour faire disparaître les radicaux, il en résultera

$$z^2 = c^2 - 2cx + x^2 + y^2,$$
$$4a^2 - 4az + z^2 = c^2 + 2cx + x^2 + y^2;$$

retranchant la seconde de ces équations de la première, il restera

$$-4a^2 + 4az = -4cx,$$

d'où

$$z = \frac{a^2 - cx}{a} :$$

substituant enfin cette valeur de z dans la première expression de z^2, on parviendra à l'équation cherchée, qui sera, après les réductions,

$$a^4 + c^2 x^2 = a^2 c^2 = a^2 (x^2 + y^2).$$

Cette équation, n'étant que du second degré, montre que la courbe cherchée ne peut être que l'une de celles qui ont été discutées précédemment ; et pour reconnaître à quelle espèce elle appartient, je donne à son équation la forme

$$a^2 y^2 + (a^2 - c^2) x^2 = a^4 - a^2 c^2.$$

En la comparant alors avec $A't^2 + C'u^2 = F'$, après avoir écrit dans cette dernière y et x pour t et u, on aura

$$A' = a^2, \quad C = a^2 - c^2, \quad F' = a^4 - a^2 c^2 = a^2 (a^2 - c^2),$$

d'où l'on conclura qu'elle est celle d'une ellipse, puisque, c étant moindre que a, les quantités A', C', F' sont essentiellement positives (128). En posant, pour abréger, $a^2 - c^2 = b^2$, il viendra

$$a^2 y^2 + b^2 x^2 = a^2 b^2,$$

d'où l'on tirera

$$y = \pm \frac{b}{a} \sqrt{a^2 - x^2}.$$

Les demi-axes OI et OL de cette ellipse sont respectivement a et b ; et comme $b^2 = a^2 - c^2$, on tire de là

$$c^2 = a^2 - b^2, \quad c = \sqrt{a^2 - b^2},$$

ce qui fait voir que lorsqu'on ne connaît que les axes II' et LL' d'une ellipse, on peut trouver, sur le plus grand des deux, les points F et F' pour lesquels MF + MF' = II', en décrivant du point L, comme centre, et d'un rayon égal à la moitié du grand axe II', un arc de cercle ; car, aux intersections F et F' de cet arc de cercle avec l'axe II', on a

$$OF = OF' = \sqrt{\overline{FL}^2 - \overline{OL}^2} = \sqrt{a^2 - b^2}.$$

L'énoncé du problème que je viens de résoudre offre donc une propriété commune à toutes les ellipses, savoir : que *la somme des lignes* MF *et* MF', *qu'on nomme rayons vecteurs, menées aux points fixes* F *et* F', *pris sur le grand axe, et qu'on appelle* foyers, *est toujours égale au grand axe.*

131. Cette propriété donne un moyen très-simple de trouver autant de points qu'on voudra des ellipses, ou même de les décrire d'un mouvement continu. En effet, si du point F, comme centre, et d'un rayon FM $>$ IL et $<$ IF', mais d'ailleurs arbitraire, on décrit un cercle, et qu'ensuite prenant pour centre le point F', et pour rayon la différence F'M entre le premier rayon FM et l'axe II', on décrive un second cercle, il coupera le premier en deux points M et M', qui appartiendront à l'ellipse. En répétant ce procédé avec diverses ouvertures de compas, on obtiendra de nouveaux points de l'ellipse demandée; et si ces points sont un peu multipliés, on pourra, en les joignant par un trait libre de la main, achever la courbe d'une manière d'autant plus exacte, que les points déterminés seront en plus grand nombre.

Lorsque l'ellipse doit être fort grande, on la trace par un mouvement continu, en fixant aux points F et F' les extrémités d'un cordeau dont la longueur est celle de l'axe II'; on tend ce cordeau par le moyen d'un piquet M que l'on fait glisser le long du même cordeau, jusqu'à ce qu'il revienne au point d'où il est parti : alors il a tracé l'ellipse demandée.

Il est utile de se rappeler que la distance c, d'un foyer au centre, se nomme *excentricité*.

L'équation $y = \pm \dfrac{b}{a} \sqrt{a^2 - x^2}$ fournit une construc-tion par points, très-commode dans la pratique. Ayant décrit du centre O de l'ellipse demandée (*fig.* 56) deux demi-cercles, l'un sur le grand axe et l'autre sur le petit, pris pour diamètre, et mené un grand nombre de rayons ON, ON′, etc., on abaissera sur l'axe II′ les perpendi-culaires PN, P′N′, etc., et l'on mènera par les points R, R′, etc., où les rayons ON, ON′, etc., rencontrent le plus petit des deux cercles, les droites RM, R′M′, etc., parallèles à II′; les points M, M′, etc., que ces parallèles détermineront sur les perpendiculaires PN, P′N′, etc., appartiendront à l'ellipse cherchée. Par l'opération que je viens d'indiquer, on n'obtient que la moitié de cette courbe; mais on l'aura tout entière en répétant la con-struction au-dessous de l'axe II′.

Pour reconnaître l'exactitude de cette construction, il suffit d'observer qu'en vertu du parallélisme des droites RM et II′, on a

$$\text{ON} : \text{OR} :: \text{PN} : \text{PM};$$

car, en faisant $\text{ON} = a$, $\text{OR} = b$, $\text{OP} = x$, il en ré-sultera

$$\text{PN} = \sqrt{\overline{\text{ON}}^2 - \overline{\text{OP}}^2} = \sqrt{a^2 - x^2},$$

$$a : b :: \sqrt{a^2 - x^2} : \text{PM},$$

d'où

$$\text{PM} = \frac{b}{a} \sqrt{a^2 - x^2} = y \quad (^*).$$

(*) Cette construction donne aux valeurs de x et de y une forme remar-quable. Si l'on désigne par φ l'angle NOP, il vient $\text{OP} = a \cos\varphi$; et comme PM est égale à la perpendiculaire qu'on abaisserait du point R sur OP, il en résulte que $\text{PM} = b \sin\varphi$: on a donc

$$x = a \cos\varphi, \quad y = b \sin\varphi.$$

Ces valeurs, étant substituées dans l'équation de l'ellipse $\dfrac{x^2}{a^2} + \dfrac{y^2}{b^2} = 1$, la

132. Je modifierai dans cet article le problème que j'ai résolu dans le numéro précédent, et je demanderai qu'on ait $MF' - MF = II' = 2a$ (*fig.* 53) au lieu de $MF + MF' = 2a$; c'est-à-dire que *la différence des rayons vecteurs soit constante*. En gardant d'ailleurs les dénominations de l'article cité, on aura

$$MF = \sqrt{\overline{FP}^2 + \overline{PM}^2} = z = \sqrt{(c-x)^2 + y^2},$$

$$MF' = \sqrt{\overline{F'P}^2 + \overline{PM}^2} = 2a + z = \sqrt{(c+x)^2 + y^2},$$

d'où l'on tirera

$$z^2 = c^2 - 2cx + x^2 + y^2,$$
$$4a^2 + 4az + z^2 = c^2 + 2cx + x^2 + y^2;$$

retranchant la première de ces équations de la seconde, on obtiendra

$$4a^2 + 4az = 4cx, \qquad \text{d'où} \qquad z = \frac{cx - a^2}{a}.$$

Avec cette valeur de z, on parviendra à une équation qui, par le développement, se réduit à

$$(c^2 - a^2)\, x^2 - a^2 y^2 = a^2 (c^2 - a^2).$$

Dans le cas actuel, où $c > a$, il faut prendre $b^2 = c^2 - a^2$, ce qui donne

$$b^2 x^2 - a^2 y^2 = a^2 b^2,$$

équation appartenant à l'hyperbole : cette courbe jouit donc de la propriété, *que la différence de ses rayons vecteurs MF et MF' est égale à l'axe transverse II', sur lequel se trouvent les foyers F et F'.*

J'ai déjà fait remarquer que l'hyperbole n'avait, à proprement parler, qu'un axe (**128**), mais que, pour

---

vérifieront indépendamment de l'angle φ. Ceci est le cas le plus simple d'une transformation par laquelle M. Ivory a beaucoup facilité la solution d'un problème relatif à l'attraction des sphéroïdes.

conserver l'analogie, on concevait un second axe L'L
mené par le point O, perpendiculairement au premier ;
b exprime la longueur OL de la moitié de cet axe, et
l'équation $b^2 = c^2 - a^2$, donnant $c = \sqrt{a^2 + b^2}$, fait voir
que pour trouver les foyers F et F', il faut prendre les
distances OF et OF' égales à l'hypoténuse du triangle
rectangle construit sur les deux demi-axes OI et OL.

133. La propriété dont jouissent les foyers F et F'
peut servir à la construction de l'hyperbole par points.
Pour cela, du point F, comme centre, et d'un rayon FM,
qui ne soit pas moindre que IF, mais d'ailleurs quelconque, on décrira un arc de cercle, puis on prendra un
rayon F'M plus grand ou moindre que le premier, d'une
quantité égale à II', et le cercle décrit sur ce dernier, du
point F' comme centre, coupera le premier dans deux
point M et M' appartenant à l'hyperbole.

Pour décrire une portion quelconque d'hyperbole par
un mouvement continu, on assujettit une règle à tourner
autour du point F' ; on fixe à l'extrémité R de cette règle
et au point F un fil dont la longueur soit moindre que
F'R, de la quantité II' ; on fait ensuite tourner la règle
en appuyant contre elle, avec un style M, le fil RMF,
de manière qu'il demeure toujours tendu : le style M
trace ainsi un arc de courbe qui appartient à l'hyperbole
dont l'axe est II' et dont les foyers sont F et F'.

134. Je me proposerai encore de *trouver l'équation
d'une courbe telle, que chacun de ses points soit autant
éloigné de la droite* AC, *donnée de position* (fig. 54),
que d'un point fixe F, *également donné de position.*

Si l'on prend sur la droite AB, menée par le point F,
perpendiculairement à AC, un point I situé au milieu de
la distance AF, ce point appartiendra nécessairement à la
courbe cherchée, puisqu'il sera autant éloigné de la droite

AC que du point E. Faisant

$$IF = AI = c', \quad IP = x, \quad PM = y,$$

on aura, pour un point quelconque M, la distance

$$QM = AP = AI + IP = c' + x,$$

et le triangle rectangle FPM donnera

$$MF = \sqrt{\overline{FP}^2 + \overline{PM}^2} = \sqrt{(c' - x)^2 + y^2},$$

puisque $FP = IF - IP$. En développant, on trouvera

$$MF = \sqrt{c'^2 - 2c'x + x^2 + y^2}.$$

Mais par l'énoncé de la question, $QM = MF$: donc

$$c' + x = \sqrt{c'^2 - 2c'x + x'^2 + y^2}.$$

En élevant au carré, et réduisant, on obtient

$$2c'x = -2c'x + y^2 \quad \text{ou} \quad y^2 = 4c'x,$$

équation à la parabole (128).

135. Pour construire la courbe, d'après la propriété que je viens d'employer à la recherche de son équation, il faut, d'un rayon $FM > IF$, mais d'ailleurs arbitraire, décrire un cercle, faire $AP = FM$, et mener par le point P, parallèlement à la ligne AC, une droite PM : le point M où cette droite coupera le cercle appartiendra à la parabole demandée; car il est évident que la droite QM, étant parallèle et égale à AP, sera égale à FM.

Cette même propriété donne aussi le moyen de tracer la courbe par un mouvement continu. Pour cela, on place le long de AC une règle sur laquelle on fait mouvoir une équerre dont l'un des côtés représente la droite QE; on attache au point F l'extrémité d'un fil dont la longueur est égale à QE, et dont l'autre extrémité est fixée au point E; on tend ce fil par un style en l'appliquant contre le côté QE, et le style décrit une portion de parabole.

136. La question qui a conduit ci-dessus à l'équation de la parabole peut être modifiée de manière à embrasser les trois courbes du second degré. Il suffit pour cela de l'énoncer ainsi : *Trouver l'équation d'une courbe dans laquelle la distance entre un point quelconque M et le point fixe F (fig. 57) soit dans un rapport constant avec la distance MQ entre le même point M et une droite AC, donnée de position.*

Soit $1 : n$ ce rapport, et que du point F on tire sur AC la perpendiculaire AB ; il est évident que la courbe cherchée rencontre cette dernière dans un point I, tel que

$$IF : AI :: 1 : n;$$

en sorte que si l'on désigne IF par c', il en résultera

$$AI = nc'.$$

Faisant $IP = x$, $PM = y$, il viendra, en vertu du triangle rectangle PMF, de même que ci-dessus,

$$MF = \sqrt{(c' - x)^2 + y^2} ;$$

et comme $QM = AP = AI + IP = nc' + x$, on aura

$$\sqrt{(c' - x)^2 + y^2} : nc' + x :: 1 : n,$$

d'où l'on tirera

$$nc' + x = n \sqrt{(c' - x)^2 + y^2} :$$

élevant au carré, on obtiendra enfin

$$n^2 y^2 + (n^2 - 1) x^2 - 2 (n + 1) nc' x = 0.$$

Cette équation, d'une forme absolument semblable à l'équation $A't'^2 + C'u'^2 - E'u' = 0$ du n° **128**, appartiendra à l'ellipse, à l'hyperbole ou à la parabole, selon que l'on aura $n > 1$, $n < 1$, ou $n = 1$, et montre par conséquent que la propriété qui fait le sujet de la question proposée est commune aux trois courbes du second degré, par rapport auxquelles la droite AC est nommée *directrice.*

En donnant à l'équation ci-dessus la forme

$$y^2 + \left(1 - \frac{1}{n^2}\right) x^2 - 2\left(1 + \frac{1}{n}\right) c'x = 0,$$

et en remarquant que plus n augmente, plus les fractions $\frac{1}{n^2}$ et $\frac{1}{n}$ diminuent, on verra que dans la supposition de n infinie, elle doit se réduire à

$$y^2 + x^2 - 2c'x = 0,$$

équation qui est celle d'un cercle dont le rayon est c', et pour lequel l'origine des abscisses est placée à l'une des extrémités du diamètre (95).

137. On a vu, dans le n° 128, que l'ellipse, l'hyperbole et la parabole peuvent être données par une seule équation; et il est remarquable que celle-ci peut aussi se déduire immédiatement de l'une quelconque des équations

$$y^2 = \frac{b^2}{a^2}(a^2 - x^2), \quad y^2 = \frac{b^2}{a^2}(x^2 - a^2),$$

qui, se rapportant au centre, semblent particulières à l'ellipse et à l'hyperbole. Pour cela, il suffit de transporter l'origine des coordonnées à l'un des sommets des courbes que représentent ces équations. En effet, si dans les *fig.* 52 et 53 on fait $IP = x'$, on aura, par la première,

$$x \quad \text{ou} \quad OP = OI - IP = a - x',$$

par la seconde

$$x \quad \text{ou} \quad OP = OI + IP = a + x';$$

la substitution de ces valeurs changera les équations rapportées ci-dessus en

$$y^2 = \frac{2b^2}{a} x' - \frac{b^2}{a^2} x'^2, \quad y^2 = \frac{2b^2}{a} x' + \frac{b^2}{a^2} x'^2,$$

qui reviendront à

$$y^2 = px' - \frac{P}{2a} x'^2, \quad y^2 = px' + \frac{P}{2a} x'^2,$$

si l'on pose $\frac{2b^2}{a} = p$, et l'une ne différera de l'autre que par le signe de a. L'inspection de la *fig.* 53 montre aussi que, l'abscisse IP étant regardée comme positive, l'axe II′ est nécessairement négatif.

En mettant pour b^2 sa valeur relative, tant à l'ellipse qu'à l'hyperbole, il vient

$$p = \frac{2(a^2 - c^2)}{a} \;(130), \quad p = \frac{2(c^2 - a^2)}{a} \;(132);$$

mais il est à propos d'introduire la distance IF à la place de c, qui représente la distance OF; et, en faisant IF $= c'$, on trouve, par la *fig.* 52,

$$c \quad \text{ou} \quad \text{OF} = \text{OI} - \text{IF} = a - c';$$

par la *fig.* 53,

$$c \quad \text{ou} \quad \text{OF} = \text{OI} + \text{IF} = a + c' :$$

ces valeurs donnent

$$p = \frac{4ac' - 2c'^2}{a}, \quad p = \frac{4ac' + 2c'^2}{a},$$

expressions qui ne diffèrent encore que par le signe de a.

Toutes les deux étant réunies dans la formule

$$p = \frac{4ac' \mp 2c'^2}{a} = 4c' \mp \frac{2c'^2}{a},$$

ont également pour limite

$$p = 4c',$$

lorsqu'on suppose a infini; mais, dans ce cas, les équations

$$y^2 = px' \mp \frac{p}{2a} x'^2$$

se réduisent à

$$y^2 = px' \quad \text{ou} \quad y^2 = 4c'x',$$

par l'anéantissement de la fraction $\dfrac{p}{2a}$, et donnent ainsi l'équation de la parabole (134).

L'équation

$$y^2 = px' - \frac{p}{2a}\,x'^2$$

est donc propre à représenter chacune des lignes du second ordre : elle appartiendra à l'ellipse quand a sera positif, et au cercle si $p = 2a$; à l'hyperbole quand a sera négatif, et à la parabole lorsque a sera infini (*).

138. La quantité p se nomme le *paramètre* : c'est, dans l'ellipse et dans l'hyperbole, une troisième proportionnelle aux deux axes, puisque sa valeur

$$p = \frac{2b^2}{a} = \frac{4b^2}{2a}$$

conduit à la proportion

$$2a : 2b :: 2b : p,$$

et, dans les trois courbes, elle exprime la valeur de la double ordonnée qui passe par le foyer. En effet, lorsqu'on prend $x' = c'$, il vient

$$y^2 = pc' \mp \frac{p}{2a}\,c'^2 = \frac{p\left(2ac' \mp c'^2\right)}{2a},$$

(*) L'expression $p = \dfrac{4ac' - 2c'^2}{a}$, qui se rapporte à l'ellipse, prendrait une valeur négative si l'on y supposait $c' > 2a$, et l'équation $y^2 = px' - \dfrac{p}{2a}\,x'^2$, se changeant en

$$y^2 = -px' + \frac{p}{2a}\,x'^2,$$

appartiendrait à l'hyperbole; mais c' exprimerait alors la distance entre le sommet et le foyer le plus éloigné, ou IF' (*fig.* 53).

d'où l'on conclut

$$4y^2 = p\,\frac{4ac' \mp 2c'^2}{a} = p^2 \quad \text{et} \quad 2y = p.$$

139. Les équations

$$y^2 = px' \mp \frac{p}{2a}\,x'^2$$

étant mises sous la forme

$$p^2 = \frac{p}{2a}\,(2ax' - x'^2), \quad y^2 = \frac{p}{2a}\,(2ax' + x'^2),$$

on en déduit les suivantes :

$$\frac{y^2}{x'(2a - x')} = \frac{p}{2a}, \quad \frac{y^2}{x'(2a + x')} = \frac{p}{2a},$$

desquelles il résulte que le carré de l'ordonnée **PM** est dans un rapport constant avec le produit des lignes **IP** et **I′P**, qui sont respectivement x' et $2a - x'$ pour l'ellipse (*fig.* 52), x' et $2a + x'$ pour l'hyperbole (*fig.* 53).

Ces distances du pied de l'ordonnée à chacun des sommets de la courbe sont nommées *abscisses,* et il suit de ce qui précède que, *dans l'ellipse et dans l'hyperbole, les carrés des ordonnées sont entre eux comme les produits des abscisses correspondantes.* En effet, si l'on désigne par X' une abscisse différente de x', mais toujours comptée du même point, et par Y l'ordonnée correspondante, on aura

$$Y^2 = \frac{p}{2a}\,(2aX' - X'^2), \quad Y^2 = \frac{p}{2a}\,(2aX' + X'^2),$$

d'où l'on tirera

$$y^2 : Y^2 :: x'(2a - x') : X'(2a - X')$$

pour l'ellipse,

$$y^2 : Y^2 :: x'(2a + x') : X'(2a + X')$$

pour l'hyperbole, en supprimant, dans le dernier rapport de chacune de ces proportions, le facteur commun $\frac{p}{2\,a}$.

L'équation de la parabole $y^2 + px'$, étant traitée de la même manière, donne seulement

$$y^2 : \mathrm{Y}^2 :: x' : \mathrm{X}',$$

ce qui fait voir que, *dans la parabole, les carrés des ordonnées sont comme les abscisses correspondantes.*

140. Il suit, de la comparaison des formules rapportées dans les n°s 120 et 128, qu'il y a pour chaque courbe du second degré au moins deux systèmes de coordonnées dans lesquels l'équation de cette courbe se présente sous la forme la plus simple : l'un de ces systèmes est celui des axes, et je vais montrer qu'il y a un nombre infini de coordonnées qui jouissent de la même propriété. Pour le faire, j'appliquerai la transformation des coordonnées aux équations relatives aux axes.

Soit premièrement celle de l'ellipse $y^2 = \dfrac{b^2}{a^2}(a^2 - x^2)$, qui revient à

$$a^2 y^2 + b^2 x^2 = a^2 b^2;$$

j'observe d'abord qu'il est inutile de déplacer l'origine des coordonnées qu'il faut laisser au centre; et, n'ayant à changer que la direction des axes, je prends seulement

$$x = mt + pu, \quad y = nt + qu \quad (122).$$

Je laisse indéterminé l'angle que les nouvelles coordonnées doivent faire entre elles, et dont le cosinus est représenté par h (123), et je ne tiendrai, par conséquent, aucun compte de l'équation

$$mp + nq + g(np + mq) = h;$$

il n'en sera pas de même des équations

$$m^2 + n^2 + 2gmn = 1, \quad p^2 + q^2 + 2gpq = 1,$$

parce que, les coordonnées x et y étant réciproquement perpendiculaires, il en résulte $g = 0$, d'où

$$m^2 + n^2 = 1, \quad p^2 + q^2 = 1 :$$

des quatre quantités m, n, p et q, il n'en restera donc que deux dont il soit possible de disposer. En faisant la substitution des valeurs de x et de y, dans l'équation

$$a^2 y^2 + b^2 x^2 = a^2 b^2,$$

on obtiendra

$$(a^2 n^2 + b^2 m^2) t^2 + 2 (a^2 nq + b^2 mp) ut$$
$$+ (a^2 q^2 + b^2 p^2) u^2 = a^2 b^2;$$

et, pour simplifier cette dernière, je poserai

$$a^2 nq + b^2 mp = 0,$$

ce qui la réduit à

$$(a^2 n^2 + b^2 m^2) t^2 + (a^2 q^2 + b^2 p^2) u^2 = a^2 b^2.$$

Pour comparer cette équation avec

$$a'^2 t^2 + b'^2 u^2 = a'^2 b'^2,$$

on les mettra sous la forme

$$\frac{a^2 n^2 + b^2 m^2}{a^2 b^2} t^2 + \frac{a^2 q^2 + b^2 p^2}{a^2 b^2} u^2 = 1,$$

$$\frac{t^2}{b'^2} + \frac{u^2}{a'^2} = 1 ;$$

elles ne pourront alors devenir identiques, indépendamment de t et de u, que par la supposition de

$$\frac{1}{b'^2} = \frac{a^2 n^2 + b^2 m^2}{a^2 b^2}, \quad \frac{1}{a'^2} = \frac{a^2 q^2 + b^2 p^2}{a^2 b^2},$$

ce qui donnera

$$b'^2 = \frac{a^2 b^2}{a^2 n^2 + b^2 m^2}, \quad a'^2 = \frac{a^2 b^2}{a^2 q^2 + b^2 p^2}.$$

Pour s'assurer de la possibilité de cette transformation, il faut voir si la détermination des quantités m, n, p et q n'est sujette à aucune exception. L'équation

$$a^2 nq + b^2 mp = 0,$$

mise sous la forme

$$\frac{n}{m}\frac{q}{p} = -\frac{b^2}{a^2},$$

fera toujours connaître le rapport de p à q, ou celui de m à n. Si l'on en tire

$$\frac{q}{p} = -\frac{b^2}{a^2}\frac{m}{n},$$

et si, pour abréger, on fait

$$\frac{b^2}{a^2}\frac{m}{n} = -r,$$

il viendra

$$q = pr;$$

substituant dans $p^2 + q^2 = 1$, on en déduira

$$p^2(1 + r^2) = 1,$$

d'où l'on conclura

$$p = \frac{1}{\sqrt{1 + r^2}}, \quad q = \frac{r}{\sqrt{1 + r^2}},$$

expressions qui demeureront toujours réelles, quelle que soit r. L'équation $m^2 + n^2 = 1$, ne pouvant déterminer qu'une des deux quantités m et n, laisse absolument indéterminé le rapport $\dfrac{n}{m}$ qui entre dans les expressions de p et de q, lesquelles, par cette raison, deviennent susceptibles d'une infinité de valeurs différentes : il y a donc, en effet, une infinité de systèmes de coordonnées dans lesquels l'équation de l'ellipse a la forme

$$a'^2 t^2 + b'^2 u^2 = a'^2 b'^2,$$

absolument semblable à celle de l'équation aux axes,

$$a^2 y^2 + b^2 x^2 = a^2 b^2.$$

141. En opérant sur l'équation de l'hyperbole

$$y^2 = \frac{b^2}{a^2} (x^2 - a^2) \quad \text{ou} \quad a^2 y^2 - b^2 x^2 = - a^2 b^2,$$

comme je viens de le faire sur celle de l'ellipse, on aura successivement

$$(a^2 n^2 - b^2 m^2) t^2 + 2 (a^2 nq - b^2 mp) ut$$
$$+ (a^2 q^2 - b^2 p^2) u^2 = - a^2 b^2,$$
$$a^2 nq - b^2 mp = 0,$$
$$\frac{a^2 n^2 - b^2 m^2}{a^2 b^2} t^2 + \frac{a^2 q^2 - b^2 p^2}{a^2 b^2} u^2 = - 1;$$

et, comparant la dernière équation à

$$\frac{t^2}{b'^2} - \frac{u^2}{a'^2} = - 1,$$

on trouvera

$$b'^2 = \frac{a^2 b^2}{a^2 n^2 - b^2 m^2}, \quad a'^2 = - \frac{a^2 b^2}{a^2 q^2 - b^2 p^2}.$$

Les expressions de p et de q seront de la même forme dans ce cas-ci que dans le précédent, et pourront donner, par conséquent, une infinité de valeurs, d'après celles qu'on assignera au rapport $\frac{n}{m}$: on sera donc fondé à tirer pour l'hyperbole une conclusion pareille à celle qui vient d'être énoncée pour l'ellipse.

142. Je passe à la parabole : son équation $y^2 = 4 c' x$ ne peut être transformée en une autre qui lui soit semblable, par les formules

$$x = mt + pu, \quad y = nt + qu.$$

On obtient, en effet, la résultante

$$n^2 t^2 + 2 nqut + q^2 u^2 = 4 c' (mt + pu);$$

et, si l'on voulait y faire disparaître les termes affectés de ut, u^2 et t, il faudrait poser $q = 0$, $m = 0$; mais il s'ensuivrait $p = 1$, $n = 1$, $x = u$, $y = t$, et l'on retomberait sur les coordonnées primitives : il n'en serait pas ainsi en déplaçant en même temps l'origine. Quand on substitue à x et y leurs valeurs les plus générales,

$$mt + pu + \alpha, \qquad nt + qu + \beta \quad (\mathbf{122}),$$

il vient

$$\left. \begin{array}{l} n^2 t^2 + 2\,nqut + q^2 u^2 \\ \quad + 2\,\beta\,(nt + qu) - 4\,c'\,(mt + pu) \\ \quad + \beta^2 - 4\,\alpha c' \end{array} \right\} = 0;$$

et pouvant alors disposer de quatre quantités, à cause des deux nouvelles indéterminées α et β, on fera disparaître les termes affectés de ut, de t, et les termes indépendants de t et de u, en posant

$$2\,nq = 0, \qquad 2\,\beta n - 4\,c'm = 0, \qquad \beta^2 - 4\,\alpha c' = 0.$$

La première de ces équations peut être satisfaite de deux manières : soit par $n = 0$, soit par $q = 0$; mais $n = 0$ donne $m = 0$ dans la seconde équation, ce qui ne saurait s'accorder avec l'équation $m^2 + n^2 = 1$. En adoptant la valeur $q = 0$, le terme $q^2 u^2$ s'évanouit, et il ne reste que

$$n^2 t^2 = 4\,c'pu \qquad \text{ou} \qquad t^2 = \frac{4\,c'pu}{n^2},$$

équation semblable à celle qui se rapporte à l'axe de la courbe. La supposition de $q = 0$, introduite dans l'équation $p^2 + q^2 = 1$, donne

$$p = \pm 1;$$

de $2\,\beta n - 4\,c'm = 0$ on tire

$$\frac{n}{m} = \frac{2\,c'}{\beta},$$

et cette équation, combinée avec $m^2 + n^2 = 1$, détermine

n et m. L'équation $\beta^2 - 4\alpha c' = 0$ détermine aussi α, lorsque β est connu; mais cette dernière quantité reste susceptible de telle valeur qu'on voudra.

Il est à propos d'observer ici que les propriétés énoncées dans le n° 139, par rapport aux axes, ont également lieu par rapport aux diamètres conjugués, puisqu'elles ne dépendent pas de l'angle des coordonnées, mais de la forme seule des équations des trois courbes, qui est la même pour les diamètres conjugués que pour les axes.

143. Les remarques précédentes conduisent à cette question : *Un diamètre quelconque étant donné, trouver la position de son conjugué.* On la résoudra en observant que lorsque, dans la *fig.* 5o, au n° **122**, l'angle CAB, ou celui que font entre eux les axes des coordonnées primitives x, y, est droit, les triangles P''A'''R et P''MQ deviennent rectangles, l'un en R, l'autre en Q; d'où il suit que $m = \dfrac{\text{A'''R}}{\text{A'''P''}}$ représente le cosinus de l'angle P''A'''R ou B''A'''B', et que $n = \dfrac{\text{P''R}}{\text{A'''P''}}$ en est le sinus; que $p = \dfrac{\text{P''Q}}{\text{P''M}}$ représente le cosinus de l'angle MP''Q ou C''A'''B', et que $q = \dfrac{\text{QM}}{\text{P''M}}$ en est le sinus.

Si l'on rapporte ces mêmes dénominations sur les *fig.* 58 et 59, en prenant II' pour l'axe des x, OF pour celui des t, et OH pour celui des u, il viendra

$$\frac{n}{m} = \frac{\sin \text{FOI}}{\cos \text{FOI}} = \tan g\,\text{FOI},$$

$$\frac{q}{p} = \frac{\sin \text{HOI}}{\cos \text{HOI}} = \tan g\,\text{HOI};$$

et, comme les équations

$$a^2 nq + b^2 mp = 0,$$
$$a^2 nq - b^2 mp = 0,$$

obtenues dans les n°s 140 et 141, peuvent être mises sons la forme

$$\frac{n}{m}\,\frac{q}{p} = \mp \frac{b^2}{a^2}.$$

il en résultera

$$\tang\,\text{FOI}\;\tang\,\text{HOI} = \mp \frac{b^2}{a^2},$$

le signe supérieur se rapportant à l'ellipse, et l'inférieur à l'hyperbole : on déterminera donc aisément l'un des angles FOI, HOI quand l'autre sera connu.

144. On peut substituer, dans l'ellipse (*fig.* 58), aux angles FOI et HOI les coordonnées des points F et H; car, si l'on désigne

$$\text{OE par } \alpha, \quad \text{EF par } \beta,$$
$$\text{OG par } \alpha', \quad \text{GH par } \beta',$$

il viendra

$$\tang\,\text{FOI} = \frac{\text{EF}}{\text{OE}} = \frac{\beta}{\alpha},$$

$$\tang\,\text{HOI} = \frac{\text{GH}}{\text{OG}} = \frac{\beta'}{\alpha'},$$

et, par conséquent,

$$\frac{\beta}{\alpha}\,\frac{\beta'}{\alpha'} = -\frac{b^2}{a^2},$$

ce qui donne

$$a^2\,\beta\beta' + b^2\,\alpha\alpha' = 0.$$

De plus, les coordonnées α et β, α' et β', appartenant à l'ellipse, doivent satisfaire aux équations

$$a^2\,\beta^2 + b^2\,\alpha^2 = a^2\,b^2,$$
$$a^2\,\beta'^2 + b^2\,\alpha'^2 = a^2\,b^2 :$$

il n'en restera donc qu'une seule qui soit arbitraire.

Dans l'hyperbole (*fig.* 59), α et β n'appartiendront plus à un point de la courbe, puisque le diamètre OF ne la traverse pas; mais comme il ne s'agit ici que de la direction de ce diamètre, on peut prendre, au lieu du point F, le point R, correspondant à l'abscisse OI, et faire en conséquence

$$\alpha = OI = a, \quad \beta = IR,$$

ce qui donne

$$\text{tang FOI} = \frac{\beta}{a} \quad \text{et} \quad \frac{\beta}{a}\frac{\beta'}{\alpha'} = \frac{b^2}{a^2},$$

d'où

$$a\,\beta\beta' - b^2\alpha' = 0.$$

En déterminant β par son moyen, cette équation fera connaître le point R ; mais il faudra la combiner avec

$$a^2\beta'^2 - b^2\alpha'^2 = -a^2 b^2,$$

si c'est le point H que l'on cherche.

145. Dans la parabole, on a $q = 0$; il suit de là que l'axe des u, OH (*fig.* 60), est parallèle à celui des x, et que sa position ne dépend que du point O, où il rencontre la courbe, pour lequel $t = 0, u = 0$. Alors α et β représentent les coordonnées IG et OG ; on a $\beta^2 = 4c'\alpha$, et l'équation $\dfrac{n}{m} = \dfrac{2c'}{\beta}$ donne la tangente trigonométrique de l'angle compris entre l'axe des t et celui des u.

Je ferai remarquer, en passant, que lorsqu'on a trouvé la position du diamètre qui est le conjugué d'un diamètre donné, on a celle de la tangente de la courbe, au point où elle rencontre ce dernier, point qu'on peut prendre arbitrairement. En effet (**121**), dans l'ellipse et l'hyperbole (*fig.* 58 et 59), le diamètre OF est parallèle à la tangente HT, et dans la parabole (*fig.* 60), ce diamètre est lui-même tangent à la courbe en O.

Réciproquement, quand on sait mener la tangente dans un point quelconque de la courbe, on en conclut sur-le-champ la position du diamètre conjugué.

146. Dans les équations

$$a'^2 t^2 + b'^2 u^2 = a'^2 b'^2, \quad a'^2 t^2 - b'^2 u^2 = -a'^2 b'^2,$$

dont la première appartient à l'ellipse, et la seconde à l'hyperbole, les lettres a' et b' représentent les deux demi-diamètres conjugués ; en effet, quand $t = 0$, il vient

$$u = a' \quad \text{ou} \quad \mathrm{OH} = a' \quad (\textit{fig. } 58 \text{ et } 59);$$

et lorsque $u = 0$, il vient

$$t^2 = b'^2 \quad \text{ou} \quad t^2 = -b'^2,$$

ce qui donne, pour l'hyperbole comme pour l'ellipse,

$$\mathrm{OF} = b' \quad (\mathbf{128}).$$

Il est facile de voir que les quantités m, n, p, q peuvent, au moyen des équations $m^2 + n^2 = 1$, $p^2 + q^2 = 1$, et de celles qui résultent des expressions de a'^2 et de b'^2, être éliminées de l'équation de condition qui détermine la position respective des diamètres conjugués, et qu'on doit parvenir à une relation entre ces lignes et les demi-axes. Le calcul s'effectue fort simplement de la manière suivante.

On tire d'abord des expressions de a'^2 et b'^2, relatives à l'ellipse (140), les équations

$$a'^2 a^2 q^2 + a'^2 b^2 p^2 = a^2 b^2, \quad b'^2 a^2 n^2 + b'^2 b^2 m^2 = a^2 b^2,$$

et, en y joignant respectivement

$$q^2 + p^2 = 1, \quad n^2 + m^2 = 1,$$

on aura deux systèmes d'équations, l'un en q^2 et p^2, l'autre en n^2 et m^2. Le premier donne sur-le-champ

$$q^2 = \frac{a^2 b^2 - a'^2 b^2}{a'^2 a^2 - a'^2 b^2} = \frac{b^2 (a^2 - a'^2)}{a'^2 (a^2 - b^2)},$$

$$p^2 = \frac{a'^2 a^2 - a^2 b^2}{a'^2 a^2 - a'^2 b^2} = \frac{a^2 (a'^2 - b^2)}{a'^2 (a^2 - b^2)}.$$

Pour obtenir n^2 et m^2, il suffit de changer a' en b' dans ces valeurs, et il vient

$$n^2 = \frac{b^2\,(a^2 - b'^2)}{b'^2\,(a^2 - b^2)},$$

$$m^2 = \frac{a^2\,(b'^2 - b^2)}{b'^2\,(a^2 - b^2)}.$$

Cela posé, l'équation de condition

$$a^2 nq + b^2 mp = 0 \quad (140)$$

revient à

$$a^2 nq = - b^2 mp,$$

et en la carrant, on obtient

$$a^4\,n^2\,q^2 = b^4\,m^2\,p^2.$$

Si l'on substitue, dans cette dernière, les valeurs de n^2, m^2, q^2, p^2, on pourra effacer les dénominateurs ; car ils seront les mêmes dans les deux membres, et l'on aura

$$(a^2 - a'^2)\,(a^2 - b'^2) = (a'^2 - b^2)\,(b'^2 - b^2).$$

Développant, réduisant et décomposant en facteurs, il viendra

$$(a^4 - b^4) - (a^2 - b^2)\,(a'^2 + b'^2) = 0;$$

puis supprimant le facteur commun $a^2 - b^2$, on trouvera enfin

$$a'^2 + b'^2 = a^2 + b^2, \quad \text{ou} \quad \overline{OH}^2 + \overline{OF}^2 = \overline{OI}^2 + \overline{OL}^2.$$

Les expressions de a'^2 et de b'^2, relatives à l'hyperbole (141), conduisant aux équations

$$a'^2 a^2 q^2 - a'^2 b^2 p^2 = - a^2 b^2, \quad b'^2 a^2 n^2 - b'^2 b^2 m^2 = a^2 b^2,$$

et l'équation de condition étant

$$a^2 nq - b^2 mp = 0,$$

on voit qu'il suffira d'affecter b^2 et b'^2 du signe $-$, dans le calcul précédent, pour l'approprier au cas actuel, et qu'on en tirera par conséquent

$$a'^2 - b'^2 = a^2 - b^2, \quad \text{ou} \quad \overline{OH}^2 - \overline{OF}^2 = \overline{OI}^2 - \overline{OL}^2 :$$

donc *la somme des carrés des demi-diamètres conjugués dans l'ellipse, ou leur différence dans l'hyperbole, est égale à la somme des carrés des demi-axes, ou à leur différence.*

147. Si l'on multiplie entre elles les expressions de a'^2 et de b'^2 dans l'ellipse, on obtiendra

$$a'^2 b'^2 = \frac{a^4 b^4}{a^4 n^2 q^2 + a^2 b^2 n^2 p^2 + a^2 b^2 m^2 q^2 + b^4 m^2 p^2} ;$$

mais en carrant l'équation

$$a^2 nq + b^2 mp = 0,$$

il vient

$$a^4 n^2 q^2 + 2 a^2 b^2 mnpq + b^4 m^2 p^2 = 0,$$

ou

$$a^4 n^2 q^2 + b^4 m^2 p^2 = - 2 a^2 b^2 mnpq ;$$

et avec cette valeur on fera disparaître le premier et le dernier terme du dénominateur de l'expression de $a'^2 b'^2$, qui deviendra

$$a'^2 b'^2 = \frac{a^4 b^4}{a^2 b^2 n^2 p^2 - 2 a^2 b^2 mnpq + a^2 b^2 m^2 q^2} = \frac{a^2 b^2}{(np - mq)^2} :$$

prenant de part et d'autre la racine carrée, on aura

$$a' b' = \frac{ab}{np - mq}, \quad \text{ou} \quad a' b' (np - mq) = ab.$$

Il est important de remarquer que la quantité $np - mq$ n'est autre chose que le sinus de l'angle compris entre les deux diamètres conjugués OF et OH (*fig.* 58); car, n et m étant le sinus et le cosinus de l'angle FOI, q et p le sinus et le cosinus de l'angle HOI, la formule

$$\sin \text{FOH} = \sin (\text{FOI} + \text{HOI})$$
$$= \sin \text{FOI} \cos \text{HOI} + \cos \text{FOI} \sin \text{HOI} \quad (11)$$

donne

$$\sin FOH = np - mq,$$

si l'on fait attention que l'angle HOI, tombant au-dessous de l'axe II', a un sinus négatif, $q = -\dfrac{b^2 mp}{a^2 n}$, qu'il faut rendre positif dans cette formule, en prenant $-q$ au lieu de $+q$: on aura donc

$$a'b' \sin FOH = ab.$$

Cela posé, il est facile de voir que si du point F on abaisse sur OH la perpendiculaire FQ, il viendra

$$FQ = OF \sin FOH = b' \sin FOH,$$

et que, par conséquent, l'aire du parallélogramme

$$FH = \overline{OH} \times \overline{FQ} = a'b' \sin FOH;$$

ainsi le rectangle formé sur les demi-axes a et b, ou OI et OL, est égal au parallélogramme FH, construit sur les deux demi-diamètres conjugués OF et OH.

On reconnaîtra que la même propriété a lieu dans l'hyperbole, en formant de même le produit $a'^2 b'^2$; mais il faudra prendre garde que, dans la *fig.* 59, l'angle

$$FOH = FOI - HOI.$$

On déduit de là cette propriété remarquable, que *les parallélogrammes construits sur les diamètres conjugués, soit de l'ellipse, soit de l'hyperbole, sont équivalents au rectangle des axes*, puisque ces parallélogrammes, ainsi que le montrent les figures, sont composés de quatre autres parallélogrammes égaux, chacun, au quart du rectangle des axes.

148. Si l'on désigne par s le sinus de l'angle FOH, on aura l'équation

$$a'b's = ab,$$

que l'on combinera avec

$$a'^2 + b'^2 = a^2 + b^2$$

dans l'ellipse, et avec

$$a'^2 - b'^2 = a^2 - b^2$$

dans l'hyperbole, pour trouver les demi-axes a et b, lorsqu'on ne connaîtra que deux demi-diamètres conjugués et l'angle qu'ils font entre eux. Quand on aura les axes, on arrivera facilement aux angles qu'ils font avec les diamètres conjugués, en se servant des expressions de q^2, p^2, n^2, m^2, rapportées dans le n° 146. Ces expressions donnent

$$\frac{q^2}{p^2} = \frac{b^2\,(a^2 - a'^2)}{a^2\,(a'^2 - b^2)}, \quad \frac{n^2}{m^2} = \frac{b^2\,(a^2 - b'^2)}{a^2\,(b'^2 - b^2)};$$

et, par l'extraction de la racine carrée, on parvient aux tangentes des angles HOI, FOI.

Une remarque qui se présente aisément, et que je ne dois pas omettre, c'est qu'il y a dans une ellipse quelconque deux diamètres conjugués égaux entre eux. En effet, si dans les équations

$$a'^2 + b'^2 = a^2 + b^2, \quad a'b's = ab,$$

on suppose $a' = b'$, on en tire les valeurs

$$a'^2 = \frac{a^2 + b^2}{2}, \quad s = \frac{ab}{a'^2} = \frac{2ab}{a^2 + b^2},$$

qui font connaître la grandeur de ces diamètres et l'angle qu'ils comprennent entre eux. La supposition de $a' = b'$, dans les valeurs de q^2, p^2, n^2 et m^2, rend égales la première et la troisième, la seconde et la quatrième : on a donc tout ce qu'il faut pour déterminer, par rapport aux axes, la position de ces diamètres.

Lorsqu'on y rapporte l'équation de l'ellipse, elle prend la forme

$$t^2 + u^2 = a'^2,$$

et devient semblable à celle du cercle : la seule différence
qui subsiste est l'obliquité des coordonnées t et u; aussi
peut-on construire cette ellipse, en inclinant les coordonnées du cercle sous l'angle que font les diamètres dont je
parle : de là résulte un procédé assez simple pour tracer
une ellipse par points, lorsque l'on connaît ses diamètres
conjugués égaux.

Je laisserai au lecteur le soin d'effectuer la construction
des expressions rapportées ci-dessus. Ce que j'ai dit me
paraît remplir l'objet que je m'étais proposé, savoir, de
montrer comment on peut déduire les principales propriétés des lignes du second degré, par une méthode
vraiment analytique et indépendante des constructions
géométriques.

149. Ce n'est pas seulement en les rapportant à un axe
des abscisses, par des ordonnées parallèles entre elles,
comme on l'a vu jusqu'ici, que les courbes peuvent être
définies par des équations; il est à propos de remarquer
que tout système de lignes, propre à déterminer les différents points d'une courbe, peut également en fournir une
équation caractéristique.

La relation

$$z = \frac{a^2 - cx}{a} = a - \frac{cx}{a},$$

obtenue dans le n°. 130, entre le rayon vecteur $FM = z$
(*fig.* 52) et l'abscisse $OP = x$, peut être considérée
comme telle, par rapport à l'ellipse. On en déduit une
construction très-simple de cette courbe; car, en se donnant x, on obtiendra par des lignes proportionnelles la
quantité $\frac{cx}{a}$, et retranchant cette quantité de a, on aura
z ou FM; ensuite, du point F, comme centre, et d'un
rayon égal à FM, on décrira un arc de cercle qui coupera
la perpendiculaire PM, dans un point M appartenant à

l'ellipse. Si l'abscisse tombait dans la partie OI' de l'axe, x devenant négatif, il viendrait pour ce cas $z = a + \dfrac{cx}{a}$.

Cette équation diffère des précédentes en ce que l'ordonnée, au lieu d'être constamment parallèle à une même droite, change sans cesse de direction, et n'est assujettie qu'à passer par un point donné ; aussi l'équation $z = a - \dfrac{cx}{a}$, quoique du premier degré, n'appartient plus à une ligne droite, comme lorsque les coordonnées sont respectivement parallèles à des axes fixes.

Dans le système que je considère maintenant, il est assez naturel de placer l'origine des abscisses au point F, duquel partent les nouvelles ordonnées ou les rayons vecteurs, et de remplacer, en conséquence, $OP = x$ par $FP = x'$, ce qui donne

$$x \quad \text{ou} \quad OP = OF - FP = c - x',$$

et

$$z = a - \frac{c\,(c - x')}{a} = \frac{a^2 - c^2}{a} + \frac{cx'}{a} ;$$

mettant b^2 au lieu de $a^2 - c^2$, on aura

$$z = \frac{b^2 + cx'}{a}.$$

Enfin, le plus souvent, on introduit l'angle IFM à la place de l'abscisse x', ce qui se fait en observant que dans le triangle rectangle FMP on a

$$FP = FM \cos PFM,$$

d'où

$$x' = -z \cos IFM \quad (23);$$

nommant donc φ l'angle IM, on obtiendra

$$z = \frac{b^2 - cz \cos\varphi}{a} \qquad \text{ou} \qquad z = \frac{b^2}{a + c \cos\varphi}.$$

Cette dernière équation est d'un grand usage dans l'application de l'analyse à l'Astronomie : on la nomme *équation polaire*, comme toutes celles dont les ordonnées partent d'un même point qu'on appelle le *pôle de la courbe*.

L'équation $z = \dfrac{cx - a^2}{a}$, relative à l'hyperbole (132), étant soumise aux transformations précédentes, devient successivement

$$z = \frac{b^2 - a^2 - cx'}{a} = \frac{b^2 - cx'}{a},$$

$$z = \frac{b^2 - cz\cos\varphi}{a}, \quad \text{ou} \quad z = \frac{b^2}{a + c\cos\varphi}.$$

Dans la parabole, en faisant $\mathrm{FM} = z$ (*fig.* 54), et à cause que $\mathrm{FM} = \mathrm{QM}$ (134), on a

$$z = c' + x;$$

mais, x représentant IP, il vient

$$x = \mathrm{IF} - \mathrm{FP} = c' - x',$$

d'où

$$z = 2c' - x',$$
$$z = 2c' - z\cos\varphi, \quad \text{ou} \quad z = \frac{2c'}{1 + \cos\varphi}.$$

150. Les trois équations polaires obtenues ci-dessus peuvent se lier entre elles, en introduisant dans les deux premières, au lieu du second axe b, le paramètre, d'après lequel on a $b^2 = \frac{1}{2}ap$ (137). Par cette substitution, l'équation de l'ellipse, se changeant en

$$z = \frac{\frac{1}{2}ap}{a + c\cos\varphi} = \frac{\frac{1}{2}p}{1 + \dfrac{c}{a}\cos\varphi},$$

devient celle de l'hyperbole quand a est négatif et

$c > a$ (*), celle de la parabole quand on fait $c = a$ et a infini, d'où il résulte $p = 4c'$.

On peut encore faire $\dfrac{c}{a} = e$, ce qui donnera

$$p = 2a\left(1 - e^2\right), \quad z = \frac{a\left(1 - e^2\right)}{1 + e\cos\varphi}.$$

Sous cette forme, on aura l'ellipse quand $e < 1$; le cercle, si $e = 0$; l'hyperbole, si $e > 1$ et que a soit négatif; la parabole, si $e = 1$ et que a soit infini.

Enfin, si l'on veut chasser a du résultat précédent, et le remplacer par la distance du sommet au foyer, on emploiera la relation $c = a - c'$ (**137**), qui donne

$$ae = a - c', \quad \text{d'où} \quad a = \frac{c'}{1 - e},$$

et

$$z = \frac{c'\left(1 + e\right)}{1 + e\cos\varphi}.$$

151. Les propriétés fondamentales de l'ellipse, de l'hyperbole et de la parabole, énoncées dans le n° **139**, et qui ont lieu, soit par rapport aux axes, soit par rapport aux diamètres (**142**), se trouvent dans les différentes courbes qui résultent de l'intersection de la surface conique par un plan quelconque : en voici les démonstrations synthétiques.

Soit ASB (*fig.* 61) un cône quelconque à base circulaire, c'est-à-dire le corps terminé par la surface qu'engendre, en glissant sur la circonférence du cercle ACBD, une droite assujettie à passer par le point S, dans toutes les positions qu'elle prend. 1° Il est évident que si l'on coupe ce cône par un plan quelconque CSD, mené par son *sommet* S, on obtiendra deux lignes droites qui répondent aux deux positions prises par la droite génératrice, lors-

---

(*) φ doit être pris alors pour le supplément de IFM (*fig.* 53).

qu'elle est parvenue successivement aux points C et D, dans lesquels le plan CSD rencontre la circonférence ACBD. 2° Si le plan coupant est A′C′B′D′, parallèle au plan de la base ACBD, la section sera un cercle, ainsi qu'il est aisé de s'en convaincre, en concevant qu'on ait mené par le point S et le centre de la base l'*axe* SO du cône proposé, et que l'on ait fait passer par cet axe deux plans quelconques ASB et CSD, dont les intersections respectives avec ACBD et A′C′B′D′ soient AB et A′B′, CD et C′D′; car on aura alors les triangles semblables COS, C′O′S, qui donneront

$$CO : C'O' :: SO : SO',$$

et les triangles semblables AOS, A′O′S, qui donneront

$$AO : A'O' :: SO : SO';$$

et puisque, par construction, AO = CO, on aura

$$A'O' = C'O',$$

ce qui prouve que tous les rayons de la section A′C′B′D′ sont égaux, qu'elle est par conséquent un cercle.

Il est à propos d'observer que la surface du cône s'étend indéfiniment, soit au-dessous du plan de la base ACBD, soit au-dessus du sommet S, puisque rien ne limite la longueur de la droite génératrice; et il est aisé de sentir que le prolongement S*b* de la droite SB décrit un second cône placé dans une situation inverse de celle du premier.

152. Après ces préliminaires, je suppose que le plan coupant ne soit plus parallèle à la base ACBD du cône, mais qu'il la rencontre suivant une droite GH (*fig.* 62); j'abaisse sur cette ligne, du centre O, la perpendiculaire OG, par laquelle je fais passer le plan ASB. Il est visible que si le plan coupant rencontre en même temps les deux côtés SA et SB, et que par conséquent il n'entre

point dans le cône supérieur $a\,\mathrm{S}\,b$, la section $\mathrm{IMI}'m$ sera une courbe fermée ou rentrante en elle-même.

Cela posé, je mène parallèlement à la base ACBD un plan $\mathrm{EMF}m$, qui rencontre le plan coupant $\mathrm{IMI}'m$; la commune section $\mathrm{M}m$ de ces deux plans sera parallèle à GH, et par conséquent perpendiculaire à EF; enfin la courbe $\mathrm{EMF}m$ sera un cercle (numéro précédent), en sorte que $\overline{\mathrm{PM}}^2 = \overline{\mathrm{PE}} \times \overline{\mathrm{PF}}$. Mais si par les points I et I' on mène les droites IL et I'L' parallèles à AB, les triangles IPE et II'L', évidemment semblables, donneront

$$\mathrm{II}' : \mathrm{I'L'} :: \mathrm{PI} : \mathrm{PE},$$

d'où

$$\mathrm{PE} = \frac{\overline{\mathrm{I'L'}} \times \overline{\mathrm{PI}}}{\mathrm{II}'}.$$

Par les triangles I'PF, I'IL, on aura de même

$$\mathrm{II}' : \mathrm{IL} :: \mathrm{PI}' : \mathrm{PF}, \quad \text{d'où} \quad \mathrm{PF} = \frac{\overline{\mathrm{IL}} \times \overline{\mathrm{PI}'}}{\mathrm{II}'} ;$$

puis, mettant ces valeurs dans celle de $\overline{\mathrm{PM}}^2$, on trouvera

$$\overline{\mathrm{PM}}^2 = \frac{\overline{\mathrm{I'L'}} \times \overline{\mathrm{IL}}}{\overline{\mathrm{II}'}^2} \times \overline{\mathrm{PI}} \times \overline{\mathrm{PI}'}.$$

Désignant le diamètre II' par $2a$, le facteur déterminé $\dfrac{\overline{\mathrm{I'L'}} \times \overline{\mathrm{IL}}}{\mathrm{II}'}$ par p, l'abscisse PI par x, d'où il suit

$$\mathrm{PI}' = 2a - x,$$

enfin l'ordonnée PM par y, on aura

$$y^2 = \frac{p}{2a}\left(2ax - x^2\right),$$

équation de l'ellipse rapportée à ses axes ou à deux diamètres conjugués (139, 142).

153. Il est à propos de remarquer que si le triangle SII'

était semblable au triangle SAB, sans que la ligne II′ fût parallèle à AB, ce qui aurait lieu si l'angle SII′ était égal à SAB, alors SI′I le serait à SBA ; les triangles EIP et FI′P, devenant aussi semblables entre eux, comme les précédents, donneraient

$$PE : P I′ :: PI : PF, \quad ou \quad \overline{PE} \times \overline{PF} = \overline{PI′} \times \overline{PI},$$

et parce que dans le cercle EMF m on a

$$\overline{PM}^2 = \overline{PE} \times \overline{PF},$$

on aurait aussi

$$\overline{PM}^2 = \overline{PI′} \times \overline{PI}.$$

La section IMI′m serait donc elle-même un cercle dans ce cas, si les ordonnées PM étaient perpendiculaires au diamètre II′ ; mais pour que cette dernière condition soit remplie, il faut que la commune section GH du plan coupant et de la base du cône soit perpendiculaire à la fois sur la droite GA et sur la droite GI, c'est-à-dire qu'elle soit perpendiculaire au plan SAB mené par l'axe, et que par conséquent celui-ci soit lui-même perpendiculaire au plan de la base du cône et au plan coupant. Alors le plan coupant est dit *antiparallèle* à celui de la base ; et il en résulte que, dans un cône à base circulaire, la section antiparallèle à cette base est un cercle, de même que la section parallèle.

154. Si le plan coupant était, par rapport aux côtés du triangle ASB, dans la situation que représente la *fig*. 63, c'est-à-dire qu'il pût rencontrer en même temps les deux cônes opposés, il produirait sur chaque cône une courbe infinie, puisqu'une fois entré dans le cône il n'en sortirait plus. Les deux cônes opposés ne formant, à proprement parler, qu'une seule surface, les deux courbes KIk, K′I′k′ doivent être regardées comme n'en composant qu'une seule. Il est facile de reconnaître déjà une ressem-

blance marquée entre cette courbe et l'hyperbole ; mais pour prouver leur identité, il faut de plus retrouver dans la première une des propriétés caractéristiques de la seconde.

En supposant que le plan ASB soit déterminé comme dans le n° 152, qu'on ait mené le plan EMFm parallèle à ABCD, enfin les droites IL et I$'$L$'$ parallèles à AB, on comparera d'abord les triangles IPE et II$'$L$'$; ils donneront

$$\text{II}' : \text{I}'\text{L}' :: \text{PI} : \text{PE}, \quad \text{d'où} \quad \text{PE} = \frac{\overline{\text{I}'\text{L}'} \times \overline{\text{PI}}}{\text{II}'}.$$

Passant ensuite aux triangles I$'$PF et I$'$IL, on aura

$$\text{II}' : \text{IL} :: \text{PI}' : \text{PF}, \quad \text{d'où} \quad \text{PF} = \frac{\overline{\text{IL}} \times \overline{\text{PI}'}}{\text{II}'} ;$$

mais, dans le cercle EMFm, $\overline{\text{PM}}^2 = \overline{\text{PE}} \times \overline{\text{PF}}$, et substituant les valeurs de PE et de PF, on obtient

$$\overline{\text{PM}}^2 = \frac{\overline{\text{I}'\text{L}'} \times \overline{\text{IL}}}{\overline{\text{II}'}^2} \times \overline{\text{PI}} \times \overline{\text{PI}'} ;$$

et remplaçant les lignes indiquées ci-dessus par les dénominations algébriques dont on a fait usage dans le n° 152, on aura seulement à observer que $\text{PI}' = 2\,a + x$, en sorte que $y^2 = \dfrac{p}{2\,a}\left(2\,ax + x^2\right)$, résultat qui appartient à une hyperbole (139, 142).

155. Il me reste encore à examiner le cas où le plan coupant serait parallèle à l'un des côtés SA ou SB du triangle ASB, ainsi que le montre la *fig.* 64. Il ne pourrait alors rencontrer qu'un seul des deux côtés opposés, et il ne s'en dégagerait jamais, en sorte que la section MIm serait une courbe ouverte et infinie, comme la parabole, avec laquelle je vais prouver qu'elle est identique.

Les plans ASB, EMFm et la ligne IL étant menés dans

les mêmes conditions que ci-dessus, le parallélisme des lignes IP et SB donne PF = IL ; comparant ensuite les triangles semblables IPE et SIL, on aura

$$SL : IL :: PI : PE, \quad \text{d'où} \quad PE = \frac{\overline{IL} \times \overline{PI}}{SL},$$

et substituant dans l'équation $\overline{PM}^2 = \overline{PE} \times \overline{PF}$, il viendra

$$\overline{PM}^2 = \frac{\overline{IL}^2}{SL} \times \overline{IP}.$$

Désignant alors le facteur déterminé $\dfrac{\overline{IL}^2}{SL}$ par p, PI par x, et PM par y, on trouvera $y^2 = px$, équation de la parabole (139, 142).

156. Les circonstances dans lesquelles les lignes du second degré changent de nature peuvent aussi se voir dans le cône. En effet, si le plan coupant passe par le sommet, sans entrer dans le cône, la section se réduit à un point qui correspond à celui qu'on a remarqué dans le n° 116.

Quand le plan coupant, passant toujours par le sommet, entre dans le cône, on a deux lignes droites ; et si l'on fait mouvoir le plan parallèlement à lui-même, on obtiendra une suite d'hyperboles ayant pour asymptotes les droites ci-dessus, rapportées, ou *projetées* sur le plan de la courbe, par des perpendiculaires à ce plan (118 et 128).

Enfin, quand le plan coupant est parallèle à l'un des côtés SA ou SB, s'il vient à passer par le sommet, il ne fait plus que toucher le cône suivant une ligne droite, mais qu'on doit regarder comme double, car elle est la réunion des deux parties de la parabole, qui s'approchent sans cesse par le rétrécissement que subit cette courbe, à mesure que le plan coupant s'approche de son contact avec le cône (119 et 128).

D'un autre côté, plus on éloigne du sommet du cône,

mais toujours parallèlement à son côté, le plan coupant, plus la parabole s'ouvre ou s'élargit vers son sommet, et tend par conséquent à s'approcher de la ligne élevée par ce point, perpendiculairement à son axe.

157. Je vais examiner à présent les propriétés des lignes droites qui coupent ou qui touchent les courbes du second degré. Pour suivre la méthode que j'ai employée à l'égard du cercle en particulier (105), on prendra l'équation

$$y - \beta = A (x - \alpha),$$

qui appartient à la droite passant par le point dont les coordonnées sont α et β, et faisant avec l'axe des abscisses un angle dont la tangente trigonométrique est A, on la combinera avec l'équation $y^2 = mx + nx^2$, qui rentre dans $A' t'^2 + C' u'^2 - E' u' = 0$ (128), et qui comprend par conséquent les trois courbes du second degré. En faisant, comme dans le n° 105,

$$\sqrt{(x - \alpha)^2 + (y - \beta)^2} = z,$$

on aura

$$x = \alpha + \frac{z}{\sqrt{1 + A^2}}, \quad y = \beta + \frac{A z}{\sqrt{1 + A^2}},$$

et posant, pour abréger, $\dfrac{1}{\sqrt{1 + A^2}} = A'$, il viendra

$$x = \alpha + A' z, \quad y = \beta + AA' z;$$

substituant ces valeurs dans l'équation $y^2 = mx + nx^2$, on obtiendra la transformée

$$\beta^2 + 2 \beta AA' z + A^2 A'^2 z^2 = \left\{ \begin{array}{l} m\alpha + m A' z \\ + n\alpha^2 + 2 n \alpha A' z + n A'^2 z^2. \end{array} \right.$$

Passant tous les termes dans un seul membre, et ordonnant par rapport à z, on trouvera

$$(A^2 - n) A'^2 z^2 + 2 \left(\beta A - \tfrac{1}{2} m - n \alpha \right) A' z + \beta^2 - m x - n \alpha^2 = 0,$$

ce qui revient à

$$z^2 + \frac{2\left(\beta A + \frac{1}{2}m - n\alpha\right)}{\left(A^2 - n\right)A'}\, z + \frac{\beta^2 - m\alpha - n\alpha^2}{\left(A^2 - n\right)A'^2} = 0.$$

Dans cette équation, l'inconnue z représente la distance EM (*fig.* 65) entre le point donné E et l'un des points d'intersection M et M′ de la droite proposée EM, avec la courbe AC ; par le moyen de sa valeur, on parviendra facilement à celles des coordonnées de cette intersection.

Il est évident, par ce qui précède, qu'*une ligne droite ne saurait rencontrer en plus de deux points une courbe du second degré.*

158. En raisonnant ici comme pour le cas du cercle (107), on verra que les deux valeurs de z doivent devenir égales lorsque la ligne proposée ne fait plus que toucher la courbe, comme en N, parce que les points M et M′ se rapprochent de plus en plus, à mesure que la ligne EM s'approche de EN. La différence des deux valeurs de z comprises dans la formule

$$z = -\frac{\beta A - \frac{1}{2}m - n\alpha}{\left(A^2 - n\right)A'} \pm \sqrt{\left[\frac{\beta A - \frac{1}{2}m - n\alpha}{\left(A^2 - n\right)A'}\right]^2 - \frac{\beta^2 - m\alpha - n\alpha^2}{\left(A^2 - n\right)A'^2}},$$

étant exprimée par

$$2\sqrt{\left[\frac{\beta A - \frac{1}{2}m - n\alpha}{\left(A^2 - n\right)A'}\right]^2 - \frac{\beta^2 - m\alpha - n\alpha^2}{\left(A^2 - n\right)A'^2}},$$

et donnant toujours la longueur de la courbe MM′, devient nulle lorsque les points M et M′ coïncident, et fournit, par conséquent, pour le point de contact N, l'équation

$$(1) \qquad \left[\frac{\beta A - \frac{1}{2}m - n\alpha}{\left(A^2 - n\right)A'}\right]^2 - \frac{\beta^2 - m\alpha - n\alpha^2}{\left(A^2 - n\right)A'^2} = 0.$$

En la développant, A'^2 disparaîtra comme diviseur commun à tous les termes, et la résultante sera l'équation qui doit donner A et faire connaître par conséquent la position de la droite EN, menée par le point E, tangentiellement à la courbe AC.

Ne voulant considérer que les cas les plus simples, je supposerai que le point E soit pris sur l'axe des abscisses AP (*fig.* 66); il résultera de là que $\beta = 0$, et

$$\frac{(\frac{1}{2}m + n\alpha)^2}{(A^2 - n)^2} + \frac{m\alpha + n\alpha^2}{A^2 - n} = 0,$$

équation qui se réduit, après le développement, à

$$\tfrac{1}{4}m^2 + m\alpha A^2 + n\alpha^2 A^2 = 0,$$

et donne

$$A = \pm \frac{\frac{1}{2}m}{\sqrt{-m\alpha - n\alpha^2}}.$$

Cette expression se présente sous une forme imaginaire, mais elle peut devenir réelle par les valeurs particulières que recevront les quantités m, n et α, et cela arrive pour tous les cas où la position du point E permet de mener, par ce point, une tangente à la courbe proposée.

159. Il y a encore un cas dans lequel la condition du contact se simplifie beaucoup, c'est lorsque le point donné, étant sur la courbe même, se confond avec celui du contact. En effet, si le point E passe en M (*fig.* 65), il y aura alors entre α et β la même relation qu'entre x et y, sur la courbe AC, c'est-à-dire que

$$\beta^2 = m\alpha + n\alpha^2 \quad \text{ou} \quad \beta^2 - m\alpha - n\alpha^2 = 0,$$

ce qui réduira l'équation (1) à

$$\beta A - \tfrac{1}{2}m - n\alpha = 0,$$

d'où l'on tirera

$$A = \frac{\frac{1}{2}m + n\alpha}{\beta}.$$

Telle est l'expression de la tangente de l'angle que doit faire avec l'axe des abscisses la droite MT, pour toucher la droite AC.

La position de cette droite serait donnée d'une manière plus commode, si l'on en connaissait un second point ; celui qui s'offre le plus naturellement est le point T, où elle rencontre l'axe des abscisses, et pour lequel $y = 0$, dans l'équation $y - \beta = A(x - \alpha)$ (85). Il résulte de là

$$-\beta = A(x - \alpha) \quad \text{et} \quad x - \alpha = -\frac{\beta}{A} ;$$

la quantité $x - \alpha$, étant la différence des abscisses des points M et T, désigne la portion PT de l'axe AB : mettant donc pour A sa valeur, on aura

$$PT = -\frac{\beta^2}{\frac{1}{2}m + n\alpha} \quad (^*).$$

La ligne PT se nomme la *sous-tangente* ; et lorsqu'elle est construite, on obtient la tangente en joignant le point M et le point T par une droite.

160. Pour connaître l'expression de la sous-tangente dans chacune des courbes du second degré en particulier, il suffit de comparer successivement les équations

$$y^2 = px - \frac{p}{2a}x^2, \quad y^2 = px + \frac{p}{2a}x^2, \quad y^2 = px,$$

avec l'équation $y^2 = mx + nx^2$. En observant, comme ci-dessus, que α et β, désignant les coordonnées du point de contact situé sur la courbe, ont entre eux les mêmes relations que x et y, et substituant en conséquence pour β^2 sa valeur, on trouvera, par la première équation appar-

---

(*) Dans la figure, PT est la somme des lignes AT et AP, parce que l'abscisse AT du point T est négative par rapport à l'abscisse AP du point M (76).

tenant à l'ellipse,

$$m = p, \quad n = -\frac{p}{2a},$$

d'où

$$PT = -\frac{2a\beta^2}{p(a-\alpha)} = -\frac{2a\alpha - \alpha^2}{a-\alpha};$$

par la seconde, appartenant à l'hyperbole,

$$m = p, \quad n = \frac{p}{2a},$$

d'où

$$PT = -\frac{2a\beta^2}{p(a+\alpha)} = -\frac{2a\alpha + \alpha^2}{a+\alpha};$$

par la troisième enfin, appartenant à la parabole,

$$m = p, \quad n = 0,$$

d'où

$$PT = -\frac{2\beta^2}{p} = -2\alpha.$$

Cette dernière expression, la plus simple des trois, fait voir que, *dans la parabole, la sous-tangente est double de l'abscisse.* Le signe — qui l'affecte, ainsi que les autres, montre qu'elle doit être prise sur l'axe AB, à partir du point P, vers le côté où se portent les x négatifs; mais comme la forme des courbes indique suffisamment de quel côté doit tomber la sous-tangente, je ferai désormais abstraction du signe de son expression.

La construction des premières expressions n'offre pas beaucoup de difficulté : on a pour l'ellipse

$$a - \alpha : 2a - \alpha :: \alpha : \frac{2a\alpha - \alpha^2}{a-\alpha} = PT,$$

pour l'hyperbole

$$a + \alpha : 2a - \alpha :: \alpha : \frac{2a\alpha + \alpha^2}{a+\alpha} = PT;$$

ainsi, tout se réduit à trouver des quatrièmes proportionnelles.

Il est bien remarquable que le second axe b n'entre
point dans ces expressions; il en résulte que, pour une
même abscisse, la sous-tangente est la même dans toutes
les ellipses qui ont le même grand axe, et qu'il en arrive
autant aux hyperboles. L'ellipse se changeant en cercle
lorsque $b = a$, on peut mener la tangente à la première
de ces courbes par le moyen de celle de la seconde; car,
si l'on prolonge l'ordonnée pm (*fig.* 56) jusqu'à la rencontre du cercle décrit sur le grand axe, et qu'on tire la
droite nT tangente à ce cercle, au point n, la sous-tangente pT conviendra aussi, d'après ce qui précède, au
point m de l'ellipse, dont la tangente s'obtiendra, par
conséquent, en joignant ce dernier avec le point T. On
aurait une construction semblable pour les hyperboles
quelconques, en partant des sous-tangentes de l'hyperbole
équilatère (128).

161. Quand on a la sous-tangente, il est facile d'en déduire les expressions de la *tangente,* de la *sous-normale* et
de la *normale* : ce sont les noms qu'on donne aux lignes
MT, PR et MR (*fig.* 65). La première est la portion de
la tangente comprise entre le point de contact et l'axe des
abscisses; la seconde est la partie de l'axe des abscisses
comprise entre le pied de l'ordonnée PM et le point R, où
une droite menée perpendiculairement à la tangente, par
le point M, rencontre cet axe; enfin, la troisième est la
longueur même de cette perpendiculaire, mesurée depuis
le point M jusqu'à l'axe des abscisses.

1° Par le triangle PMT, rectangle en P, on a

$$\mathrm{MT} = \sqrt{\overline{\mathrm{PM}}^2 + \overline{\mathrm{PT}}^2}.$$

2° Les triangles PMT, PMR, semblables entre eux
comme étant formés par la perpendiculaire PM, abaissée

de l'angle droit du triangle RMT, rectangle en M, donneront

$$\mathrm{PT} : \mathrm{PM} :: \mathrm{PM} : \mathrm{PR}, \quad \text{d'où} \quad \mathrm{PR} = \frac{\overline{\mathrm{PM}}^2}{\mathrm{PT}}.$$

3° Il résulte du triangle PMR, rectangle en P,

$$\mathrm{MR} = \sqrt{\overline{\mathrm{PM}}^2 + \overline{\mathrm{PR}}^2}.$$

Il est visible que ces formules conviennent à toutes les courbes, et que, pour les appliquer à l'ellipse par exemple, il faut mettre, dans la première et dans la seconde, au lieu de PM et de PT, les valeurs relatives à cette courbe, puis, avec la valeur qu'on obtiendra pour PR et celle de PM, on formera celle de MR; il faudra opérer de même par rapport à l'hyperbole et à la parabole. Je me bornerai à rapporter ici les résultats de ces substitutions, qui n'ont par elles-mêmes aucune difficulté. Pour l'ellipse,

$$\mathrm{PT} = \frac{2a\alpha - \alpha^2}{a - \alpha}, \quad \mathrm{MT} = \sqrt{\frac{b^2}{a^2}(2a\alpha - \alpha^2) + \left(\frac{2a\alpha - \alpha^2}{a - \alpha}\right)^2},$$

$$\mathrm{PR} = \frac{b^2}{a^2}(a - \alpha), \quad \mathrm{MR} = \sqrt{\frac{b^2}{a^2}(2a\alpha - \alpha^2) + \frac{b^4}{a^4}(a - \alpha)^2};$$

pour l'hyperbole,

$$\mathrm{PT} = \frac{2a\alpha + \alpha^2}{a + \alpha} \cdot \quad \mathrm{MT} = \sqrt{\frac{b^2}{a^2}(2a\alpha + \alpha^2) + \left(\frac{2a\alpha + \alpha^2}{a + \alpha}\right)^2},$$

$$\mathrm{PR} = \frac{b^2}{a^2}(a + \alpha), \quad \mathrm{MR} = \sqrt{\frac{b^2}{a^2}(2a\alpha + \alpha^2) + \frac{b^4}{a^4}(a + \alpha)^2};$$

pour la parabole,

$$\mathrm{PT} = 2\alpha, \quad \mathrm{MT} = \sqrt{p\alpha + 4\alpha^2},$$

$$\mathrm{PR} = \tfrac{1}{2}p, \quad \mathrm{MR} = \sqrt{p\alpha + 4\tfrac{1}{4}p^2}.$$

On obtient des résultats un peu plus simples, à l'égard

des deux premières courbes, lorsque l'on compte les abscisses à partir du centre, ce que l'on ne peut faire pour la
troisième, qui en est dépourvue (128). Pour parvenir à
ces résultats, il suffit de faire $\alpha = a - \alpha'$ dans l'ellipse,
et $\alpha = \alpha' - a$ dans l'hyperbole (137) ; α' sera la nouvelle
abscisse prise à partir du centre : ces substitutions et les
réductions qui s'ensuivent étant effectuées, il viendra,
pour l'ellipse,

$$PT = \frac{a^2 - \alpha'^2}{\alpha'}, \quad MT = \sqrt{\frac{b^2}{a^2}(a^2 - \alpha'^2) + \left(\frac{a^2 - \alpha'^2}{\alpha}\right)^2},$$

$$PR = \frac{b^2}{a^2}\alpha'^2, \quad MR = \sqrt{\frac{b^2}{a^2}(a^2 - \alpha'^2) + \frac{b^4}{a^4}\alpha'^2};$$

pour l'hyperbole,

$$PT = \frac{\alpha'^2 - a^2}{\alpha'}, \quad MT = \sqrt{\frac{b^2}{a^2}(\alpha'^2 - a^2) + \left(\frac{\alpha'^2 - a^2}{\alpha'}\right)},$$

$$PR = \frac{b^2}{a^2}\alpha', \quad MR = \sqrt{\frac{b^2}{a^2}(\alpha'^2 - a^2) + \frac{b^4}{a^4}\alpha'^2}.$$

162. Quelque élégante que doive paraître la méthode
employée ci-dessus, pour mener les tangentes aux courbes
du second degré, je crois ne pas devoir passer sous si-
lence les solutions synthétiques les plus simples qui ont
été données de ce problème, et je vais les exposer suc-
cinctement.

1° Par le point M, pris sur l'ellipse (*fig. 52*), on mènera les rayons vecteurs FM et F'M ; on prolongera l'un
des deux, F'M par exemple, d'une quantité MG égale à
l'autre, FM ; on tirera ensuite FG, et la droite MH, perpendiculaire sur le milieu de FG, sera tangente au point
M, car elle n'aura que ce point de commun avec la
courbe. En effet, si l'on prend un autre point quelconque N sur cette droite, et qu'on tire les droites FN,
F'N, on aura

$$F'N + NG > F'G,$$

ce qui revient à

$$F'N + FN > F'M + FM > II';$$

car, par la construction, $MG = FM$, $NG = FN$; et comme il est aisé de voir que, pour les points placés au dedans de l'ellipse, la somme des distances à chacun des foyers est moindre que le grand axe, il suit de ce qui précède que le point N est hors de l'ellipse, puisque la somme de ses rayons vecteurs est plus grande que l'axe II'.

Cette construction montre aussi que les angles FMH, F'MN, formés par les rayons vecteurs et la tangente, sont égaux, et que la normale au point M diviserait en deux parties égales l'angle FMF'.

2° Lorsque le point proposé M est sur l'hyperbole (*fig.* 53), il faut porter le plus petit rayon vecteur FM sur le plus grand F'M, et non pas sur le prolongement ; achevant la construction comme ci-dessus, on aura, pour ce cas,

$$F'N < F'G + NG < F'G + FN,$$

d'ou il suit

$$F'N - FN < F'G < F'M - FM,$$

ce qui prouve que le point N n'est pas sur l'hyperbole. Il n'est pas placé dans l'intérieur de cette courbe, car il faudrait, pour que cela fût, que la différence des distances à chacun des foyers surpassât le grand axe. En effet, si l'on tire F'm, on a

$$F'm - Fm = F'm + Mm - FM;$$

et, comme $F'm + Mm$ surpasse $F'M$, il s'ensuit

$$F'm - Fm > F'M - FM.$$

L'égalité des angles FMH et F'MH, ou RMN, résulte encore de cette construction.

3° Lorsque le point M est sur une parabole (*fig.* 54),

il n'y a plus qu'un rayon vecteur, mais l'autre est remplacé par la droite QM parallèle à l'axe IB, et le point Q tient lieu du point G, puisque QM = FM. Considérant ensuite un point N placé avant ou après le contact, on a en même temps QN et FN > ON : le point N est donc hors de la courbe.

De la construction ci-dessus, on déduit l'égalité des angles FMH, QMH; et il faut observer que le dernier est égal à NME, formé par la tangente et la droite ME parallèle à l'axe IB.

Si l'on appliquait le calcul à ces constructions, on trouverait les résultats obtenus dans le numéro précédent.

163. La considération des tangentes de l'hyperbole conduit à une particularité très-remarquable, de laquelle il résulte que, quoique son cours s'étende à l'infini, chacune de ses branches demeure néanmoins toujours renfermée entre les côtés d'un certain angle, sans pouvoir jamais les atteindre, ainsi qu'on le voit dans la *fig.* 67. Cette circonstance, qui s'est présentée d'une autre manière dans le n° 118, se retrouve encore en observant la marche de la sous-tangente PT, à mesure que le point de contact M s'avance sur la courbe et s'éloigne du point I, ou, ce qui est la même chose, à mesure que l'abscisse OP augmente. En désignant OP par x, on a

$$PT = \frac{x^2 - a^2}{x} \quad (161);$$

et, comme

$$OT = OP - PT,$$

il vient

$$OT = x - \frac{x^2 - a^2}{x} = \frac{a^2}{x}.$$

On voit évidemment, par ce résultat, que plus x croît, plus OT diminue, et plus le point T s'approche du point O, qu'il ne peut cependant jamais atteindre, puisqu'une fraction ne peut jamais devenir absolument nulle, tant que son numérateur ne s'anéantit pas : le point O doit donc être regardé comme la limite vers laquelle le point T tend sans cesse par le progrès de l'abscisse. Il faut examiner maintenant les changements qu'éprouve, dans les mêmes circonstances, l'angle MTP qui détermine la situation de la tangente par rapport à l'axe des abscisses. La tangente trigonométrique de cet angle a pour expression

$$\frac{MP}{PT} = \frac{bx}{a\sqrt{x^2 - a^2}} \quad (30),$$

qui, prenant la forme $\dfrac{b}{a\sqrt{1 - \dfrac{a^2}{x^2}}}$, lorsqu'on divise ses deux termes par x, tend nécessairement vers la quantité $\dfrac{b}{a}$ à mesure que la fraction $\dfrac{a^2}{x^2}$ domine, ou à mesure que x augmente : l'angle MTP ne peut donc diminuer indéfiniment, et la limite qu'il ne saurait atteindre, mais dont il s'approche sans cesse, est l'angle EOI, dont la tangente trigonométrique est $\dfrac{b}{a}$. L'hyperbole ne peut donc jamais parvenir à toucher la ligne OE, quelque prolongées qu'on les suppose l'une et l'autre.

Pour construire l'angle EOI, il faut prendre sur l'axe II′ une abscisse à volonté, le demi-axe OI par exemple, et le triangle rectangle EOI donnant

$$EI = OI \, \tan EOI, \quad \text{on} \quad \text{aura} \quad EI = OI \times \frac{b}{a} = b,$$

puisque $OI = a$. Elevant donc au point I la perpendiculaire $EI = b$, la droite OE, qui joindra les points O et E, sera la limite de toutes les tangentes de la branche IK de l'hyperbole : j'ai déjà dit que cette limite se nomme *asymptote*. Il est évident qu'il en existe une seconde, Oe, placée au-dessous de l'axe II′, faisant avec cet axe le même angle que la première, et servant de limite aux tangentes de la branche Ik.

164. Il ne sera pas inutile de montrer comment on passe de l'équation de l'hyperbole rapportée à ses axes, à celle qui a lieu relativement aux asymptotes. Pour cela, que l'on mène par le point M, parallèlement à l'asymptote Oe, une nouvelle ordonnée QM, et que l'on fasse QO $= t$, QM $= u$; l'angle EOI, compris entre QO, axe des t, et II′, axe des x, aura évidemment pour cosinus $\dfrac{\text{OI}}{\text{OE}}$, pour sinus $\dfrac{\text{IE}}{\text{OE}}$; et comme

$$\text{OI} = a, \quad \text{IE} = b, \quad \text{OB} = \sqrt{\overline{\text{OI}}^2 + \overline{\text{IE}}^2} = \sqrt{a^2 + b^2},$$

il en résultera

$$m = \frac{a}{\sqrt{a^2 + b^2}}, \quad n = \frac{b}{\sqrt{a^2 + b^2}} \quad (122).$$

Considérant ensuite l'axe des u, Oe, on trouvera

$$\cos e\,\text{OI} = \frac{\text{OI}}{\text{O}e}, \quad \sin e\,\text{OI} = \frac{\text{I}e}{\text{O}e} ;$$

mais comme Oe = OE, Ie = $-$ IE, il viendra

$$p = \frac{a}{\sqrt{a^2 + b^2}}, \quad q = \frac{-b}{\sqrt{a^2 + b^2}},$$

et par les formules générales

$$x = mt + pu, \quad y = nt + qu,$$

on obtiendra

$$x = \frac{a(t + u)}{\sqrt{a^2 + b^2}}, \quad y = \frac{b(t - u)}{\sqrt{a^2 + b^2}}.$$

Substituant ces valeurs dans l'équation

$$b^2 x^2 - a^2 y^2 = a^2 b^2,$$

16.

elle se changera, après les réductions, en

$$\frac{4tu}{a^2 + b^2} = 1, \quad \text{ou} \quad tu = \tfrac{1}{4}(a^2 + b^2).$$

Cette dernière équation, semblable à la transformée obtenue à la fin du n° 120, met bien en évidence la propriété dont jouissent les asymptotes; car on en tire

$$u = \frac{\tfrac{1}{4}(a^2 + b^2)}{t}, \quad \text{ou} \quad \text{QM} = \frac{\tfrac{1}{4}\overline{\text{OE}}^2}{\text{QO}},$$

ce qui montre que l'ordonnée QM va toujours en diminuant à mesure que le point Q s'éloigne du point O, mais qu'elle ne peut jamais devenir nulle.

Lorsque l'hyperbole proposée est équilatère (128), $b = a$; la tangente de l'angle EOI, exprimée par $\dfrac{b}{a}$, se réduit alors à 1 : chaque asymptote fait par conséquent avec l'axe II$'$ un angle égal à $0^g,5$, et les deux comprennent entre elles un angle droit. L'équation $tu = \tfrac{1}{4}(a^2 + b^2)$, devenant $tu = \tfrac{1}{2}a^2$, montre que le produit des coordonnées t et u est alors égal à la moitié du carré du demi-axe transverse OI.

Il est à propos de remarquer que si l'on mène par le point I les droites ID et Id, respectivement parallèles à Oe et à OE, on formera un losange dont les côtés ID et Id seront, par rapport aux asymptotes, les coordonnées du point I situé sur l'axe; on aura par conséquent

$$\overline{\text{ID}} \times \overline{\text{I}d} = \overline{\text{ID}}^2 = \tfrac{1}{4}(a^2 + b^2),$$

d'où l'on tirera

$$\text{ID} = \tfrac{1}{2}\sqrt{a^2 + b^2},$$

et en général

$$\overline{\text{QO}} \times \overline{\text{QM}} = \overline{\text{ID}}^2.$$

Dans le cas de l'hyperbole équilatère, le losange Dd devient un carré, puisque l'angle DOd est droit.

Le carré $\overline{\mathrm{ID}}^2$, équivalent au quart de la somme des carrés des demi-axes de l'hyperbole, est ce que les anciens géomètres désignaient sous le nom de *puissance* de l'hyperbole.

165. Il est visible que si l'on prolonge des lignes PM et PM′, ordonnées relatives à l'axe II′, jusqu'à la rencontre des asymptotes OE et O*e*, les parties MR et M′R′, qu'interceptent, sur ces ordonnées, chaque branche de courbe et son asymptote, sont égales entre elles : la même propriété a lieu par rapport à une droite quelconque, menée par un point quelconque de l'hyperbole. Si l'on tire, par exemple, MN′, on aura $\mathrm{GM} = \mathrm{G'N'}$, quelque position qu'ait MN′. Pour s'en convaincre, on commencera par observer que

$$\mathrm{PR} = \mathrm{PR'} = \frac{bx}{a},$$

$$\mathrm{MR} = \mathrm{PR} - \mathrm{PM} = \frac{b}{a}\left(x - \sqrt{x^2 - a^2}\right),$$

$$\mathrm{MR'} = \mathrm{PR'} + \mathrm{PM} = \frac{b}{a}\left(x + \sqrt{x^2 - a^2}\right),$$

$$\overline{\mathrm{MR}} \times \overline{\mathrm{MR'}} = b^2.$$

On mènera ensuite, par le point N′, la droite SS′ parallèle à MM′; les triangles semblables RMG, SN′G donneront

$$\mathrm{GM} : \mathrm{GN'} :: \mathrm{MR} : \mathrm{N'S};$$

les triangles semblables R′MG′ et S′N′G′ donneront

$$\mathrm{G'M} : \mathrm{G'N'} :: \mathrm{MR'} : \mathrm{N'S'};$$

multipliant ces deux proportions par ordre, il viendra

$$\overline{\mathrm{GM}} \times \overline{\mathrm{G'M}} : \overline{\mathrm{GN'}} \times \overline{\mathrm{G'N'}} :: \overline{\mathrm{MR}} \times \overline{\mathrm{MR'}} : \overline{\mathrm{N'S}} \times \overline{\mathrm{N'S'}};$$

et comme, en vertu de ce qui précède, on a

$$\overline{\mathrm{MR}} \times \overline{\mathrm{MR'}} = b^2, \qquad \overline{\mathrm{N'S}} \times \overline{\mathrm{N'S'}} = b^2,$$

on en conclura

$$\overline{GM} \times \overline{G'M} = \overline{GN'} \times \overline{G'N'}.$$

Mettant, à la place de G'M et de GN', leurs valeurs GN'+ MN', GM + MN', et faisant les réductions qui se présentent après les multiplications indiquées, on aura enfin

$$\overline{GM} \times \overline{MN'} = \overline{G'N'} \times \overline{MN'}$$

ou

$$GM = G'N'.$$

166. Avec le secours de la propriété qui vient d'être démontrée, on décrit bien simplement l'hyperbole par points, lorsqu'on a les asymptotes et un seul point M. On tire par ce point un très-grand nombre de droites comme MN', sur lesquelles on prend la partie GM comprise entre le point M et l'asymptote qui en est la plus voisine, pour la porter de G' en N', ce qui donne un nouveau point N' de la courbe cherchée.

Quand on a les asymptotes, on trouve la direction de l'axe II', en divisant en deux parties égales l'angle qu'elles forment; et comme la tangente de l'angle EOI donne le rapport des demi-axes a et b (163), il est aisé de déterminer ces quantités dès qu'on connaît un point de l'hyperbole. L'équation

$$\overline{PM}^2 = \frac{b^2}{a^2}\left(\overline{OP}^2 - a^2\right)$$

donne sur-le-champ

$$a^2 = \frac{A^2 \times \overline{OP}^2 - \overline{PM}^2}{A^2},$$

en représentant par A la quantité $\dfrac{b}{a}$.

167. Outre l'hyperbole dont les branches sont KIk et K'I'k', les lignes OE et Oe comprennent encore une

autre hyperbole HL h, H'L'h', décrite dans les deux autres angles que forment ces droites, de manière que l'axe transverse II' de la première est le second axe de la deuxième, qui a pour axe transverse LL', second axe de la première. La relation qu'ont entre elles ces deux courbes les a fait nommer *hyperboles conjuguées;* elles ont même *puissance,* et par conséquent leur équation est la même à l'égard des asymptotes; seulement, l'angle de ces lignes ou des coordonnées est pour l'une le supplément de ce qu'il est pour l'autre.

168. On a vu, par la forme de l'équation du cercle (94), qu'il fallait trois points pour le déterminer : la même considération s'applique à une courbe quelconque, et il est évident qu'il faut en général autant de points que l'équation de la courbe demandée renferme de coefficients nécessaires. L'équation

$$A y^2 + B xy + C x^2 + D y + E x = F,$$

qui appartient aux courbes du second degré en général, étant mise sous la forme

$$y^2 + bxy + cx^2 + dy + ex = f,$$

ne contient plus que cinq coefficients b, c, d, e et f; il suffira donc de cinq points pour particulariser la courbe du second degré qu'elle représente. En effet, si les coordonnées de ces points sont respectivement

$$\left. \begin{array}{c} \alpha \\ \beta \end{array} \right\}, \quad \left. \begin{array}{c} \alpha' \\ \beta' \end{array} \right\}, \quad \left. \begin{array}{c} \alpha'' \\ \beta'' \end{array} \right\}, \quad \left. \begin{array}{c} \alpha''' \\ \beta''' \end{array} \right\}, \quad \left. \begin{array}{c} \alpha'''' \\ \beta'''' \end{array} \right\},$$

on formera les cinq équations suivantes :

$$\beta^2 + b\alpha\beta + c\alpha^2 + d\beta + e\alpha = f,$$
$$\beta'^2 + b\alpha'\beta' + c\alpha'^2 + d\beta' + e\alpha' = f,$$
$$\beta''^2 + b\alpha''\beta'' + c\alpha''^2 + d\beta'' + e\alpha'' = f,$$
$$\beta'''^2 + b\alpha'''\beta''' + c\alpha'''^2 + d\beta''' + e\alpha''' = f,$$
$$\beta''''^2 + b\alpha''''\beta'''' + c\alpha''''^2 + d\beta'''' + e\alpha'''' = f.$$

N'ayant pour but que de montrer la possibilité, en général, de la détermination des lettres b, c, d, e, f, et le nombre de conditions qu'elle exige, je ne m'arrêterai pas à effectuer les calculs qu'entraînerait cette opération, pour lesquels on peut consulter l'ouvrage de M. Puissant, cité à la page 160, et où l'on trouvera, sur ce sujet et sur ses applications, les détails les plus importants ; je me bornerai à faire observer que ces équations peuvent devenir contradictoires entre elles dans certains cas particuliers. S'il arrivait, par exemple, que trois des points donnés fussent en ligne droite, il ne serait pas possible de faire passer une courbe du second degré par ces points, puisque aucune courbe de ce degré ne peut avoir plus de deux points communs avec une même droite (157).

On conçoit que quand la courbe est donnée d'espèce et de position, il faut moins de conditions pour la déterminer. Par exemple, pour achever de particulariser une ellipse dont le centre et le grand axe sont donnés de position, on n'a besoin que de deux points ; car on peut alors prendre ce centre pour l'origine des coordonnées, et ce grand axe pour celui des abscisses ; l'équation

$$a^2 y^2 + b^2 x^2 = a^2 b^2,$$

relative à ce cas, ne renferme que deux coefficients, a, b, qui se déterminent par les équations

$$\alpha^2 \beta^2 + b^2 \alpha^2 = a^2 b^2,$$
$$\alpha^2 \beta'^2 + b^2 \alpha'^2 = a^2 b^2.$$

169. J'ai démontré dans le n° 73 que l'équation du second degré se construisait par le moyen d'une circonférence de cercle et d'une droite, et dans le n° 105, que les deux racines étaient données par les deux intersections que peuvent avoir ces lignes, en sorte que l'on considérait l'équation proposée comme résultant de l'élimination d'une inconnue entre deux équations à deux indétermi-

nées, l'une appartenant à la droite et l'autre au cercle ; si l'on généralise ce point de vue, on aura le moyen de construire des équations d'un degré quelconque.

En effet, si l'on a, par exemple, l'équation

$$x^4 - b^2 x^2 + c^3 x - d^4 = 0,$$

qui peut représenter toute équation du quatrième degré, dont on a fait disparaître le second terme, il est permis de la supposer produite par l'élimination d'une inconnue y, entre deux équations du second degré, renfermant en même temps x et y, et appartenant, par conséquent, à deux courbes. Trouver ces équations est un problème indéterminé ; car il y a une infinité de systèmes d'équations qui peuvent conduire à la proposée : on en prend donc une arbitrairement. Soit $x^2 = py$; on aura

$$x^4 = p^2 y^2,$$

et substituant dans l'équation proposée, il viendra

$$p^2 y^2 - b^2 py + c^3 x - d^4 = 0,$$

ou

$$y^2 - \frac{b^2}{p} y + \frac{c^3}{p^2} x - \frac{d^4}{p^2} = 0.$$

Il est aisé de reconnaître que cette équation appartient à une parabole (128) ; et, pour la mettre sous la forme la plus simple, il suffit de faire disparaître le terme multiplié par y, ce qui s'effectuera en prenant $y = y' + \frac{b^2}{2p}$.

Après la substitution, on aura

$$y'^2 + \frac{c^3}{p^2} x - \frac{b^4 + 4d^4}{4p^2} = 0 ;$$

ce résultat, qui peut s'écrire ainsi,

$$y'^2 = \frac{c^3}{p^2} \left\{ \frac{b^4 + 4d^4}{4c^3} - x \right\} ;$$

montre que la parabole à laquelle il appartient a pour paramètre la quantité $\dfrac{c^3}{p^2}$, et que son sommet, correspondant à $y' = 0$, a pour abscisse $\dfrac{b^4 + 4\,d^4}{4\,c^3}$. On portera donc, perpendiculairement à l'axe AB des abscisses (*fig.* 68) et du côté des ordonnées positives, une distance $AA' = \dfrac{b^2}{2\,p}$; la droite A'B', menée parallèlement à AB, sera l'axe à partir duquel on doit compter les y'. On prendra ensuite $AD = \dfrac{b^4 + 4\,d^4}{4\,c^3}$, et ayant élevé DI à angle droit sur AB, le point I sera le sommet de la courbe dont la position est indiquée par GIH; A'I en sera l'axe; et connaissant son paramètre, rien ne sera plus facile que de la construire par points, suivant le procédé du n° 135. Quant à la première parabole donnée par l'équation

$$x^2 = py,$$

il est visible qu'elle a son sommet à l'origine A des coordonnées, et pour axe celui des y, AC : elle est donc dans la position EAF. Lorsqu'elle sera construite, les points M, M′, M″, M‴, où elle rencontrera la parabole GIH, auront des abscisses égales aux racines de l'équation proposée, puisqu'à ces points les valeurs de x satisfont en même temps aux deux équations

$$x^2 = py,$$

$$p^2 y^2 - b^2 py + c^3 x - d^4 = 0,$$

desquelles résulte la proposée.

La quantité p, introduite par l'équation de la première parabole, demeurant indéterminée, peut, pour simplifier la construction, recevoir telle valeur qu'on voudra lui assigner, excepté zéro.

Pour représenter le cas le plus général, j'ai disposé

l'équation proposée et la figure, de manière que les deux courbes se rencontrassent en quatre points ; mais cette circonstance n'aura lieu qu'autant que l'équation proposée aura ses quatre racines réelles. Si, par exemple, l'axe A'I de la parabole GIH tombait au-dessous de AB, ce qui arriverait si le terme $b^2 py$ avait le signe $+$, puisqu'il faudrait faire alors $y = y' - \dfrac{b^2}{2p}$, il n'y aurait que deux intersections au plus ; car il est bien clair que la branche IH ne pourrait plus rencontrer la parabole EAF : dans certains cas même, la courbe GIH se trouvera tout entière au-dessous de EAF, et alors les racines de la proposée seront imaginaires.

On voit, au reste, par cette construction, comme par la théorie des équations, que celles du quatrième degré ne peuvent avoir qu'un nombre pair de racines réelles, puisque les deux paraboles EAF et GIH ne peuvent se couper qu'en deux ou en quatre points.

170. Il suit aussi de là que le cercle et la ligne droite, ne se rencontrant pas en plus de deux points, ne peuvent résoudre que des problèmes susceptibles d'être ramenés à des équations du second degré, et ne sauraient, par conséquent, suffire pour ceux qui passent ce degré, tels que les problèmes de la duplication du cube et de la trisection de l'angle, si fameux dans l'antiquité.

Par le premier, il s'agit de trouver le côté d'un cube dont le volume soit double de celui d'un autre cube donné. Si a est le côté de celui-ci et x le côté de l'autre, on aura cette équation :

$$x^3 = 2a^3, \quad \text{ou} \quad x^3 - 2a^3 = 0.$$

Pour la comparer à la proposée, il faut l'amener au quatrième degré, ce qui se fera en la multipliant par x, et l'on aura

$$x^4 - 2a^3 x = 0 ;$$

comparant avec $x^4 - b^2 x^2 + c^3 x - d^4 = 0$, il viendra

$$b = 0, \quad c^3 = -2a^3, \quad d = 0.$$

Les équations des paraboles à construire seront, par conséquent, $x^2 = py, y^2 = \dfrac{2a^3}{p^2} x$; et si l'on prend $p = a$, elles deviendront

$$x^2 = ay, \quad y^2 = 2ax :$$

la seconde courbe aura un paramètre double de celui de la première. Ces courbes passeront toutes deux par l'origine A (*fig.* 69), puisqu'on aura $x = 0, y = 0$, dans l'une et dans l'autre en même temps; elles s'y couperont, et cette intersection donnera $x = 0$, racine qui vient du facteur introduit pour élever au quatrième degré l'équation à construire. La figure montre que l'on ne peut avoir en outre qu'une seule racine réelle AP; et, en effet, on a vu, dans les *Éléments d'Algèbre*, que l'équation

$$x^3 - 2a^3 = 0$$

n'en a pas davantage.

171. Le problème de la trisection de l'angle a pour objet de partager un angle ou un arc en trois parties égales, ce qui s'effectuerait sans peine si, connaissant la corde ou le sinus d'un arc, on obtenait la corde ou le sinus de son tiers. Cette question n'est qu'un cas particulier de la théorie de la multisection des angles, que je ne saurais exposer ici, mais dont on trouvera les bases dans l'introduction au *Traité du Calcul différentiel et du Calcul intégral;* l'équation se déduit des formules du n° 11, qui donnent

$$\cos 3A = \frac{4\cos A^3 - 3R^2 \cos A}{R^2}.$$

Si l'on regarde $\cos 3A$ comme donné, et que l'on prenne $\cos A$ pour l'inconnue, on aura, en faisant $\cos 3A = a$ et

$\cos A = x$, cette équation

$$x^3 - \tfrac{3}{4} R^2 x - \tfrac{1}{4} R^2 a = 0,$$

qui, étant multipliée par x et comparée à l'équation

$$x^4 - b^2 x^2 + c^3 x - d^4 = 0,$$

donnera

$$b^2 = \tfrac{3}{4} R^2, \quad c^3 = -\tfrac{1}{4} R^2 a, \quad d^4 = 0.$$

On aura encore ici une intersection au point A correspondant à la racine $x = 0$, et les trois autres points d'intersection donneront les trois racines de l'équation

$$x^3 - \tfrac{3}{4} R^2 x - \tfrac{1}{4} R^2 a = 0.$$

Il semble, au premier coup d'œil, qu'on ne devrait avoir qu'une racine réelle, et qu'il n'y a qu'une seule manière de partager un arc en trois parties égales ; mais en y réfléchissant avec un peu d'attention, on reconnaît qu'il y a trois arcs qui doivent satisfaire à la question proposée : car les arcs $3A$, $2\pi + 3A$, $4\pi + 3A$, qui ont le même cosinus (23), étant divisés par 3, donnent les valeurs

$$x = \cos A, \quad x \cos\left(\tfrac{2}{3}\pi + A\right), \quad x = \cos\left(\tfrac{4}{3}\pi + A\right),$$

essentiellement différentes (*). On ne peut en avoir d'autres, parce que les arcs $6\pi + 3A$, $8\pi + 3A$, etc., qui ont encore le même cosinus que A, étant divisés par 3, conduisent aux arcs $2\pi + A$, $2\pi + \tfrac{2}{3}\pi + A$, etc., et que

$$\cos\left(2\pi + A\right) = \cos A, \quad \cos\left(2\pi + \tfrac{2}{3}\pi + A\right) = \cos\left(\tfrac{2}{3}\pi + A\right),$$

etc.

172. Avant que les méthodes d'approximation eussent atteint le degré de perfection où elles sont portées aujourd'hui, les géomètres s'appliquaient beaucoup à la con-

---

(*) L'équation ci-dessus tombe, en effet, dans le *cas irréductible*. (Voyez le *Complément des Éléments d'Algèbre*.)

struction des équations, et faisaient tous leurs efforts pour l'effectuer par les courbes les plus simples ou les plus faciles à décrire. C'est ainsi que Halley donna une méthode pour construire les équations du troisième et du quatrième degré par le cercle et la parabole; et cette méthode a quelque avantage sur celle du n° 169, en ce que le cercle qui remplace une des paraboles se trace par un mouvement continu; mais le peu d'usage que l'on fait à présent des constructions dispense des détails à cet égard : je n'en indiquerai en conséquence que l'esprit.

En posant l'équation d'une parabole, sous la forme $x^2 = my$, et l'équation générale du cercle,

$$(x - p)^2 + (y - q)^2 = r^2 \quad (94),$$

si l'on développe cette dernière, et que l'on en chasse y par sa valeur $\dfrac{x^2}{m}$ tirée de la première, on obtiendra l'équation

$$x^4 - m(2q - m)x^2 - 2m^2px - (r^2 - p^2 - q^2)m^2 = 0,$$

semblable à l'équation à construire

$$x^4 - b^2x^2 + c^3x - d^4 = 0;$$

et l'on aura, pour déterminer les quatre quantités inconnues m, p, q et r, les trois équations

$$b^2 = m(2q - m),$$
$$c^3 = -2m^2p,$$
$$d^4 = (r^2 - p^2 - q^2)m^2 :$$

on pourra, par conséquent, disposer de l'une de ces quantités pour simplifier les calculs.

Si l'on fait, par exemple, $m = b$, il viendra

$$q = b, \quad p = -\frac{c^3}{2b^2}, \quad r^2 = \frac{d^4}{b^2} + p^2 + q^2,$$

valeurs aisées à construire, et qui donneront la position

du centre et le rayon du cercle à décrire conjointement avec la parabole que fournit l'équation $x^2 = by$. Je n'entrerai point dans la discussion des cas qui pourraient exiger un autre choix dans la valeur assignée à l'une des inconnues; et je terminerai ce Traité par l'exposition d'une méthode qui réunit à l'avantage de s'appliquer aux équations d'un degré quelconque, celui de peindre les résultats obtenus analytiquement par la théorie de la composition des équations.

173. Pour fixer les idées, je supposerai que l'équation à construire soit seulement $a + bx + cx^2 + dx^3 = 0$, et je ferai

$$y = a + bx + cx^2 + dx^3.$$

Puisque, dans les points où la courbe représentée par cette dernière équation rencontrera l'axe des abscisses, on aura $y = 0$, il s'ensuit que les abscisses de ces points seront les racines de l'équation proposée : la question sera donc réduite à construire la courbe dont il s'agit, ce qui est facile, après avoir rendu son équation homogène, en y restituant les puissances de l'unité (71). On obtiendra, en effet,

$$y = a + \frac{bx}{n} + \frac{cx^2}{n^2} + \frac{dx^3}{n^3},$$

résultat dont chaque terme se construirait séparément par les lignes proportionnelles (68); mais voici un moyen de lier entre elles d'une manière commode ces différentes opérations.

On mènera (*fig.* 70) l'axe AB des abscisses; par l'origine A on élèvera, perpendiculairement à cet axe, la droite AC, qui sera celui des y; et ayant pris sur le premier la partie AD $= n$, et mené DE parallèle à AC, on portera sur cette dernière, des parties

$$AF = a, \quad FG = b, \quad GH = c, \quad HI = d;$$

on tirera ensuite IK parallèle à AB; on joindra les points H et K par une ligne qui coupera en L la ligne PR élevée perpendiculairement à AB, sur l'abscisse AP $= x$; on mènera ML parallèle à AB, pour déterminer sur DE le point M, que l'on joindra avec le point G; par le point N, où MG rencontrera PR, on tirera ON parallèle encore à AB, et joignant le point O avec le point F, la droite OF donnera, sur PR, un point Q tel que PQ $= y$.

En effet, on a, par les triangles semblables IKH et H′LH,

$$\mathrm{IK}\,(n) : \mathrm{H'L}\,(x) :: \mathrm{HI}\,(d) : \mathrm{HH'} = \frac{dx}{n},$$

d'où

$$\mathrm{GH'} = \mathrm{GH} + \mathrm{HH'} = c + \frac{dx}{n} \,;$$

puis, des triangles H′MG et G′NG, il résulte

$$\mathrm{H'M}\,(n) : \mathrm{G'N}\,(x) :: \mathrm{GH'}\left(c + \frac{dx}{n}\right) : \mathrm{GG'} = \frac{cx}{n} + \frac{dx^2}{n^2},$$

et, par conséquent,

$$\mathrm{FG'} = \mathrm{FG} + \mathrm{GG'} = b + \frac{cx}{n} + \frac{dx^2}{n^2} \,;$$

enfin, des triangles G′OF, F′QF on conclut

$$\mathrm{G'O}\,(n) : \mathrm{F'Q}\,(x) :: \mathrm{FG'}\left(b + \frac{cx}{n} + \frac{dx^2}{n^2}\right) : \mathrm{FF'} = \frac{bx}{n} + \frac{cx^2}{n^2} + \frac{dx^3}{n^3},$$

ce qui donne pour dernier résultat

$$\mathrm{PQ} = \mathrm{AF'} = \mathrm{AF} + \mathrm{FF'} = a + \frac{bx}{n} + \frac{cx^2}{n^2} + \frac{dx^3}{n^3} \cdot$$

On étendra sans peine ce procédé au cas où l'équation proposée aurait un nombre quelconque de termes, et lorsqu'on aura obtenu assez de points pour caractériser la marche de la courbe, on reconnaîtra aisément de combien de racines réelles cette équation est susceptible.

174. Si le cours de la courbe est tel que le représente la ligne XEGILY (*fig.* 71), elle rencontrera cinq fois l'axe des abscisses, et indiquera par conséquent que l'équation dont elle dérive a un pareil nombre de racines réelles : cette équation ne pourra être d'un degré inférieur au cinquième. L'équation proposée sera

$$a + bx + cx^2 + dx^3 + ex^4 + fx^5 + \text{etc.} = 0,$$

et celle de la courbe à construire,

$$y = a + bx + cx^2 + dx^3 + ex^4 + fx^5 + \text{etc.}$$

Il est évident que les valeurs numériques de l'ordonnée y ne sont autre chose que les résultats qu'on tire de l'équation proposée, en donnant à x les valeurs correspondantes aux différentes abscisses qu'on a choisies arbitrairement : la courbe XEGILY offre donc en quelque sorte l'équivalent du tableau dans lequel ces résultats seraient inscrits, mais avec cet avantage, qu'en vertu de la loi de continuité, qu'on sent bien mieux dans les lignes que dans les nombres, les intervalles entre deux substitutions successives se remplissent avec la plus grande facilité. Ayant calculé, par exemple, les ordonnées P′P, Q′Q, R′R, fort proches les unes des autres, et joignant leurs extrémités par un trait continu, *sans angles ni jarrets*, on a d'une manière assez exacte les ordonnées intermédiaires.

On observera : 1° que puisque l'équation de la courbe ne renferme que des puissances entières et positives de x, chaque valeur de cette indéterminée ne donnera pour y qu'une seule valeur qui sera finie ou limitée tant que x le sera, mais que y sera susceptible de prendre des accroissements illimités, lorsque x en recevra de tels, et que par conséquent la courbe XEGILY doit s'étendre à l'infini, de chaque côté de l'axe AC des y.

2° L'inspection seule de la figure fait voir que la courbe XEGILY ne saurait passer d'un côté de l'axe AB à l'autre, sans rencontrer cet axe, ou, analytiquement parlant, que l'ordonnée y ne peut changer de signe sans devenir nulle (*); d'où il suit que *si deux substitutions faites dans l'équation proposée donnent deux résultats de signes contraires, il y a nécessairement une racine réelle comprise entre les valeurs de* x *employées dans ces substitutions*.

3° Si l'on prend sur la même courbe deux points placés du même côté par rapport à l'axe AB, il y aura toujours entre eux un nombre pair d'intersections de la courbe et de cet axe : on en voit, en effet, deux entre E et I, quatre entre E et Y, ou entre X et L, etc.; ou bien il n'y en aura aucune, ainsi que cela arrive entre P et I. Au contraire, il y aura certainement un nombre impair d'intersections, si les points que l'on considère sont placés de différents côtés, comme le sont X et E, X et I, X et Y, etc. De là résulte cette proposition analytique : *Entre deux valeurs de* x, *qui, par leur substitution dans l'équation proposée, donnent deux résultats de même signe, il ne peut y avoir qu'un nombre pair de racines réelles, et il y en aura un nombre impair si ces résultats sont de signes différents*.

4° Enfin il arrive quelquefois que, par suite des relations que peuvent avoir entre eux les coefficients a, b, c, d, e, f, etc., deux intersections consécutives, comme K et M, se rapprochant continuellement, viennent à se confondre, et la partie IKLMY de la courbe, prenant la forme du trait ponctué IL'Y, ne fait plus que toucher l'axe AB; alors les deux racines représentées par AK et AM deviennent égales entre elles et à l'abscisse AL'. On

---

(*) Cela est vrai dans ce cas, parce que l'expression de y est sans dénominateur en x; mais si l'on avait $y = \dfrac{a}{x}$, la succession des valeurs $x = +1$, $x = 0$ et $x = -1$, donnerait $y = +a$, $y = \dfrac{a}{0}$, ou infini, et $y = -a$. C'est ainsi que les branches de l'hyperbole considérée entre ses asymptotes sont liées entre elles (120).

voit facilement que si l'équation proposée n'avait pas d'autres racines réelles, la courbe qui en dérive ne couperait son axe nulle part, et qu'on ne pourrait par conséquent faire changer de signe le premier membre de cette équation, par aucune substitution. Il n'en serait pas de même dans le cas où trois intersections se réuniraient : la courbe couperait au moins une fois l'axe, soit avant, soit après; et pour s'en convaincre, il suffirait de voir ce qui resterait de cette courbe si les trois points H, K et M, ou F, H et K, venaient à se confondre. En suivant ces considérations, on reconnaîtra que, par la réunion d'un nombre pair d'intersections, la courbe dérivée de l'équation proposée peut se trouver tout entière d'un même côté de l'axe, mais que cette circonstance n'a jamais lieu lorsque le nombre des intersections confondues en une seule est impair; et on conclura de là que, lorsqu'une équation n'a pour racines réelles qu'un nombre pair de racines égales, il est impossible d'en reconnaître l'existence par aucune substitution.

Souvent l'inspection d'un petit nombre de points de la courbe suffit pour indiquer l'espace où elle s'approche le plus de l'axe des abscisses; alors, multipliant dans cet espace le nombre des points déterminés, on parvient à s'assurer s'il y a un contact ou bien des intersections, et si par conséquent l'équation proposée a des racines rigoureusement égales, ou seulement peu différentes les unes des autres : dans ce cas, la construction de la courbe sert autant à faciliter la résolution numérique qu'à en éclairer la marche.

APPENDICE

Contenant les premiers Principes de l'Application de l'Algèbre aux Surfaces courbes et aux Courbes à double courbure.

OBSERVATION. — Je crois devoir prévenir les Lecteurs peu habitués à ce genre de considérations, qu'ils trouveront dans le *Complément des Éléments de Géométrie* les Notions préliminaires indispensables pour l'intelligence de ce qui va suivre.

Équation du plan et de la ligne droite.

175. La manière la plus commode de fixer la position d'un point quelconque M dans l'espace (*fig.* 72) est de le projeter d'abord sur un plan BAC donné de position, en abaissant sur ce plan la perpendiculaire MM′, et de rapporter ensuite la projection M′ à deux axes AB et AC, perpendiculaires entre eux, par les coordonnées AP et PM′. Cela revient à rapporter le point lui-même aux trois plans BAC, BAD et DAC, perpendiculaires entre eux; car les coordonnées AP et PM′, situées dans le plan BAC, représentent les distances MM‴ et MM″ du point proposé M aux deux autres plans DAC et BAD. Les droites AB, AC et AD, suivant lesquelles les plans coordonnés BAC, BAD, DAC se coupent deux à deux, sont les axes des coordonnées, et on les distingue entre elles par la lettre qui marque la coordonnée qui leur est parallèle.

Ainsi, en faisant $AP = x$, $PM' = y$, $M'M = z$, la ligne AB sera l'axe des x, la ligne AC celui des y, et la ligne AD celui des z.

Les plans coordonnés reçoivent eux-mêmes des dénominations semblables. Le plan BAC s'appellera le plan des x et y, parce qu'il contient les coordonnées x et y. La projection M'' du point M, sur le plan BAD, étant rapportée aux deux axes AB et AD, par les coordonnées $AP = x$ et $PM'' = M'M = z$, ce plan sera désigné sous le nom de plan des x et z. Enfin, la projection M''' du point M, sur le plan DAC, étant rapportée aux axes AC et AD, par les coordonnées $AQ = PM' = y$ et $QM''' = M'M = z$, ce plan sera désigné sous le nom de plan des y et z.

Cela posé, les coordonnées y et z sont nulles en même temps pour tous les points de l'axe des x, AB; il en est de même de x et de z relativement à l'axe des y, AC; enfin de x et de y relativement à l'axe des z, AD.

Pour tous les points du plan BAC, la coordonnée z est nulle, et elle a une valeur constante dans tous ceux d'un plan quelconque, parallèle à ce premier; en sorte que l'équation $z = c$, lorsqu'elle est seule, et qu'on n'a aucune autre détermination relativement aux deux coordonnées restantes x et y, doit être regardée comme désignant tous les points du plan mené parallèlement à BAC, à une distance égale à c. De même, la coordonnée y est nulle pour tous les points du plan BAD, et l'équation du plan qu'on mènerait parallèlement à ce premier, à une distance b, serait $y = b$.

Si l'on réunit ensemble les deux équations $z = c$ et $y = b$, c'est-à-dire si l'on suppose qu'elles aient lieu en même temps, elles désigneront une droite parallèle à l'axe des x, et menée par le point dont les coordonnées sur le plan des y et z sont c et b; car il est facile de voir que cette droite peut être regardée comme l'intersection de deux plans respectivement parallèles aux plans BAC, BAD.

Enfin, dans le plan DAC, la coordonnée x sera toujours nulle, et $x = a$ sera l'équation du plan mené parallèlement à ce premier, à une distance égale à a. Les trois équations $z = c$, $y = b$, $x = a$, étant réunies, ne peuvent plus appartenir qu'au point qui se trouve dans l'intersection des trois plans respectivement parallèles à chacun des plans coordonnés.

176. Je vais examiner maintenant ce que signifierait une seule équation, entre deux des trois indéterminées x, y et z; et je prends pour exemple $z = Ax$. On voit d'abord (87) que cette équation appartient à une droite AN'' (*fig.* 73), menée dans le plan des x et z, BAD, mais elle a encore un sens plus étendu; car, si l'on conçoit que la droite AN'' se meuve parallèlement à elle-même le long de l'axe AC des y, dans quelque position qu'elle s'arrête, l'ordonnée z, ou $M'm$, prise au point quelconque M' situé sur la droite PM', parallèle à AC, sera égale à l'ordonnée Pm'', correspondante, dans le plan BAD, à l'abscisse $AP = QM'$. La droite AN'', par le mouvement que je lui suppose, décrit le plan $N''AC$, passant par les droites AN'' et AC : on aura donc $z = Ax$ pour tous les points de ce plan.

On trouverait des conséquences analogues pour les autres plans coordonnés, en prenant des équations entre les indéterminées qu'ils contiennent; mais il vaut mieux passer tout de suite à un cas plus général, et considérer l'équation $z = Ax + By$.

En y faisant $y = o$, il viendra $z = Ax$, d'où l'on conclura que la droite AN'', qui se trouve comprise dans cette dernière, renferme tous les points communs à la surface représentée par l'équation $z = Ax + By$, et au plan coordonné BAD, sur lequel y est toujours nul, et que, par conséquent, cette droite AN'' est l'intersection de ce plan avec la surface proposée.

Lorsqu'on fait $x = o$, on obtient $z = By$, équation qui appartient à une droite AN''', menée par l'origine A, dans le plan DAC, et qui est l'intersection de ce plan avec la surface représentée par l'équation $z = Ax + By$.

Si maintenant on conçoit que la ligne AN''' se meuve parallèlement à elle-même le long de AN'', elle décrira le plan $N'''AN''$; et, quand elle sera parvenue dans une position quelconque $m''M$, la portion Mm de l'ordonnée $M'M$ sera égale et parallèle à Qm''': on aura, par conséquent,

$$M'M = Pm'' + Qm''' = Ax + By = z;$$

d'où il résulte que le plan $N'''AN''$, passant par les lignes AN'' et AN''', dont les équations sont

$$z = Ax, \quad z = By,$$

a lui-même pour équation

$$z = Ax + By.$$

Si le plan proposé, au lieu de passer par l'origine A, se trouvait dans une position $G'''EG''$, déterminée par les lignes EG'', EG''', respectivement parallèles à AN'' et à AN''', il serait parallèle à $N'''AN''$; et, en prolongeant l'ordonnée de celui-ci jusqu'à ce qu'elle rencontrât le premier, on aurait

$$M'L = M'M + ML = M'M + AE :$$

en nommant donc D la distance AE, et z l'ordonnée $M'L$, il viendrait, d'après ce qui précède,

$$z = Ax + By + D.$$

Telle est l'équation d'un plan mené dans une position quelconque : il est aisé de se convaincre qu'elle représente l'équation générale du premier degré à trois indéterminées ; car cette dernière ne peut être que de la forme

$$\alpha x + \beta y + \gamma z + \delta = 0,$$

et, en la divisant par γ, elle rentrera dans la première, lorsqu'on aura posé

$$-\frac{\alpha}{\gamma} = A, \quad -\frac{\beta}{\gamma} = B, \quad -\frac{\delta}{\gamma} = D.$$

On voit donc que le coefficient γ n'ajoute rien à la généralité de l'équation : je le conserverai néanmoins pour rendre les formules plus symétriques, et je représenterai l'équation d'un plan quelconque par

$$A x + B y + C z + D = 0;$$

mais il faudra se rappeler que, dans tous les résultats, il y aura un des coefficients qu'on pourra supposer égal à l'unité, ou déterminer par des conditions particulières (*voyez*, à la fin de l'ouvrage, la note E).

177. En faisant successivement x, y et z nuls, dans l'équation de ce plan, on trouvera qu'il coupe celui des y et z, dans une ligne dont l'équation est $B y + C z + D = 0$; celui des x et z, dans une ligne dont l'équation est $A x + C z + D = 0$, et enfin celui des x et y, dans une ligne ayant pour équation $A x + B y + D = 0$.

L'étendue des plans étant indéfinie, il faut concevoir que le plan $G''' E G''$ soit prolongé derrière les plans coordonnés BAD, DAC; il rencontrera alors le plan BAC, et passera dessous. Toutes ces circonstances peuvent se lire dans son équation, en observant que chacune des indéterminées x, y et z doit être prise positivement et négativement, et que si les parties AB, AC et AD (*fig.* 72) des axes des coordonnées répondent aux valeurs positives de ces quantités, les parties opposées Ab, Ac, Ad répondront aux valeurs négatives. Cela peut se prouver immédiatement par le cours des lignes situées dans les plans BAC, BAD et DAC; on y parviendrait encore en transportant chacun de ces plans parallèlement à lui-même, de manière à rendre positives les coordonnées négatives qui lui sont perpendiculaires, et l'on raisonnerait alors comme on l'a fait à l'égard des lignes (76).

Il suit de là que, par le moyen des signes dont les coordonnées sont affectées, on peut distinguer dans lequel des huit angles trièdres que les plans coordonnés forment autour du point A, tombe un point proposé : il suffit, pour cela, de remarquer que, lorsqu'on prend

$$+ x, \quad + y, \quad + z, \quad \text{dans l'angle ABCD,}$$

on a

$$+ x, \quad + y, \quad - z, \quad \text{dans l'angle ABC}d,$$
$$+ x, \quad - y, \quad + z, \quad \text{dans l'angle ABD}c,$$
$$- x, \quad + y, \quad + z, \quad \text{dans l'angle ACD}b,$$
$$+ x, \quad - y, \quad - z, \quad \text{dans l'angle AB}cd,$$
$$- x, \quad - y, \quad + z, \quad \text{dans l'angle AD}bc,$$
$$- x, \quad + y, \quad - z, \quad \text{dans l'angle AC}bd,$$
$$- x, \quad - y, \quad - z, \quad \text{dans l'angle A}bcd.$$

178. Une ligne droite est donnée toutes les fois qu'on connaît deux plans qui la contiennent, et dont elle est alors l'intersection, parce que les coordonnées de ses points sont communes aux équations de ces plans. Soient donc

$$(1) \qquad Ax + By + Cz + D = 0,$$
$$(2) \qquad A'x + B'y + C'z + D' = 0,$$

les équations des plans donnés ; en y regardant les coordonnées x, y et z comme ayant les mêmes valeurs, il ne restera qu'une de ces quantités dont on puisse disposer arbitrairement, et les deux autres, calculées en conséquence de la première, feront connaître la position des différents points de la droite proposée.

Les équations (1) et (2) ne sont pas les seules qui puissent représenter la droite proposée, car elle se trouve dans une infinité de plans différents ; mais on choisit ordinairement, parmi toutes les équations qu'elle pourrait avoir, celles qui ne renferment que deux des coordonnées x, y et z.

En éliminant successivement x, y et z, entre les équations (1) et (2), on obtiendra les trois suivantes :

$$(AB' - A'B)y - (CA' - C'A)z + AD' - A'D = 0,$$
$$(BC' - B'C)z - (AB' - A'B)x + BD' - B'D = 0,$$
$$(CA' - C'A)x - (BC' - B'C)y + CD' - C'D = 0,$$

qui deviendront

$$(3) \qquad \gamma y - \beta z + \delta = 0,$$
$$(4) \qquad \alpha z - \gamma x + \varepsilon = 0,$$
$$(5) \qquad \beta x - \alpha y + \zeta = 0,$$

en faisant, pour abréger,

$$AB' - A'B = \gamma, \quad CA' - C'A = \beta, \quad BC' - B'C = \alpha,$$
$$AD' - A'D = \delta, \quad BD' - B'D = \varepsilon, \quad CD' - C'D = \zeta.$$

Deux quelconques de ces équations suffisent pour remplacer les équations (1) et (2), et comprennent implicitement la troisième. En effet, si l'on multiplie l'équation (3) par α, l'équation (4) par β, l'équation (5) par γ, et qu'on ajoute les produits, on trouvera

$$\alpha\delta + \beta\varepsilon + \gamma\zeta = 0,$$

résultat que la substitution des valeurs de α, β, γ, δ, ε et ζ rendra identique, ou qui exprimera la condition que doivent remplir ces quantités, pour que les équations (3), (4) et (5), étant données à priori, puissent appartenir à la même ligne droite.

L'équation (3), qui renferme la relation que doivent avoir entre elles les coordonnées y et z pour tous les points de la droite proposée, appartient à l'ensemble des projections de ces points sur le plan des y et z, et est, par conséquent, l'équation de la projection de la droite proposée sur ce plan (*Complément des Éléments de Géométrie*, 4). On verra de même que l'équation (4) appartient à la projection de cette droite, sur le plan des x et z, et que l'équation (5) est celle de sa projection sur le plan des x et y. Deux quelconques de ces projections étant données, la droite est entièrement déterminée : cela est évident par l'analyse précédente, et parce que la droite proposée n'est autre que l'intersection de deux quelconques des plans projetants (*Compl.*, 5), plans dont l'équation est la même que celle de la projection sur laquelle ils sont élevés (176).

179. L'équation générale du plan ne renfermant que trois coefficients nécessaires, il suffit d'un pareil nombre de conditions pour la particulariser. J'indiquerai successivement celles de ces conditions qui se rencontrent le plus fréquemment, et je traiterai en même temps les questions analogues, relativement aux lignes droites.

Lorsqu'il faut faire passer un plan par trois points dont les coordonnées sont

$$x', \ y', \ z', \quad x'', \ y'', \ z'', \quad x''', \ y''', \ z''',$$

on met successivement

$$x', \ x'', \ x''', \quad \text{au lieu de } x,$$
$$y', \ y'', \ y''', \quad \text{au lieu de } y,$$
$$z', \ z'', \ z''', \quad \text{au lieu de } z,$$

dans l'équation générale du plan

$$A x + B y + C z + D = o,$$

et il vient les trois équations suivantes :

$$\mathrm{A}\,x' + \mathrm{B}\,y' + \mathrm{C}\,z' + \mathrm{D} = 0,$$
$$\mathrm{A}\,x'' + \mathrm{B}\,y'' + \mathrm{C}\,z'' + \mathrm{D} = 0,$$
$$\mathrm{A}\,x''' + \mathrm{B}\,y''' + \mathrm{C}\,z''' + \mathrm{D} = 0,$$

au moyen desquelles on détermine les quantités $\dfrac{\mathrm{A}}{\mathrm{D}}, \dfrac{\mathrm{B}}{\mathrm{D}}, \dfrac{\mathrm{C}}{\mathrm{D}},$ et on trouve

$$\frac{\mathrm{A}}{\mathrm{D}} = \frac{z'(y''-y''') - z''(y'-y''') + z'''(y'-y'')}{x'(y''z'''-y'''z'') - x''(y'z'''-y'''z') + x'''(y'z''-y''z')},$$

$$\frac{\mathrm{B}}{\mathrm{D}} = \frac{x'(z''-z''') - x''(z'-z''') + x'''(z'-z'')}{x'(y''z'''-y'''z'') - x''(y'z'''-y'''z') + x'''(y'z''-y''z')},$$

$$\frac{\mathrm{C}}{\mathrm{D}} = \frac{y'(x''-x''') - y''(x'-x''') + y'''(x'-x'')}{x'(y''z'''-y'''z'') - x''(y'z'''-y'''z') + x'''(y'z''-y''z')}.$$

Il est aisé de voir que si l'on voulait déterminer les équations des projections d'une droite qui passe par deux points donnés, on y parviendrait d'une manière analogue, en substituant les coordonnées de ces points, dans les équations générales $x = az + \alpha$, $y = bz + \beta$; et l'on trouverait ainsi

$$x - x' = \frac{x'-x''}{z'-z''}(z-z'), \quad y - y' = \frac{y'-y''}{z'-z''}(z-z') \quad (88).$$

180. Pour reconnaître quand deux lignes données sont dans un même plan, ou, ce qui revient au même, se coupent, il faut s'assurer si les indéterminées x, y et z peuvent être communes aux quatre équations des projections de ces droites (*Compl.*, 19); or il est évident qu'en éliminant x, y et z, il restera une équation qui exprimera la condition sans laquelle les équations des droites proposées ne sauraient avoir lieu pour le même point. Soient

$$\left. \begin{array}{l} x = az + \alpha \\ y = bz + \beta \end{array} \right\}, \quad \left. \begin{array}{l} x = a'z + \alpha' \\ y = b'z + \beta' \end{array} \right\}$$

les équations de ces droites; on en tirera sur-le-champ

$$az + \alpha = a'z + \alpha', \quad bz + \beta = b'z + \beta',$$

et éliminant z, il viendra

$$(\alpha' - \alpha)\,(b' - b) - (\beta' - \beta)\,(a' - a) = 0.$$

181. Deux plans qui sont parallèles ont leurs communes sections, avec chaque plan coordonné, respectivement parallèles entre elles (*Compl.*, 15); mais si

$$Ax + By + Cz + D = 0, \quad A'x + B'y + C'z + D' = 0$$

représentent les équations de ces deux plans, leurs communes sections respectives avec les plans des x et z, et des y et z, auront pour équations

$$Ax + Cz + D = 0, \quad A'x + C'z + D' = 0,$$
$$By + Cz + D = 0, \quad B'y + C'z + D' = 0,$$

et ne seront parallèles deux à deux que lorsqu'on aura

$$\frac{A}{C} = \frac{A'}{C'}, \quad \frac{B}{C} = \frac{B'}{C'} \quad (89).$$

Tirant de ces dernières les valeurs de A' et de B', on obtiendra, pour l'équation du plan parallèle au premier,

$$\frac{C'}{C}\,(Ax + By + Cz) + D' = 0.$$

On achèvera de déterminer le second plan, en supposant qu'il doive passer par un point dont les coordonnées soient x', y', z' : on aura

$$\frac{C'}{C}\,(Ax' + By' + Cz') + D' = 0;$$

retranchant cette équation de la précédente, D' disparaîtra, et divisant alors par $\frac{C'}{C}$, il viendra

$$A\,(x - x') + B\,(y - y') + C\,(z - z') = 0.$$

Il est à propos de remarquer que si l'on regarde A, B, C comme des quantités quelconques, l'équation ci-dessus sera commune à tous les plans qui passent par le point proposé.

Puisque deux droites sont parallèles lorsque leurs projections, sur chacun des plans coordonnés, sont respectivement parallèles (*Compl.*, **20**), leurs équations seront, dans ce cas, de la forme

$$\left. \begin{array}{l} x = az + \alpha \\ y = bz + \beta \end{array} \right\}, \quad \left. \begin{array}{l} x = az + \alpha' \\ y = bz + \beta' \end{array} \right\}.$$

Si la seconde doit passer par le point dont les coordonnées sont x', y' et z', on aura, pour déterminer α' et β', les équations

$$x' = az' + \alpha' \quad \text{et} \quad y' = bz' + \beta',$$

dont on tirera, en opérant comme tout à l'heure,

$$x - x' = a(z - z'), \quad y - y' = b(z - z').$$

182. Pour trouver l'équation d'un plan perpendiculaire à une droite donnée, il faut se rappeler que les communes sections de ce plan, avec chacun des plans coordonnés, sont perpendiculaires aux projections de la droite donnée (*Compl.*, **32**). Soient

$$x = az + \alpha, \quad y = bz + \beta$$

les équations de cette droite, et

$$A x + B y + C z + D = 0$$

celle du plan cherché ; les communes sections de ce dernier, sur le plan des x et z, et sur celui des y et z, seront représentées par

$$A x + C z + D = 0 \quad \text{ou} \quad x = -\frac{C z}{A} - \frac{D}{A},$$

$$B y + C z + D = 0 \quad \text{ou} \quad y = -\frac{C z}{B} - \frac{D}{B};$$

et, pour que ces droites soient perpendiculaires aux projections de la droite donnée, il faudra qu'on ait

$$a = \frac{A}{C}, \quad b = \frac{B}{C} \quad (90).$$

Substituant les valeurs de A et de B, tirées de ces équations, dans celle du plan cherché, on aura

$$C(ax + by + z) + z + z' = 0;$$

et si ce plan doit passer par le point dont les coordonnées sont x', y' et z', son équation deviendra

$$a(x - x') + b(y - y') + D = 0.$$

Si l'équation du plan était donnée, et qu'on demandât celles de la droite qui lui est perpendiculaire, il faudrait alors remplacer a et b par les valeurs indiquées ci-dessus ; il viendrait

$$x - x' = \frac{A}{C}(z - z'), \quad y - y' = \frac{B}{C}(z - z'),$$

pour les équations de la droite perpendiculaire au plan représenté par $Ax + By + Cz + D = 0$, et assujettie à passer par le point dont les coordonnées sont x', y' et z'.

183. La distance entre l'origine A et le point M (*fig.*72), dont les coordonnées sont x, y et z, a pour expression

$$\sqrt{\overline{AP}^2 + \overline{PM'}^2 + \overline{MM'}^2} = \sqrt{x^2 + y^2 + z^2} \quad (Compl., 24).$$

Celle de deux points quelconques M et m s'obtient en prenant $PO = pm'$, $M'N = m'm$, et en considérant les triangles $m'OM'$ et mNM, rectangles l'un en O, l'autre en N : il en résulte

$$\overline{m'M'}^2 = \overline{m'O}^2 + \overline{M'O}^2, \quad \overline{mM}^2 = \overline{mN}^2 + \overline{MN}^2;$$

mais en désignant par x', y', z' les coordonnées du point m, il vient

$$m'O = x - x', \quad M'O = y - y', \quad MN = z - z',$$

et, observant que $mN = m'M'$, on trouve

$$mM = \sqrt{(x - x')^2 + (y - y')^2 + (z - z')^2}.$$

184. Ceci mène à l'équation de la sphère, puisque tous les points de sa surface devant être également éloignés de son centre, si l'on suppose d'abord qu'il soit à l'origine et que le rayon soit r, on aura, dans tous ces points,

$$x^2 + y^2 + z^2 = r^2;$$

et si les coordonnées du centre sont x', y', z', il viendra

$$(x - x')^2 + (y - y')^2 + (z - z')^2 = r^2.$$

185. Ce qui précède fait trouver d'une manière très-simple l'expression du cosinus de l'angle compris entre deux droites données. Soient

$$\left. \begin{array}{l} x - x' = a\,(z - z') \\ y - y' = b\,(z - z') \end{array} \right\}, \qquad \left. \begin{array}{l} x - x' = a'\,(z - z') \\ y - y' = b'\,(z - z') \end{array} \right\},$$

les équations des projections de ces droites qui se coupent au point dont les coordonnées sont x', y' et z'; si l'on imagine qu'elles se meuvent parallèlement à elles-mêmes, jusqu'à ce que leur point d'intersection soit à l'origine, leur angle ne changera pas, et les équations ci-dessus se réduiront à

$$\left. \begin{array}{l} x = az \\ y = bz \end{array} \right\}, \qquad \left. \begin{array}{l} x = a'z \\ y = b'z \end{array} \right\}.$$

Si l'on conçoit ensuite une sphère qui ait son centre à l'origine, et dont le rayon soit représenté par r, la distance des points où sa surface coupera chacun des côtés de l'angle cherché sera évidemment la corde de cet angle. On trouvera les coordonnées du point de rencontre de la première droite avec la surface de la sphère, en déterminant x, y et z par les équations de cette droite et par celle de la sphère; on aura ainsi

$$x = \frac{ar}{\sqrt{1 + a^2 + b^2}}, \quad y = \frac{br}{\sqrt{1 + a^2 + b^2}}, \quad z = \frac{r}{\sqrt{1 + a^2 + b^2}};$$

nommant x', y' et z' les coordonnées du point de rencontre de la seconde droite avec la surface de la sphère, on aura de même

$$x' = \frac{a'r}{\sqrt{1 + a'^2 + b'^2}}, \quad y' = \frac{b'r}{\sqrt{1 + a'^2 + b'^2}},$$

$$z' = \frac{r}{\sqrt{1 + a'^2 + b'^2}}.$$

L'expression du carré de la distance de ce point au précédent sera $(x - x')^2 + (y - y')^2 + (z - z')^2$; et en y mettant, pour $x - x'$, $y - y'$, $z - z'$, leurs valeurs, on trouvera, après les réductions,

$$r^2 \left[2 - \frac{2(1 + aa' + bb')}{\sqrt{(1 + a^2 + b^2)(1 + a'^2 + b'^2)}} \right].$$

Mais, en nommant V l'angle cherché, sa corde sera

$$\sqrt{2R^2 - 2R\cos V} \quad (13),$$

R désignant ce rayon; et faisant ce rayon $= 1$, on aura, pour le carré de la corde, $2(1 - \cos V)$; puis, comparant avec l'expression trouvée ci-dessus, dans laquelle on fera aussi $r = 1$, il viendra

$$\cos V = \frac{1 + aa' + bb'}{\sqrt{(1 + a^2 + b^2)(1 + a'^2 + b'^2)}}.$$

Il sera facile de déduire de là

$$\sin V = \frac{\sqrt{(ab' - a'b)^2 + (a - a')^2 + (b - b')^2}}{\sqrt{(1 + a^2 + b^2)(1 + a'^2 + b'^2)}}.$$

Pour que les deux droites proposées soient perpendiculaires, il faudra qu'on ait $\cos V = 0$, et, par conséquent,
$$1 + aa' + bb' = 0.$$

186. C'est ici le lieu de parler des relations qui existent entre les angles que fait une droite quelconque avec les axes des coordonnées, parce qu'on les a introduites avec beaucoup de succès dans la Mécanique, et qu'elles donnent plus de symétrie aux équations de cette droite.

Pour y parvenir par le moyen des expressions du numéro précédent, je suppose que la seconde droite donnée soit l'un des axes, celui des x par exemple : dans ce cas, on aura $y = 0$, quel que soit x; ainsi, $b' = 0$. Observant ensuite que, d'après l'équation $x = a'z$, a' désigne la tangente de l'angle que fait avec l'axe des z la projection de la ligne dont il s'agit (86), angle qui est droit quand cette ligne coïncide avec l'axe des x, on verra que a' est infini (24). La supposition de $b' = 0$ réduit d'abord l'expression de $\cos V$ à

$$\frac{1 + aa'}{\sqrt{(1 + a^2 + b^2)(1 + a'^2)}};$$

et, en divisant ses deux termes par a', on lui donnera la forme

$$\frac{\frac{1}{a'} + a}{\sqrt{(1 + a^2 + b^2)\left(\frac{1}{a'^2} + 1\right)}};$$

puis, en y faisant a' infini, elle deviendra

$$\frac{a}{\sqrt{1 + a^2 + b^2}}.$$

Telle est l'expression du cosinus de l'angle que la première droite donnée fait avec l'axe des x.

On trouvera de même pour l'axe des y, par rapport auquel $a' = o$, et b' est infini,

$$\frac{b}{\sqrt{1 + a^2 + b^2}}.$$

Pour l'axe des z, par rapport auquel $a' = o$ et $b' = o$, on obtiendra

$$\frac{1}{\sqrt{1 + a^2 + b^2}}.$$

En désignant respectivement par α, β, γ les trois angles dont je viens d'indiquer le cosinus, on aura

$$\cos\alpha = \frac{a}{\sqrt{1 + a^2 + b^2}}, \quad \cos\beta = \frac{b}{\sqrt{1 + a^2 + b^2}},$$

$$\cos\gamma = \frac{1}{\sqrt{1 + a^2 + b^2}}.$$

Si l'on carre ces trois équations et qu'on les ajoute, il viendra

$$\cos\alpha^2 + \cos\beta^2 + \cos\gamma^2 = \frac{a^2 + b^2 + 1}{1 + a^2 + b^2} = 1,$$

comme on l'a remarqué dans le n° 59 du *Complément des Éléments de Géométrie.*

187. L'expression de $\cos\gamma$ donnant

$$\sqrt{1 + a + b^2} = \frac{1}{\cos\gamma},$$

si l'on substitue cette valeur dans celles de $\cos\alpha$ et de $\cos\beta$, on en tirera

$$a = \frac{\cos\alpha}{\cos\gamma}, \quad b = \frac{\cos\beta}{\cos\gamma},$$

et les équations de la première droite donnée deviendront

$$(x - x')\cos\gamma = (z - z')\cos\alpha,$$
$$(y - y')\cos\gamma = (z - z')\cos\beta.$$

Si l'on substitue ensuite les valeurs de a et de b dans

18.

l'équation du plan perpendiculaire à cette droite, savoir
dans

$$a\,(x - x') + b\,(y - y') + z - z' = 0 \quad (182),$$

on obtiendra ce résultat très-symétrique :

$$(x - x')\cos\alpha + (y + y')\cos\beta + (z - z')\cos\gamma = 0.$$

Enfin, si l'on désigne par α', β', γ' les angles qu'une seconde droite fait avec les axes des coordonnées, ce qui donnera

$$a' = \frac{\cos\alpha'}{\cos\gamma'}, \quad b' = \frac{\cos\beta'}{\cos\gamma'},$$

l'expression du cosinus de l'angle que cette seconde droite fait avec la première (185) se changera en

$$\cos V = \cos\alpha\cos\alpha' + \cos\beta\cos\beta' + \cos\gamma\cos\gamma',$$

si l'on observe que

$$\cos\alpha^2 + \cos\beta^2 + \cos\gamma^2 = 1, \quad \cos\alpha'^2 + \cos\beta'^2 + \cos\gamma'^2 = 1.$$

188. L'utilité de ces formules peut faire désirer de les obtenir immédiatement, ce qui est facile par les considérations géométriques.

1° En supposant que la droite donnée soit transportée parallèlement à elle-même, à l'origine des coordonnées, et représentée par AM (*fig.* 74), on observera que le triangle APM est rectangle en P, puisque le plan M'PM'' est perpendiculaire à l'axe AB, et l'on en conclura

$$\cos \text{PAM} = \frac{\text{AP}}{\text{AM}} = \frac{x}{\sqrt{x^2 + y^2 + z^2}} = \frac{a}{\sqrt{1 + a^2 + b^2}},$$

en mettant pour AM $\sqrt{x^2 + y^2 + z^2}$ (183), et pour x et y leurs valeurs az et bz.

On trouverait de même

$$\cos \text{QAM} = \frac{\text{AQ}}{\text{AM}} = \frac{y}{\sqrt{x^2 + y^2 + z^2}} = \frac{b}{\sqrt{1 + a^2 + b^2}},$$

$$\cos \text{RAM} = \frac{\text{AR}}{\text{AM}} = \frac{z}{\sqrt{x^2 + y^2 + z^2}} = \frac{1}{\sqrt{1 + a^2 + b^2}}.$$

Ainsi on parviendrait sur-le-champ, par ce moyen, à la relation

$$\overline{\cos \mathrm{PAM}}^2 + \overline{\cos \mathrm{QAM}}^2 + \overline{\cos \mathrm{RAM}}^2 = 1.$$

2° Les triangles APM, ARM donnent

$$\mathrm{AP} = \mathrm{AM} \cos \mathrm{PAM}, \quad \mathrm{AR} = \mathrm{AM} \cos \mathrm{RAM};$$

et comme $\mathrm{AR} = \mathrm{PM}''$, il viendrait

$$\frac{\mathrm{AP}}{\mathrm{PM}''} = \frac{\cos \mathrm{PAM}}{\cos \mathrm{RAM}}, \quad \text{d'où} \quad \frac{x}{z} = \frac{\cos \alpha}{\cos \gamma},$$

en représentant par α et γ les angles que la droite AM fait avec l'axe des x et celui des z. On aurait de même

$$\frac{y}{z} = \frac{\cos \beta}{\cos \gamma},$$

β désignant l'angle compris entre la droite proposée et l'axe des y.

3° Enfin on indique quelquefois une droite par l'angle MAM' qu'elle fait avec sa projection sur le plan des x et y, et par l'angle M'AP que fait cette projection avec l'axe des x. Soient θ le premier angle et φ le second; on aura

$$
\begin{aligned}
\mathrm{MM'} &= \mathrm{AM} \sin \mathrm{MAM'}, &\quad \text{ou} \quad& z = \mathrm{AM} \sin \theta, \\
\mathrm{AM'} &= \mathrm{AM} \cos \mathrm{MAM'}, &\quad \text{ou} \quad& \mathrm{AM'} = \mathrm{AM} \cos \theta, \\
\mathrm{PM'} &= \mathrm{AM'} \sin \mathrm{M'AP}, &\quad \text{ou} \quad& y = \mathrm{AM} \cos \theta \sin \varphi, \\
\mathrm{AP} &= \mathrm{AM'} \cos \mathrm{M'AP}, &\quad \text{ou} \quad& x = \mathrm{AM} \cos \theta \cos \varphi.
\end{aligned}
$$

Si l'on rapproche ces dernières expressions de x, de y et de z, de celles qui résultent des équations

$$\frac{x}{z} = \frac{\cos \alpha}{\cos \gamma}, \quad \frac{y}{z} = \frac{\cos \beta}{\cos \gamma},$$

en faisant attention que γ, désignant l'angle RAM, est le complément de MAM' ou de θ, il viendra

$$\cos \gamma = \sin \theta, \quad \cos \beta = \cos \theta \sin \varphi, \quad \cos \alpha = \cos \theta \cos \varphi.$$

En carrant ces dernières équations et les ajoutant, on

retrouverait encore, comme ci-dessus,

$$\cos \gamma^2 + \cos \beta^2 + \cos \alpha^2 = 1.$$

En faisant $AM = r$, on a, par ce qui précède,

$$z = r \sin \theta, \quad y = r \cos \theta \sin \varphi, \quad x = r \cos \theta \cos \varphi;$$

et alors le point M est déterminé par le rayon vecteur r, les angles θ et φ, qui sont les coordonnées polaires, dans l'espace (149).

Je terminerai cet article en faisant remarquer que toutes ces relations rentrent dans des résolutions de triangles sphériques rectangles (58). *Voyez* aussi la note C à la fin du livre.

189. Le cosinus de l'angle que deux plans quelconques font entre eux se déduit immédiatement du n° 185; car cet angle est égal à celui que font deux droites menées perpendiculairement à chacun des plans proposés, par un point quelconque de leur commune section (*Compl.*, 46). Ces plans étant représentés par les équations

$$A x + B y + C z + D = 0, \quad A' x + B' y + C' z + D' = 0,$$

si l'on conçoit qu'ils se meuvent parallèlement à eux-mêmes, jusqu'à ce qu'ils soient parvenus à l'origine des coordonnées, leur angle ne changera pas, et leurs équations se réduiront à

$$A x + B y + C z = 0, \quad A' x + B' y + C' z = 0;$$

celles des droites qu'on mènera perpendiculairement à chacun d'eux, par ce point, seront (182)

$$x = \frac{A}{C} z, \quad x = \frac{A'}{C'} z,$$

$$y = \frac{B}{C} z, \quad y = \frac{B'}{C'} z.$$

Substituant donc, dans l'expression de cos V, au lieu de a et b, de a' et b', les valeurs que donnent ces équations, il viendra

$$\cos V = \frac{AA' + BB' + CC'}{\sqrt{(A^2 + B^2 + C^2)(A'^2 + B'^2 + C'^2)}}.$$

Si l'un des plans proposés, le second par exemple, était celui des x et y, sur lequel on a toujours $z = 0$, il est évident que A' et B' deviendraient nuls dans cette supposition, et que $\cos V$ se réduirait à

$$\frac{C}{\sqrt{A^2 + B^2 + C^2}}.$$

On trouvera de même que le cosinus de l'angle formé par le premier plan proposé, avec celui des x et z, pour lequel $y = 0$, $A' = 0$, $C' = 0$, sera

$$\frac{B}{\sqrt{A^2 + B^2 + C^2}},$$

et que le cosinus de l'angle du même plan avec celui des y et z, pour lequel $x = 0$, $B' = 0$, $C' = 0$, sera

$$\frac{A}{\sqrt{A^2 + B^2 + C^2}}.$$

Dans le cas où les deux plans proposés seraient perpendiculaires entre eux, on aurait $\cos V = 0$; et, par conséquent, $AA' + BB' + CC' = 0$.

Des surfaces du second degré.

190. Les surfaces, de même que les lignes, se divisent en ordres, suivant le degré de leurs équations. Le plan est la surface du premier ordre, parce que son équation ne monte qu'au premier degré. Les surfaces du second ordre sont toutes comprises dans l'équation

$$\left.\begin{aligned} A x^2 + B y^2 + C z^2 + 2D xy + 2E xz + 2F yz \\ + 2G x + 2H y + 2K z \end{aligned}\right\} = L,$$

la plus générale qu'on puisse former dans le second degré, avec les trois indéterminées x, y et z.

En résolvant cette équation par rapport à l'une de ces lettres, à z par exemple, on trouvera

$$z = -\frac{Ex + Fy + K}{C}$$

$$\pm \frac{1}{C} \sqrt{[(K^2 + CL) + 2(EK - CG)x + 2(FK - CH)y}$$
$$\overline{+ (E^2 - AC)x^2 + 2(EF - CD)xy + (F^2 - BC)y^2]}.$$

Ce résultat fait voir qu'au même point du plan des x et y répondent deux points sur la surface proposée, et que, par conséquent, chacune des valeurs de z produit, par la substitution de toutes les valeurs possibles de x et de y, une portion de surface qui est, par rapport à la surface totale, ce que sont les branches d'une courbe par rapport à cette courbe : on donne à ces portions le nom de *nappes*.

On remarquera d'abord que la partie rationnelle de la valeur de z exprime l'ordonnée d'un plan tel, que si l'on en faisait partir les ordonnées de la surface, en posant

$$z + \frac{Ex + Fy + K}{C} = u,$$

l'indéterminée u aurait deux valeurs égales, l'une positive et l'autre négative : le plan dont il s'agit est donc, pour les surfaces du second degré, ce qu'est un diamètre par rapport aux courbes de ce degré.

On se ferait difficilement l'idée de la forme que doit affecter une surface dont on a l'équation, si l'on n'en considérait que des points isolés; mais, au lieu de cela, on imagine une infinité de sections faites dans cette surface par des plans que, pour plus de simplicité, l'on prend parallèles à l'un des plans coordonnés : le cours de ces diverses courbes étant connu, leur continuité rend sensible la forme de la surface proposée.

Tous les points d'un plan mené parallèlement à celui des x et y, à une distance désignée par a, étant compris dans l'équation $z = a$, si l'on substitue cette valeur dans l'équation générale des surfaces du second degré, le résultat

$$\left. \begin{array}{l} A\,x^2 + B\,y^2 + 2D\,xy \\ + 2(Ea + G)\,x + 2(Fa + H)\,y \end{array} \right\} = L - 2Ka - Ca^2$$

exprimera la relation qu'ont entre elles les coordonnées du plan des x et y, pour les points de la surface proposée, distants de ce plan de la quantité a, et appartiendra donc, sur le plan des x et y, à la projection de la courbe dans laquelle le plan dont l'équation est $z = a$ rencontre la surface du second degré; et comme ce plan est parallèle à celui des x et y, on voit évidemment que la section faite dans la surface même ne différera pas de sa projection sur le plan dont il s'agit.

En prenant pour a diverses valeurs, on aura diverses sections parallèles au plan des x et y : si l'on fait $a = 0$, l'équation résultante

$$\left. \begin{array}{l} A\,x^2 + B\,y^2 + 2D\,xy \\ + 2G\,x + 2H\,y \end{array} \right\} = L$$

donnera la courbe du second degré, dans laquelle la surface rencontre ce plan. On déterminerait de la même manière les équations des sections parallèles au plan des x et z et à celui des y et z.

On conçoit facilement, et l'on en a d'ailleurs vu l'exemple sur la sphère (184), que les surfaces, suivant qu'elles sont placées d'une manière plus ou moins symétrique, par rapport aux axes des coordonnées, ont des équations plus ou moins simples, et que, par conséquent, pour analyser les différentes espèces de surfaces que peut représenter l'équation générale du second degré, il faut d'abord la débarrasser des termes qui ne dépendent que de la situation particulière des axes des coordonnées, ce qui peut se faire, soit en discutant le radical, d'une manière analogue à celle qu'on a suivie pour les lignes du second degré, dans les n°s 111-120, soit en construisant des formules générales pour la transformation des coordonnées dans l'espace, et en disposant, comme dans les n°s 125-127, des quantités relatives à la position des axes, pour simplifier, autant qu'il est possible, l'équation générale. On peut consulter, sur ces détails qui sortent entièrement des éléments, le chapitre V du premier volume de mon *Traité du Calcul différentiel et du Calcul intégral.*

191. Je ferai seulement remarquer qu'on peut tirer du n° 185 l'équation du cône droit placé dans une situation quelconque par rapport aux plans coordonnés.

En effet, le cône droit étant engendré par le mouvement d'une ligne droite assujettie à tourner autour d'une autre, en faisant avec elle un angle constant, si l'on désigne par α, β, γ les coordonnées du sommet, qu'on prenne pour la droite fixe, ou l'axe du cône, les équations

$$x - \alpha = a(z - \gamma),$$
$$y - \beta = b(z - \gamma),$$

pour la droite mobile, ou le côté du cône, les équations

$$x - \alpha = a'(z - \gamma),$$
$$y - \beta = b'(z - \gamma),$$

le cosinus de l'angle de ces droites sera

$$\frac{1 + aa' + bb'}{\sqrt{(1 + a^2 + b^2)(1 + a'^2 + b'^2)}};$$

comme il doit être constant, on le représentera par c, puis on observera que a, b, appartenant à l'axe du cône, désignent des quantités connues, et que

$$a' = \frac{x - \alpha}{z - \gamma}, \qquad b = \frac{y - \beta}{z - \gamma}.$$

En substituant ces valeurs, on formera l'équation

$$\frac{1 + a\left(\dfrac{x - \alpha}{z - \gamma}\right) + b\left(\dfrac{y - \beta}{z - \gamma}\right)}{\sqrt{(1 + a^2 + b^2)\left[1 + \left(\dfrac{x - \alpha}{z - \gamma}\right)^2 + \left(\dfrac{y - \beta}{z - \gamma}\right)^2\right]}} = c,$$

qui se réduit facilement à

$$\frac{a(x - \alpha) + b(y - \beta) + z - \gamma}{m \sqrt{(x - \alpha)^2 + (y - \beta)^2 + (z - \gamma)^2}} = c \qquad (*),$$

en faisant, pour abréger, $\sqrt{1 + a^2 + b^2} = m$.

Si l'on place le sommet à l'origine des coordonnées, on aura

$$\alpha = 0, \quad \beta = 0, \quad \gamma = 0,$$

$$\frac{ax + by + z}{m \sqrt{x^2 + y^2 + z^2}} = c.$$

Si l'on fait coïncider l'axe du cône avec l'axe des z, il vient. $a = 0$, $b = 0$, $m = 1$, puisqu'on a sur cet axe $y = 0$, $x = 0$, quel que soit z; et l'équation ci-dessus se réduit à

$$\frac{z}{\sqrt{x^2 + y^2 + z^2}} = c,$$

(*) Il est aisé de voir que si l'on faisait $z = 0$ dans cette équation, le résultat, qui appartiendrait à la section du cône par le plan des x et y, prendrait la forme de l'équation générale du second degré à deux inconnues, et qu'on pourrait, par ce moyen, montrer *algébriquement* l'identité des courbes du second degré avec les sections faites dans un cône droit par un plan; mais cette voie serait beaucoup plus compliquée et moins générale que celle qu'on a suivie dans les n°s 151-156, puisqu'on y a considéré un cône quelconque. D'ailleurs, le calcul pour un cône oblique à base circulaire se trouve dans l'*Appendix de superficiebus*, placé à la fin du second volume de l'*Introductio in analysin infinitorum* d'Euler, imprimée en 1748.

de laquelle on tire, par l'élévation au carré,

$$z^2(1 - c^2) = c^2(x^2 + y^2).$$

En faisant dans cette équation $z = n$, elle devient

$$n^2(1 - c^2) = c^2(x^2 + y^2),$$

équation qui appartient à un cercle dont le centre est dans l'axe des z, et dont le rayon est $\dfrac{n\sqrt{1 - c^2}}{c}$. Il suit de là que toutes les sections faites par un plan parallèle à celui des x et y, dans le cône proposé, sont des cercles, ce qui est d'ailleurs évident par la nature de ce cône.

On tire de l'équation ci-dessus,

$$z = \frac{c}{\sqrt{1 - c^2}}\sqrt{x^2 + y^2};$$

il est facile de voir que $\sqrt{1 - c^2}$ est le sinus de l'angle que fait le côté du cône avec l'axe des z, et que, par conséquent, $\dfrac{c}{\sqrt{1 - c^2}}$ est la cotangente de cet angle, ou la tangente de celui que la même droite fait avec le plan des x et y.

Si l'on voulait que le sommet du cône fût à un point quelconque de l'axe des z, cet axe coïncidant toujours avec celui du cône, on aurait

$$z - \gamma = \frac{c}{\sqrt{1 - c^2}}\sqrt{x^2 + y^2}.$$

En faisant $z = 0$, on obtiendra l'équation de la courbe suivant laquelle le cône rencontre le plan des x et y, et qu'on peut regarder comme la base. Cette équation sera

$$-\gamma = \frac{c}{\sqrt{1 - c^2}}\sqrt{x^2 + y^2},$$

ou

$$\frac{\gamma^2(1 - c^2)}{c^2} = x^2 + y^2;$$

elle appartient à un cercle dont le rayon est

$$\frac{\gamma \sqrt{1 - c^2}}{c}.$$

Si l'on représente par r ce rayon, on aura

$$r^2 = \frac{\gamma^2 (1 - c^2)}{c^2} \quad \text{et} \quad \gamma = \frac{cr}{\sqrt{1 - c^2}};$$

l'équation

$$z - \gamma = \frac{c}{\sqrt{1 - c^2}} \sqrt{x^2 + y^2},$$

se changeant alors en

$$z - \frac{cr}{\sqrt{1 - c^2}} = \frac{c}{\sqrt{1 - c^2}} \sqrt{x^2 + y^2},$$

peut être mise sous la forme

$$z \sqrt{1 - c^2} - cr = c \sqrt{x^2 + y^2}.$$

Dans le cas où $c = 1$, elle se réduit à

$$r^2 = x^2 + y^2.$$

192. Cette dernière équation, qui ne contient plus que deux des trois coordonnées, appartient néanmoins à la surface cylindrique dans laquelle se transforme le cône, lorsque son sommet s'éloigne à l'infini ; car, c désignant le cosinus de l'angle formé par la droite génératrice du cône et son axe, l'hypothèse de $c = 1$ rend cet angle nul et établit le parallélisme des deux droites dont il s'agit. La première, en tournant autour de la seconde, décrit donc la surface d'un cylindre droit, perpendiculaire au plan des x et y, et ayant pour base, sur ce plan, le cercle dont le rayon est r, et dont le centre est à l'origine des coordonnées.

Ceci conduit à remarquer qu'une équation quelconque

qui ne contient que deux des trois coordonnées, et qui, sur le plan de ces coordonnées, ne désigne qu'une courbe, appartient, dans l'espace, à une surface, puisque la coordonnée qui n'entre point dans cette équation, se trouvant indépendante des deux autres, a une infinité de valeurs pour chaque point du plan cité ; et ces valeurs répondent à tous les points de la droite élevée perpendiculairement au plan coordonné par le point que l'on y considère.

L'ensemble de toutes les droites élevées ainsi sur chaque point de la courbe constitue une surface *cylindrique*, en donnant à cette dénomination toute l'étendue qu'on lui assigne dans le *Complément des Éléments de Géométrie*.

Des courbes considérées dans l'espace.

193. Lorsqu'on envisage les courbes dans l'espace, elles résultent toujours de l'intersection de deux surfaces, de même que la ligne droite résulte de la rencontre de deux plans (178). On peut, par exemple, indiquer un cercle en donnant la sphère dont il fait partie et le plan qui la rencontre. Si l'on suppose que la sphère ait son centre à l'origine des coordonnées, et que le plan soit quelconque, le système des équations

$$(1) \qquad x^2 + y^2 + z^2 = r^2,$$

$$(2) \qquad A\,x + B\,y + C\,z = D,$$

appartiendra au cercle suivant lequel se rencontrent la sphère et le plan proposé, puisque ce système ne conviendra qu'aux points qui se trouvent en même temps sur l'une et l'autre surface.

Il est visible qu'on peut transformer le système des équations (1) et (2) en une infinité d'autres qui soient équivalents ; mais, le plus souvent, on élimine alternativement une des trois indéterminées x, y, z, et l'on obtient, entre ces quantités combinées deux à deux, trois équations qui appartiennent aux projections de la courbe cherchée, sur chacun des plans coordonnés.

Dans l'exemple ci-dessus, on a

$$x^2 + y^2 + \left(\frac{D - Ax - By}{C} \right)^2 = r^2,$$

$$x^2 + z^2 + \left(\frac{D - Ax - Cz}{B} \right)^2 = r^2,$$

$$y^2 + z^2 + \left(\frac{D - By - Bz}{A} \right)^2 = r^2;$$

deux quelconques de ces équations donnent la troisième : elles appartiennent (128) à des ellipses qui sont les projections du cercle, sur chacun des plans coordonnés (*Compl.*, 63).

Pour concevoir nettement de quelle manière une courbe est représentée par les équations de ses projections, il faut considérer que ces équations appartiennent à des surfaces cylindriques élevées perpendiculairement sur les projections (192), de même que les équations des projections d'une droite désignent aussi ses plans projetants (178).

Il suit de là que la courbe proposée résulte de l'intersection des surfaces cylindriques élevées sur deux de ses projections (*Compl.*, 77).

194. Dans le plus grand nombre de cas, l'intersection de deux surfaces courbes ne saurait avoir tous ses points dans un même plan, et forme alors une courbe à *double courbure* : telle est, par exemple, l'intersection d'une sphère et d'un cylindre droit, lorsque l'axe du cylindre ne passe pas par le centre de la sphère.

Si l'on suppose que la sphère ait son centre à l'origine, et que, l'axe du cylindre étant parallèle à celui des z, sa base, sur le plan des x et y, soit un cercle passant par l'origine, et ayant pour diamètre l'axe des x, les équations des surfaces, contenant la courbe proposée, seront

$$x^2 + y^2 + z^2 = r^2,$$
$$2\,ax - x^2 = y^2,$$

et l'on aura, pour les projections en x et y, en x et z,

$$2\,ax - x^2 = y^2,$$
$$2\,ax + z^2 = r^2.$$

Le centre de la sphère se trouvant sur la surface du cylindre, la courbe proposée pourrait se décrire en fixant une pointe de compas sur cette surface, et faisant tourner l'autre sur la même surface, avec une ouverture égale au rayon de la sphère (*Compl.*, 77).

Pour en trouver tant de points qu'on voudra, il faut déterminer les coordonnées y et z au moyen de l'abscisse x, par les équations des projections, qui donnent

$$y = \sqrt{2\,ax - x^2}, \quad z = \sqrt{r^2 - 2\,ax}.$$

On reconnaît l'étendue de la courbe proposée en assignant les cas dans lesquels ces coordonnées deviennent imaginaires; or on ne trouve de valeurs réelles pour y que depuis $x = 0$ jusqu'à $x = 2a$, et pour z, depuis $x = 0$ jusqu'à $x = \dfrac{r^2}{2\,a}$, du côté positif, et depuis $x = 0$ jusqu'à l'infini, du côté négatif; mais il est évident qu'il ne faut prendre que la partie de l'abscisse x, commune aux deux projections, puisqu'il suffit qu'une des coordonnées devienne imaginaire pour que la courbe ait atteint sa limite : elle ne s'étendra donc que depuis $x = 0$ jusqu'à ce que x égale la plus petite des quantités $2\,a$ et $\dfrac{r^2}{2\,a}$.

La considération des projections elles-mêmes confirme ce résultat. L'équation en x et y, appartenant au cercle

AE$'$F$'e'$ (*fig.* 75), qui sert de base au cylindre, et celle qui renferme x et z, appartenant à la parabole H$''$I$'h''$ dont le paramètre $= 2a$, et la distance AI$' = \dfrac{r^2}{2a}$; il est évident qu'on ne peut employer à la description de la courbe proposée que les portions E$'$Ae' et H$''$I$'h''$, qui correspondent à la partie AI$'$ de l'axe AB.

195. Enfin, pour s'assurer que la courbe proposée n'est pas plane, il faut chercher si elle ne peut être l'intersection d'aucun plan, avec l'un quelconque des cylindres élevés sur ces projections. En désignant par

$$A x + B y + C z = D$$

l'équation d'un plan quelconque, son intersection avec le cylindre élevé sur la parabole H$''$I$'h''$ sera représentée par les équations

$$A x + B y + C z = D,$$
$$2 a x + z^2 = r^2;$$

la projection de cette intersection, qui aura pour équation, sur le plan des y et z,

$$A \frac{(r^2 - z^2)}{2a} + B y + C z = D,$$

devra coïncider dans tous ses points avec celle de la courbe proposée, sur le même plan des y et z, et dont l'équation est

$$y^2 = r^2 - z^2 - \left(\frac{r^2 - z^2}{2a} \right)^2;$$

or on tire de la précédente

$$y = \frac{2a D - A r^2 - 2aC z + A z^2}{2a B}:$$

il faudra donc que, pour toutes les valeurs de z, on ait

$$\left(\frac{2a D - A r^2 - 2aC z + A z^2}{2a B} \right)^2 = r^2 - z^2 - \frac{(r^2 - z^2)^2}{4 a^2},$$

En développant ce résultat, on lui fera prendre la forme

$$P\,z^4 + Q\,z^3 + R\,z^2 + S\,z + T = 0,$$

les lettres P, Q, R, S et T désignant les coefficients formés des quantités A, B, C, D; et, pour que cette équation soit vérifiée indépendamment de z, il faudra qu'on ait séparément

$$P = 0, \quad Q = 0, \quad R = 0, \quad S = 0, \quad T = 0.$$

Pour satisfaire à ces équations, on ne peut disposer que des trois coefficients nécessaires de l'équation du plan coupant (176). Si l'on effectue le calcul, on trouvera

$$P = A^2 + B^2,$$
$$Q = -4\,a\,AC,$$
$$R = 4\,a^2 C^2 + 4\,a\,AD - 2\,r^2 A^2 + (4\,a^2 - 2\,r^2)B^2,$$
$$S = (4\,ar^2 A - 8\,a^2 D)\,C,$$
$$T = 4\,a^2 D^2 - 4\,ar^2 AD + r^4 A^2 - (4\,a^2 r^2 - r^4)B^2,$$

et l'on verra que P ne saurait disparaître, à moins que A $= 0$, B $= 0$, conditions dont la première fait encore évanouir Q; mais il reste

$$R = 4\,a^2 C^2, \quad S = -8\,a^2 DC, \quad T = 4\,a^2 D^2,$$

qu'on ne peut rendre tous·nuls, parce qu'il est impossible que C soit zéro en même temps que A et B : il n'y a donc aucun plan qui comprenne la courbe proposée; et, si l'on voulait déterminer z par l'équation ci-dessus, on n'aurait au plus que quatre valeurs, en sorte que la courbe proposée ne saurait être coupée par un plan en plus de quatre points.

NOTES.

NOTE A, page 10.

Dans le tome XI des *Annales de Mathématiques pures et appliquées*, M. Gergonne a inséré (à la page 323) le procédé suivant, donné par M. Sarrus, pour parvenir, presque sans construction, aux expressions de $\sin(a \pm b)$ et de $\cos(a \pm b)$ qui, jointes à la relation de $\sin a^2 + \cos a^2 = R^2 (10)$, sont le fondement de toute la théorie des lignes trigonométriques.

Soient deux arcs quelconques $AM = a$, $AN = b$ (*fig.* 76) et qu'on tire la corde de l'arc $NOM = a - b$; on aura par le triangle NMG, rectangle en G,

$$\overline{MN}^2 = \overline{NG}^2 + \overline{MG}^2 = (CQ - CP)^2 + (PM - NQ)^2,$$

ce qu'on peut écrire ainsi :

$$[\,\text{corde}\,(a - b)\,]^2 = (\cos b - \cos a)^2 + (\sin a - \sin b)^2 \quad (A).$$

Prenant le rayon égal à l'unité, ce qui donne

$$\sin a^2 + \cos a^2 = 1, \quad \sin b^2 + \cos b^2 = 1,$$

et développant, il viendra

$$[\,\text{corde}\,(a - b)\,]^2 = 2 - 2\cos a \cos b - 2\sin a \sin b.$$

Quand on fait $b = 0$, il en résulte

$$(\text{corde}\,a)^2 = 2 - 2\cos a,$$

formule qu'on peut appliquer à un arc quelconque : on a donc aussi

$$[\,\text{corde}\,(a - b)\,]^2 = 2 - 2\cos(a - b).$$

Cela posé, 1° en égalant cette dernière expression à la première, divisant l'équation par 2, et changeant les signes, on obtient

$$\cos(a - b) = \cos a \cos b + \sin a \sin b \quad (I).$$

2° En changeant b en $a - b$, il vient l'équation

$$\cos b = \cos a \cos(a - b) + \sin a \sin(a - b),$$

qui, par la substitution de la valeur de $\cos(a - b)$ tirée de l'équation (I), donne

$$\cos b = \cos a^2 \cos b + \cos a \sin a \sin b + \sin a \sin(a - b).$$

Remplaçant ici $\cos a^2$ par sa valeur $1 - \sin a^2$, réduisant et tirant la valeur de $\sin(a - b)$, on trouve

$$\sin(a - b) = \sin a \cos b - \sin b \cos a \quad (\text{II}).$$

3° Enfin, changeant a en $a + b$ dans les équations (I) et (II), on parvient aux suivantes :

$$\cos a = \cos(a + b) \cos b + \sin(a + b) \sin b,$$
$$\sin a = \sin(a + b) \cos b - \sin b \cos(a + b),$$

qui, par l'élimination, donnent successivement les valeurs de $\cos(a + b)$ et de $\sin(a + b)$, conformes à l'énoncé du n° 11.

L'auteur de ce procédé se borne à ce qu'on vient de lire, parce qu'il s'appuie sur un principe d'application de l'Algèbre à la Géométrie, exposé au n° 76 de ce Traité ; mais on y supplée par l'examen des diverses situations respectives que peuvent avoir les points M et N, et qui ne font que changer en $+$ un ou deux des signes $-$ compris dans les parenthèses du second membre de l'équation (A).

Quand ces points ne tombent pas du même côté du diamètre BB', c'est un cosinus qui change de signe, et un sinus lorsqu'ils sont l'un au-dessus et l'autre au-dessous du diamètre AA'. En effectuant les calculs dans ces divers cas, ce qui ne présente aucune difficulté, on voit que les formules se modifient de la même manière que l'indiquent les considérations des n°s 22 et 23.

NOTE B, page 45.

Au lieu de chercher, comme à l'endroit cité, l'expression de $\sin \frac{1}{2} C$, on pourrait trouver tout de suite celle de $\sin C$; car on a d'abord

$$\sin C^2 = 1 - \cos C^2 = 1 - \frac{(a^2 + b^2 - c^2)^2}{4 a^2 b^2} ;$$

puis, réduisant le dernier membre au même dénominateur, on obtient

$$\sin C^2 = \frac{4 a^2 b^2 - (a^2 + b^2 - c^2)^2}{4 a^2 b^2},$$

dont le second membre se décompose en facteurs, dans la forme

$$\frac{(2ab + a^2 + b^2 - c^2)(2ab - a^2 - b^2 + c^2)}{4 a^2 b^2}$$

$$= \frac{[(a + b)^2 - c^2][c^2 - (a - b)^2]}{4 a^2 b^2}$$

$$= \frac{(a + b + c)(a + b - c)(c + a - b)(c - a + b)}{4 a^2 b^2}$$

$$= \frac{4}{a^2 b^2} \frac{(a + b + c)}{2} \frac{(a + b - c)}{2} \frac{(c + a - b)}{2} \frac{(c - a + b)}{2} ;$$

et si l'on fait, comme dans le numéro cité, $a + b + c = f$, on aura enfin

$$\sin C = 2 \frac{\sqrt{\frac{1}{2} f \left(\frac{1}{2} f - a\right)\left(\frac{1}{2} f - b\right)\left(\frac{1}{2} f - c\right)}}{ab}.$$

Cette formule, renfermant quatre facteurs sous le radical, est moins simple que celle du texte, et elle a de plus l'inconvénient de ne pas faire connaître si l'angle cherché est aigu ou obtus, puisque le sinus d'un angle est le même que celui de son supplément (22), tandis que la moitié du plus grand angle obtus étant nécessairement moindre que 1^q, on obtiendra toujours, sans ambiguïté, la valeur de l'angle $\frac{1}{2}$C par celle de son sinus.

En examinant les différents cas que présente la résolution des triangles rectilignes obliquangles, on voit aisément qu'il n'y en a qu'un seul où le triangle proposé n'est pas entièrement déterminé, quoique l'on y connaisse trois choses parmi lesquelles se trouve un côté ; c'est quand on a deux côtés et un angle opposé à l'un de ces côtés : par exemple, les côtés a et c et l'angle A (*fig.* 16); car alors la proportion $a : c :: \sin A : \sin C$ (34) ne faisant point connaître si l'angle C est aigu ou obtus, les données conviennent à deux triangles différents, pour l'un desquels la perpendiculaire abaissée du point B_1 sur le côté b, tombe en dedans, et pour l'autre en dehors (*Élém. de Géom.*, 35).

Ce n'est pas tout encore que la rigueur mathématique des formules, lorsqu'il s'agit de les appliquer : il faut, de plus, rechercher la commodité des calculs et l'exactitude numérique des déterminations.

Sous le premier rapport, il faut, ainsi que je l'ai déjà fait remarquer aux n°s 30 et 37, que les expressions des quantités cherchées soient, autant que cela est possible, composées par multiplication et par division, afin que l'emploi des logarithmes soit facile. Cependant M. Gauss, dans le tome XXVI de la *Correspondance* allemande de M. de Zach, page 498, a donné des moyens de suppléer à cette condition, et M. Matthiessen a publié à Altona, en 1817, une *Table pour calculer promptement le logarithme de la somme ou de la différence de deux quantités données seulement par leurs logarithmes.*

Quant à l'exactitude du calcul numérique, il faut que la quantité cherchée immédiatement subisse dans son état actuel les plus grandes variations possibles. S'il s'agissait d'un sinus, par exemple, il faudrait qu'il n'appartînt pas à un arc fort près du quart de cercle ; car, dans cette situation, les sinus croissant bien moins que les arcs, quelques unités d'erreur sur le logarithme du sinus, déduit par une combinaison d'autres logarithmes dont le dernier chiffre est souvent fautif, en occasionneraient une bien plus importante sur l'arc. Lorsqu'on doit employer un sinus à la détermination d'un angle, il est donc à propos que cet angle ne soit pas trop grand ; et c'est encore là un avantage que l'expression de $\sin \frac{1}{2} C$ (38) aura souvent sur celle de $\sin C$.

Il y aurait le même inconvénient à déterminer un petit arc par son cosinus; mais il n'en est pas de même des tangentes, parce que leur accroissement est toujours de plus en plus rapide.

Je ferai encore observer ici que les cosinus et les tangentes, changeant de signe lorsque l'angle devient obtus (23, 24), ont, sur les sinus, quand on a combiné les signes dans le cours du calcul, suivant les règles de l'Algèbre, l'avantage de faire connaître si l'angle qu'on détermine par leur moyen est aigu ou obtus, ce qui est souvent utile, comme on peut le voir au n° 57.

Ce que je viens de dire ne se rapportant qu'à l'emploi des Tables trigonométriques, il faudrait encore y ajouter les précautions qu'exigent la recherche et la mesure des données, précautions qui sont également nécessaires pour la construction graphique : c'est de faire en sorte, lorsqu'on doit obtenir un point par l'intersection de deux lignes, qu'elles ne se rencontrent pas sous des angles trop aigus ou trop obtus, parce qu'alors cette intersection, qui est toujours une petite surface, est plus large, et que, de plus, une petite erreur commise dans la direction des droites en occasionne une beaucoup plus grande dans le lieu de l'intersection. C'est d'après cette dernière remarque que, lorsqu'on forme sur le terrain, comme on le verra au n° 40, des triangles pour déterminer la situation respective de plusieurs points, il faut que ces triangles n'aient pas des angles fort petits ou fort grands.

NOTE C, pages 64 et 278.

Si l'on supposait connues les expressions des coordonnées polaires (149 et 188) dont on fait usage dans l'application de l'Algèbre à la Géométrie, on en déduirait, par le même procédé, les équations fondamentales des deux Trigonométries.

Ce procédé consiste à chercher l'expression de la distance de deux points, en les considérant d'abord sur un plan et ensuite dans l'espace. Soient M et M′ (*fig.* 42) ces points situés dans le plan BAC, pour le premier cas; désignons par φ et φ' les angles MAB et M′AB, par r et r' les distances AM et AM′, au point A, origine des coordonnées x et y; on trouvera sans peine qu'au point M

$$x = r \cos\varphi, \qquad y = r \sin\varphi,$$

au point M′,

$$x' = r' \cos\varphi', \qquad y' = r' \sin\varphi',$$

et, par conséquent,

$$\overline{MM'}^2 = (x - x')^2 + (y - y')^2$$
$$= (r \cos\varphi - r' \cos\varphi')^2 + (r \sin\varphi - r' \sin\varphi')^2.$$

En développant et réduisant la dernière expression, au moyen des équa-

tions
$$\sin \varphi^2 + \cos \varphi^2 = 1, \quad \sin \varphi'^2 + \cos \varphi'^2 = 1,$$

on trouvera

$$\overline{MM'}^2 = r^2 + r'^2 - 2rr'(\cos \varphi \cos \varphi' + \sin \varphi \sin \varphi');$$

observant ensuite que

$$\cos \varphi \cos \varphi' + \sin \varphi \sin \varphi' = \cos(\varphi - \varphi') \quad (11),$$

il viendra

$$\overline{MM'}^2 = r^2 + r'^2 - 2rr' \cos(\varphi - \varphi').$$

Si maintenant on représente MM′ par r'', et l'angle $\varphi - \varphi' = \text{MAM}'$ par γ'', on aura

$$r''^2 = r^2 + r'^2 - 2rr' \cos \gamma'',$$

c'est-à-dire l'une des équations (A) de la page 143, où la lettre c est remplacée par la lettre r.

Quand les deux points proposés, que je désigne toujours par M et M′, sont rapportés dans l'espace à trois axes rectangulaires, par les coordonnées x, y, z, x', y', z', on a

$$\overline{MM'}^2 = (x - x')^2 + (y - y')^2 + (z - z')^2 \quad (184),$$

et l'on se sert de la transformation du n° 188; mais il faut substituer à l'angle nommé θ dans cet article, son complément, c'est-à-dire l'angle compris entre l'axe des z et la droite menée par l'origine des coordonnées, ce qui change $\sin \theta$ en $\cos \theta$, et *vice versâ*. Continuant à représenter par r, r' les distances de l'origine aux points proposés, et par r'' la distance MM′, on aura

$$x = r \sin \theta \cos \varphi, \quad y = r \sin \theta \sin \varphi, \quad z = r \cos \theta,$$
$$x' = r' \sin \theta' \cos \varphi', \quad y' = r' \sin \theta' \sin \varphi', \quad z' = r' \cos \theta',$$

d'où

$$r''^2 = \begin{cases} (r \sin \theta \cos \varphi - r' \sin \theta' \cos \varphi')^2 \\ + (r \sin \theta \sin \varphi - r' \sin \theta' \sin \varphi')^2 \\ + (r \cos \theta - r' \cos \theta')^2, \end{cases}$$

valeur dont le développement

$$r^2 \left[\sin \theta^2 (\cos \varphi^2 + \sin \varphi^2) + \cos \theta^2 \right]$$
$$+ r'^2 \left[\sin \theta'^2 (\cos \varphi'^2 + \sin \varphi'^2) + \cos \theta'^2 \right]$$
$$- 2rr' \left[\sin \theta \sin \theta' (\cos \varphi \cos \varphi' + \sin \varphi \sin \varphi') + \cos \theta \cos \theta' \right]$$

se réduit à

$$r''^2 = r^2 + r'^2 - 2rr' \left[\sin \theta \sin \theta' (\cos \varphi \cos \varphi' + \sin \varphi \sin \varphi') + \cos \theta \cos \theta' \right].$$

Ce résultat ne diffère de celui qui se rapporte au plan que par le coefficient de $2\,rr'$, dans lequel on peut d'abord remplacer $\cos\varphi\cos\varphi' + \sin\varphi\sin\varphi'$ par $\cos(\varphi - \varphi')$; et comparant ensuite les deux expressions de r''^2, on obtiendra

$$\cos\gamma'' = \cos\theta\cos\theta' + \sin\theta\sin\theta'\cos(\varphi - \varphi')$$

pour celle du cosinus de l'angle compris entre les deux droites données.

Cela posé, si l'on conçoit maintenant que ces droites soient SM et SN (*fig.* 23), que SS' soit l'axe des z, et que du point S comme centre, avec un rayon égal à l'unité, on ait décrit une sphère, les droites SS', SM, SN détermineront un triangle sphérique ABC, dans lequel l'angle BSC, ou l'arc BC, sera γ'', les angles ASB ou ASC, ou les arcs AB et AC, seront θ et θ', et enfin l'angle M'S'N', compris entre les plans projetants MSM', NSN', des droites SM et SN, ou l'angle A du triangle sphérique, sera $\varphi - \varphi'$. Alors l'expression de $\cos\gamma''$ deviendra

$$\cos a = \cos b\cos c + \sin b\sin c\cos A,$$

suivant la notation du n° 47, et sera la première des équations (B).

On peut, au lieu des angles θ et φ, introduire les angles α, β, γ des équations

$$\frac{x}{z} = \frac{\cos\alpha}{\cos\gamma}, \quad \frac{y}{z} = \frac{\cos\beta}{\cos\gamma},$$

en observant que, d'après la convention faite ci-dessus, $\gamma = \theta$, et que, par conséquent,

$$z = r\cos\gamma, \quad y = r\cos\beta, \quad x = r\cos\alpha.$$

Pour une autre droite, on aurait

$$z' = r'\cos\gamma', \quad y' = r'\cos\beta', \quad x' = r'\cos\alpha',$$

et l'on trouverait le cosinus de l'angle des deux droites, tel qu'il a été obtenu sur la page 276.

Il faut remarquer en même temps les deux expressions de r''^2, parce qu'on en a besoin dans plusieurs applications importantes de l'analyse à l'Astronomie et à la Physique.

NOTE D, page 98.

Pour se rendre raison du principe posé au commencement de cet article, il faut considérer ce qui arriverait si l'on changeait l'unité à laquelle sont rapportées les lignes employées dans les calculs de la question. Il est évident que si l'on prenait une unité qui fût double, triple, etc., de la première, les nombres qui expriment les lignes deviendraient deux fois, trois fois, etc., plus petits que par la première unité; qu'au contraire ils deviendraient deux fois, trois fois plus grands si la nouvelle unité était deux fois, trois fois plus petite que la première. Les aires éprouveraient des changements analogues, marqués par le carré du rapport des deux unités linéaires, et ceux des volumes le seraient par le cube de ces rapports.

Cela posé, pour mieux fixer les idées, concevons qu'il n'y ait dans la question que trois quantités connues a, b, c, et que l'inconnue x soit représentée par la fraction $\frac{P}{Q}$, où P et Q soient des expressions entières en a, b, c, ce qu'il est toujours possible d'obtenir par des réductions convenables; enfin désignons par a', b', c', x' les nombres résultant des changements d'unité dans la mesure des lignes : l'expression de la nouvelle inconnue sera $x' = \frac{P'}{Q'}$, P' et Q' étant composés en a', b', c', comme P et Q le sont en a, b, c, puisque, par la supposition, la ligne prise d'abord pour unité ne fait point partie des données du problème, et n'entre point dans le calcul algébrique de l'inconnue. Si le rapport de la seconde unité à la première est n, et que x soit une ligne, on aura en même temps

$$a = na', \quad b = nb', \quad c = nc', \quad x = nx'.$$

Il faudra donc que $\frac{P}{Q} = n\frac{P'}{Q'}$, ce qui ne saurait arriver à moins que P et Q ne soient homogènes en a, b, c, et qu'il n'y ait dans P un facteur de plus que dans Q, puisque la lettre n n'entre dans ces quantités qu'avec les lettres a, b, c, au degré marqué par la somme des exposants de ces lettres.

Soit pour exemple l'expression $x = \dfrac{ab}{a+b}$ (66); on aura d'abord $x' = \dfrac{a'b'}{a'+b'}$, et le changement de a et de b en na' et nb', dans l'expression de x, donnera

$$\frac{n^2 a' b'}{na' + nb'} = n\frac{a' b'}{a' + b'} = nx'.$$

Il est bien aisé d'étendre ces raisonnements aux expressions d'une ligne dépendante d'un nombre quelconque d'autres lignes. Quant aux expressions des aires et des volumes, il faut observer de plus que pour les premières on doit avoir $\frac{P}{Q} = n^2\frac{P'}{Q'}$, et pour les secondes $\frac{P}{Q} = n^3\frac{P'}{Q'}$; mais, dans tous les cas, il faut que P et Q soient des quantités homogènes, pour qu'il ne reste pas des puissances diverses de n dans les différents termes de P et de Q, lorsqu'on les déduit de P' et de Q'. (*Je dois cette remarque à Deflers, maître de conférences à l'École Normale, et qu'une mort prématurée a enlevé aux Mathématiques, qu'il cultivait d'une manière distinguée.*)

NOTE E, page 264.

Dans son *Examen des différentes méthodes employées pour résoudre les problèmes de Géométrie* (page 89), M. Lamé a présenté, sous une forme symétrique et homogène, l'équation du plan, sans y introduire aucun coefficient superflu : cette forme est

$$\frac{x}{a} + \frac{y}{b} + \frac{z}{c} = 1.$$

Les quantités a, b, c sont ce que l'auteur appelle les *paramètres* du plan ; elles expriment les distances entre l'origine des coordonnées et les points où le plan rencontre les axes des x, des y et des z.

On s'en assure en faisant successivement nulles deux des trois coordonnées (175), ce qui donne la valeur de la troisième, au point où le plan proposé coupe l'axe sur lequel cette coordonnée est comptée. En posant, par exemple, $x = 0$, $y = 0$, l'équation ci-dessus devient $\frac{z}{c} = 1$ et donne $z = c$; c'est, sur la *fig.* 73, la distance AE. On y marquerait les deux autres en prolongeant, jusqu'à leurs rencontres respectives, les droites $G''E$ et AB, $G'''E$ et AC, et l'on formerait ainsi une pyramide ayant son sommet au point A, et sa base sur le plan $G''EG'''$ prolongé derrière l'origine A.

La nouvelle équation du plan étant comparée avec

$$A x + B y + C z + D = 0,$$

mise sous la forme

$$-\frac{A}{D} x - \frac{B}{D} y - \frac{C}{D} z = 1,$$

on en déduira

$$a = -\frac{D}{A}, \quad b = -\frac{D}{B}, \quad c = -\frac{D}{C} ;$$

et par là on changera aisément les expressions du texte dans celles qui se rapportent à la forme employée par M. Lamé.

La ligne droite est représentée d'une manière semblable par l'équation

$$\frac{x}{a} + \frac{y}{b} = 1 ;$$

a et b désignent les distances entre l'origine des coordonnées et les points où cette droite rencontre les axes des x et des y : sur la *fig.* 35,

$$a = Af, \quad b = AD.$$

Il en est de même des équations

$$\frac{x^2}{b^2} + \frac{y^2}{b^3} = 1,$$

$$\frac{x^2}{a^2} - \frac{y^2}{b^3} = 1 \quad (128),$$

appartenant à l'ellipse et à l'hyperbole rapportées à leur centre, et en général des lignes et des surfaces comprises dans les équations

$$\frac{x^\alpha}{a^\alpha} + \frac{y^\alpha}{b^\alpha} = 1,$$

$$\frac{x^\alpha}{a^\alpha} + \frac{y^\alpha}{b^\alpha} + \frac{z^\alpha}{c^\alpha} = 1.$$

M. Lamé, en faisant cette remarque (pages 104-106 de son ouvrage), a reconnu que l'équation

$$\frac{x^{\frac{1}{2}}}{a^{\frac{1}{2}}} + \frac{y^{\frac{1}{2}}}{b^{\frac{1}{2}}} = 1$$

exprimait la parabole, et l'équation

$$\frac{x^{-1}}{a^{-1}} + \frac{y^{-1}}{b^{-1}} = 1,$$

ou

$$\frac{a}{x} + \frac{b}{y} = 1,$$

l'hyperbole.

. L'équation

$$\frac{x^2}{a^2} + \frac{y^2}{b^2} + \frac{z^2}{c^2} = 1$$

se rapporte aux surfaces du second degré dont il est parlé au n° 190. *Voyez* d'ailleurs mon *Traité du Calcul différentiel et du Calcul intégral*, tome III, pages 638 et 646.

FIN DES NOTES.

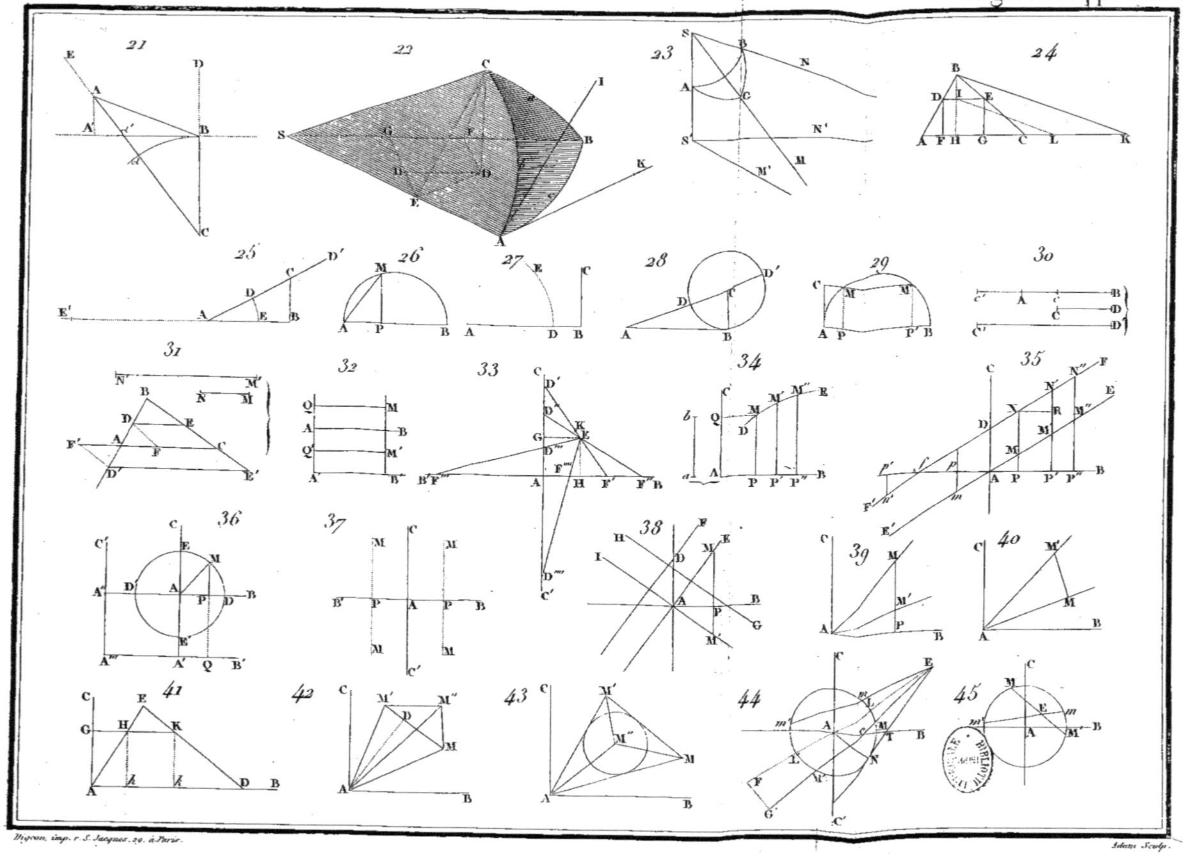

21
22
23
24
25
26
27
28
29
30
31
32
33
34
35
36
37
38
39
40
41
42
43
44
45

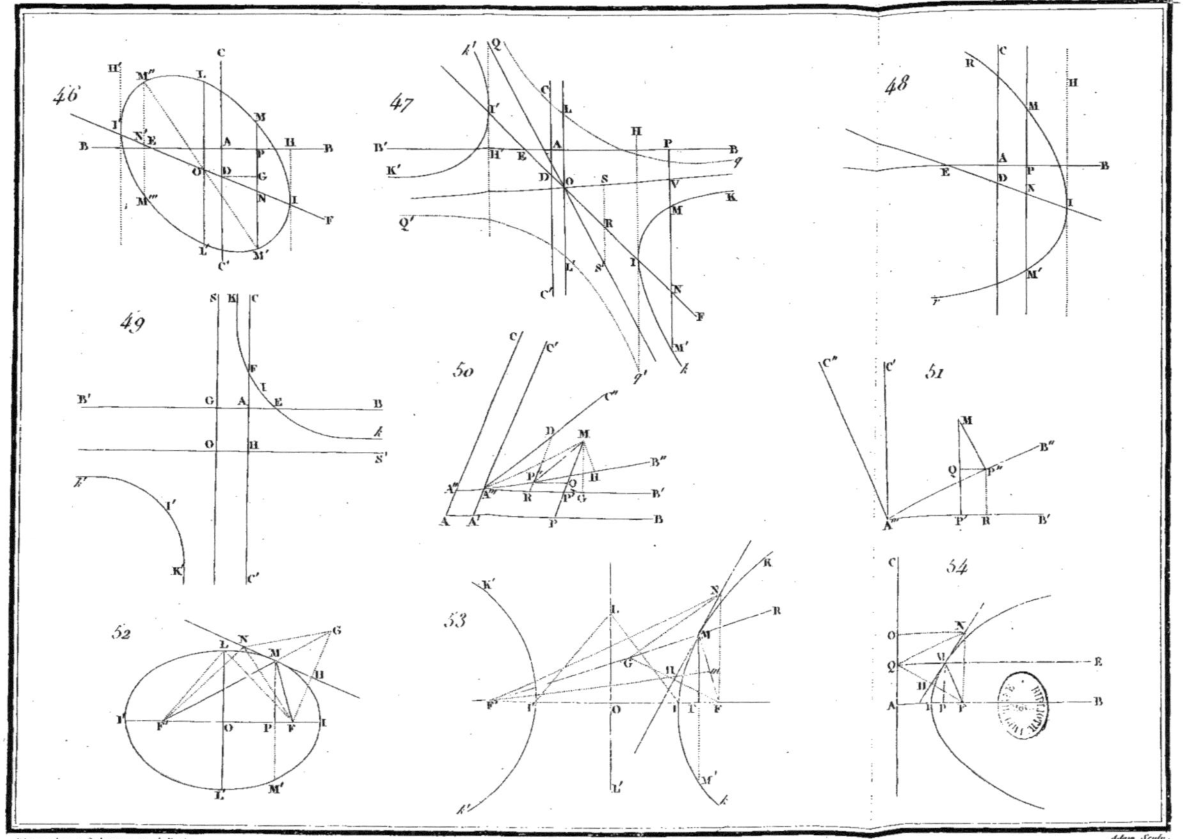

46 47 48 49 50 51 52 53 54

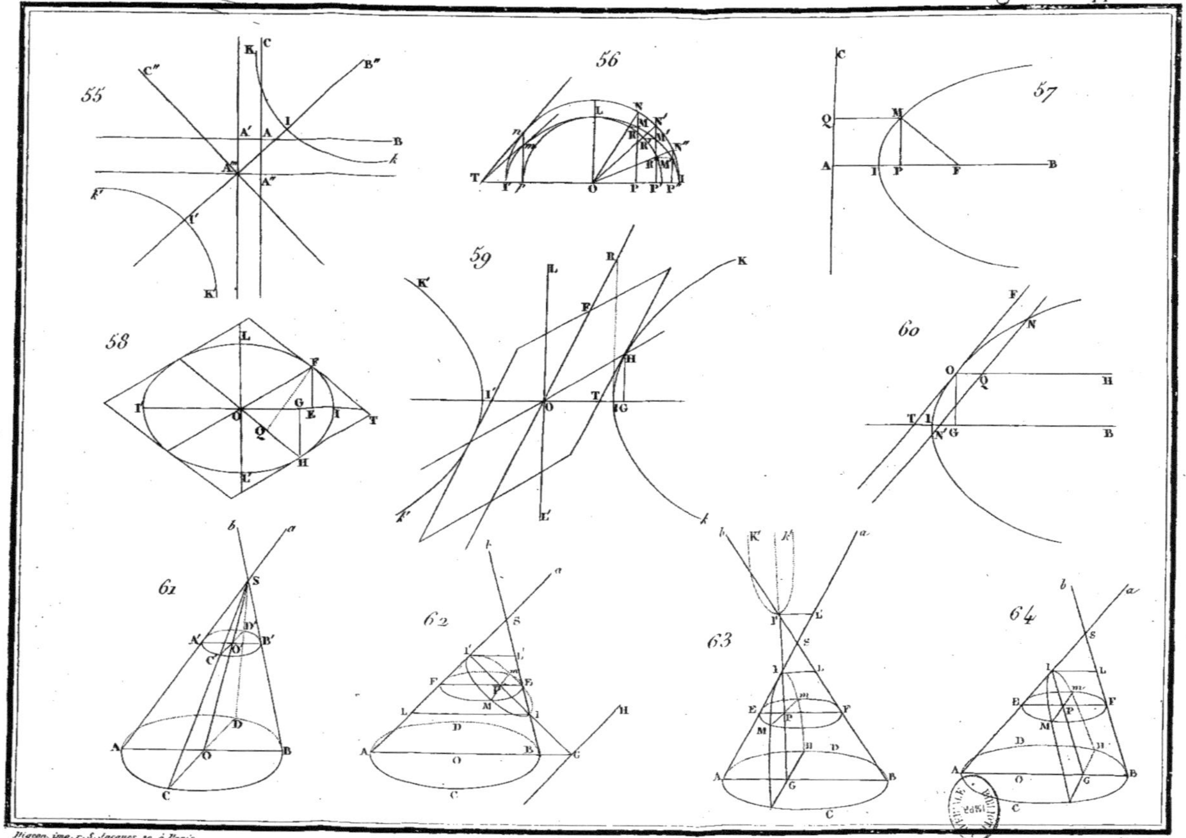

Pigeon, imp. r. S. Jacques 29, à Paris.

Adam Sculp.

65   66   67   68   69   70   71   72   73   74   75   76